微积分
（下册）

许东亮　孙艳波　主编

蔡高玉　孙蕾　张慧　副主编

清华大学出版社

北京

内 容 简 介

本书为普通高等教育应用型本科教材,是以培养高级应用型人才为目标,依据高等院校经管类本科教学基础课程的教学要求,在编者多年教学经验的基础上,结合独立学院和民办高等院校的培养定位而编写的.编写过程中力求做到体系结构严谨,内容难度适宜,通俗易懂.

本书为下册,内容包括空间解析几何与向量代数,多元函数微分学,二重积分,无穷级数和微分方程.各章节后面配有各种类型的习题,书末附有习题参考答案,便于学习者学习.

本书科学、系统地介绍微积分的基本内容、基本思想和基本方法,还侧重微积分知识方法在经济管理学科的应用.本书以直观的方式引入概念,由浅及深地介绍知识点;从提高学生素养的角度加强数学思维和应用能力的培养以达到学以致用的目的,为后续经济管理专业知识的学习及工作打下良好基础.

本书可作为普通高等院校经管类专业微积分课程教材、大学理工类教学参考书,也可供成人教育或立志专转本的学生参考使用.

图书在版编目(CIP)数据

微积分.下册/许东亮,孙艳波主编.—北京:清华大学出版社,2017(2025.8 重印)
ISBN 978-7-302-49583-3

Ⅰ.①微… Ⅱ.①许…②孙… Ⅲ.①微积分－高等学校－教材 Ⅳ.①O172

中国版本图书馆 CIP 数据核字(2018)第 027344 号

责任编辑:佟丽霞
封面设计:常雪影
责任校对:赵丽敏
责任印制:宋 林

出版发行:清华大学出版社
    网 址:https://www.tup.com.cn,https://www.wqxuetang.com
    地 址:北京清华大学学研大厦 A 座   邮 编:100084
    社 总 机:010-83470000   邮 购:010-62786544
    投稿与读者服务:010-62776969,c-service@tup.tsinghua.edu.cn
    质量反馈:010-62772015,zhiliang@tup.tsinghua.edu.cn

印 装 者:三河市龙大印装有限公司
经 销:全国新华书店
开 本:185mm×260mm   印 张:12.25   字 数:299 千字
版 次:2017 年 12 月第 1 版   印 次:2025 年 8 月第 8 次印刷
定 价:35.00 元

产品编号:077320-02

前 言

经过多年的教学改革实践，随着高等院校本科教学质量工程的推进，民办高校和独立学院对微积分的教学提出了更高的目标．为满足新形势下培养高素质专门人才所必须具有的微积分知识的实际需要，迫切需要编写新的微积分教材以适应分类教学的要求．本书是编者在多年本科教学的基础上，在经典教材的理论框架下按照突出数学思想和数学方法、淡化运算技巧、强调应用实例的原则编写而成的．

微积分课程的教学与教材改革，一直是学院各级领导与教师们的工作重点．为了更好地满足当前经管类各专业对微积分的实际需求及配合其专业课程教学，提高学生应用数学知识解决实际问题的能力，本书融入了经管类各专业的相关应用实例．本书体现了以下特色：

首先，适当降低了部分内容的深度和广度的要求，特别是淡化了各种运算技巧，但提高了数学思想和数学应用方面的要求，这样既能面对高等教育大众化的现实，又能兼顾学生的可接受性以及与中学数学教学的衔接．

其次，加强基本能力的培养，本书例题习题较多，每章最后还有总复习题，书末附有部分习题答案与提示，以帮助读者加强训练与检测学习效果，从而巩固相关知识．

《微积分》分上、下两册，均由具有丰富教学经验的一线教师编写完成．本书的编写者在多年的本科教学中积累了丰富的经验，了解学生在学习微积分中的困难与需求，所以尽最大努力从严密的数学语言描述中，保留反映数学思想本质的内容，摒弃非本质的内容，以提升学生运用数学思想和数学方法解决实际问题的能力．

本书为下册，内容包括：第 1 章空间解析几何与向量代数；第 2 章多元函数微分学；第 3 章二重积分；第 4 章无穷级数；第 5 章微分方程．下册由许东亮、孙艳波、蔡高玉、孙蕾、张慧负责编写，许东亮、孙艳波负责全书的统稿及修改定稿．

本书的编写采纳了同行们提出的一些宝贵意见和建议，本书的出版也得到了出版社的大力支持，在此表示衷心的感谢！

由于时间仓促，加之编者水平有限，书中缺点和错误在所难免，恳请广大同行、读者批评指正．

编　者
2017 年 7 月

目录

微积分（下册）

空间解析几何与向量代数

解析几何的基本思想是用代数的方法来研究几何问题. 在平面解析几何中, 平面上的点与数一一对应起来, 把平面上的图形和方程对应起来, 从而可以用代数方法来研究几何问题, 这对一元函数微积分学习十分重要. 同样, 空间解析几何的建立对学习多元函数微积分也是必要的.

本章首先引进向量的概念以及向量的线性运算, 在此基础上建立空间直角坐标系, 然后利用坐标讨论向量的运算, 并介绍空间解析几何的有关内容, 其主要内容包括平面和直线方程、一些常用的空间曲线和曲面的方程以及关于它们的某些应用.

1.1 向量及其线性运算

1.1.1 向量的概念

在日常生活和生产实践中, 通常遇到这样两类量: 一类是只有大小没有方向的量, 如温度、距离、体积、质量等, 我们称之为**数量**（或**标量**）; 另一类量如力、力矩、位移、速度、加速度等, 它们不仅有大小而且还有方向, 这种既有大小又有方向的量称为**向量**（或**矢量**）. 在数学上, 往往用空间中的一条有方向的线段, 即有向线段来表示向量. 有向线段的长度表示向量的大小, 有向线段的方向表示向量的方向. 如图 1-1-1 所示, 以 M_1 为起点、M_2 为终点的有向线段所表示的向量记作 $\overrightarrow{M_1M_2}$. 有时也用一个黑体字母或书写时用一个上面加箭头的字母来表示向量, 例如, $\boldsymbol{a}, \boldsymbol{i}, \boldsymbol{v}, \boldsymbol{F}$ 或 $\vec{a}, \vec{i}, \vec{v}, \vec{F}$ 等.

注 向量的大小和方向是组成向量不可分割的部分, 也是向量与数量的根本区别所在. 因此, 在讨论向量运算时, 必须将它的大小和方向统一起来考虑.

向量的大小叫做向量的**模**. 例如, 向量 $\overrightarrow{M_1M_2}, \boldsymbol{a}$, $\vec{a}$ 的模依次记作 $|\overrightarrow{M_1M_2}|, |\boldsymbol{a}|, |\vec{a}|$. 模等于 1 的向量称为**单位向量**. 模等于零的向量称为**零向量**, 记作 $\boldsymbol{0}$ 或 $\vec{0}$. 零向量的起点和终点重合, 它的方向可以看作是任意的.

在实际问题中, 有些向量与其起点有关（例如质点运动的速度与该质点

图 1-1-1

的位置有关、一个力与该力的作用点的位置有关），有些向量与其起点无关．由于一切向量的共性是它们都有大小和方向，因此在数学上我们只研究与起点无关的向量，并称这种向量为**自由向量**（以后简称**向量**），即只考虑向量的大小和方向，而不论它的起点在什么地方．因此，我们可以把一个向量自由平移，使它的起点位置为任意点．

由于我们只讨论自由向量，所以如果两个向量 a 和 b 的模相等，且方向相同，我们就称向量 a 和 b **相等**，记作 $a=b$．这就是说，经过平行移动后能完全重合的向量是相等的．如果两个非零向量 a 与 b 的方向相同或者相反，就称这两个向量**平行**，记作 $a /\!/ b$．由于零向量的方向可以看作是任意的，因此可以认为**零向量平行于任何向量**．

1.1.2　向量的线性运算

向量加减及数乘向量统称为向量的**线性运算**．下面我们分别介绍．

1. 向量的加减法

定义 1　设有两个向量 a 与 b，任取一点 A，作 $\overrightarrow{AB}=a$，再以 B 为起点，作 $\overrightarrow{BC}=b$，连接 AC（图 1-1-2），则向量 $\overrightarrow{AC}=c$ 称为向量 a 与 b 的和，记作 $a+b$，即

$$c = a+b.$$

上述作出两向量之和的方法称为向量相加的**三角形法则**．

类似地，我们也有向量相加的**平行四边形法则**，即：当向量 a 与 b 不平行时，任取一点 A，作 $\overrightarrow{AB}=a$，$\overrightarrow{AD}=b$，以 AB，AD 为边作一平行四边形 $ABCD$，连接对角线 AC（图 1-1-3），显然向量 $\overrightarrow{AC}$ 即等于向量 a 与 b 的和 $a+b$．

向量的加法满足下列运算规律：

（1）交换律　$a+b=b+a$；

（2）结合律　$(a+b)+c=a+(b+c)$．

对于（1），按向量加法的三角形法则，从图 1-1-3 可见

$$a+b = \overrightarrow{AB}+\overrightarrow{BC} = \overrightarrow{AC}, \quad b+a = \overrightarrow{AD}+\overrightarrow{DC} = \overrightarrow{AC},$$

所以向量的加法满足交换律．

对于（2），如图 1-1-4 所示，先作 $a+b$，再将其与 c 相加，即得和 $(a+b)+c$，如以 a 与 $(b+c)$ 相加，则得同一结果，所以向量的加法满足结合律．

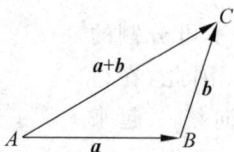

图　1-1-2

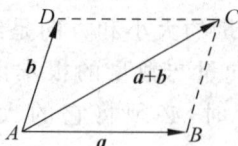

图　1-1-3

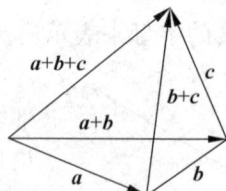

图　1-1-4

由向量加法的交换律与结合律，得 $n(n\geqslant 3)$ 个向量相加的法则如下：以前一向量的终点作为次一向量的起点，相继作向量 a_1，a_2，$\cdots$，a_n，再以第一向量的起点为起点，最后一向量的终点为终点作一向量，这个向量即为所求的和．如图 1-1-5 所示，有

$$s = a_1+a_2+a_3+a_4+a_5.$$

设 a 为一向量,与 a 的模相等而方向相反的向量叫做 a 的**负向量**,记作 $-a$. 由此,我们规定两个向量 b 与 a 的**差**

$$b - a = b + (-a).$$

即向量 b 与 $-a$ 的和就是向量 b 与 a 的差 $b - a$(图 1-1-6). 特别地,当 $a = b$ 时,有 $a - a = a + (-a) = 0$.

显然,任给向量 $\overrightarrow{AB}$ 及点 O,有

$$\overrightarrow{AB} = \overrightarrow{AO} + \overrightarrow{OB} = \overrightarrow{OB} - \overrightarrow{OA},$$

因此,若把向量 a 与 b 移到同一起点 O,则从 a 的终点 A 向 b 的终点 B 所引的向量 $\overrightarrow{AB}$ 便是向量 b 与 a 的差 $b - a$(图 1-1-7).

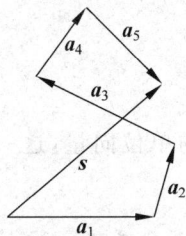
图 1-1-5

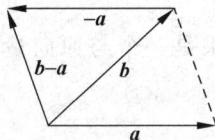
图 1-1-6

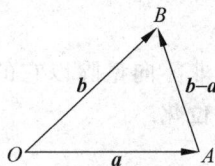
图 1-1-7

2. 向量与数的乘法

定义 2 实数 λ 与向量 a 的乘积是一个向量,记作 λa,λa 的模是 a 的模的 $|\lambda|$ 倍,即

$$|\lambda a| = |\lambda| |a|.$$

当 $\lambda > 0$ 时,λa 与 a 的方向相同;当 $\lambda < 0$ 时,λa 与 a 的方向相反;当 $\lambda = 0$ 时,$|\lambda a| = 0$,即 $\lambda a = 0$.

从几何上看,当 $\lambda > 0$ 时,λa 的大小是 a 的大小的 λ 倍,方向不变;当 $\lambda < 0$ 时,λa 的大小是 a 的大小的 $|\lambda|$ 倍,方向相反(图 1-1-8).

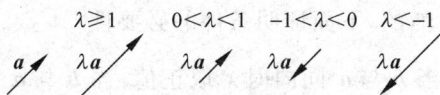
图 1-1-8

数与向量的乘积满足下列运算规律:

(1) 结合律　$\lambda(\mu a) = \mu(\lambda a) = (\lambda \mu) a$.

事实上,由数与向量的乘积的定义可知,向量 $\lambda(\mu a)$,$\mu(\lambda a)$,$(\lambda \mu)a$ 都是平行的向量,它们的方向也是相同的,而且

$$|\lambda(\mu a)| = |\mu(\lambda a)| = |(\lambda \mu)a| = |\lambda \mu| |a|,$$

所以

$$\lambda(\mu a) = \mu(\lambda a) = (\lambda \mu)a.$$

(2) 分配律　$(\lambda + \mu)a = \lambda a + \mu a$,$\lambda(a + b) = \lambda a + \lambda b$.

类似地,这个规律同样可以按数与向量的乘积的定义来证明.

例 1　在平行四边形 $ABCD$ 中,设 $\overrightarrow{AB} = a$,$\overrightarrow{AD} = b$,试用 a 和 b 表示向量 $\overrightarrow{MA}$,$\overrightarrow{MB}$,$\overrightarrow{MC}$

和$\overrightarrow{MD}$,这里 M 是平行四边形对角线的交点(图 1-1-9).

解　由于平行四边形的对角线互相平分,所以

$$a + b = \overrightarrow{AC} = 2\overrightarrow{AM}, \quad 即 \quad -(a+b) = 2\overrightarrow{MA},$$

故

$$\overrightarrow{MA} = -\frac{1}{2}(a+b); \quad \overrightarrow{MC} = -\overrightarrow{MA} = \frac{1}{2}(a+b).$$

又 $b - a = \overrightarrow{BD} = 2\overrightarrow{MD}$,故

$$\overrightarrow{MD} = \frac{1}{2}(b-a); \quad \overrightarrow{MB} = -\overrightarrow{MD} = -\frac{1}{2}(b-a) = \frac{1}{2}(a-b).$$

通常将与向量 a 同方向的单位向量称为 a 的单位向量,记作a°(图 1-1-10).由数与向量的乘积的定义,有

$$a = |a| a^{\circ}, \quad a^{\circ} = \frac{a}{|a|}.$$

这表示一个非零向量除以它的模的结果是一个与原向量同方向的单位向量,这一过程又称为将向量**单位化**.

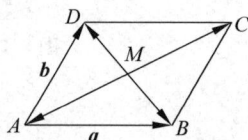

图　1-1-9

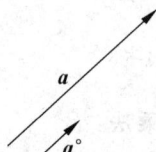

图　1-1-10

根据数与向量的乘积的定义,λa 与 a 平行.因此,我们常用数与向量的乘积来说明两个向量的平行关系,即有

定理 1　设向量 $a \neq 0$,那么,向量 b 平行于 a 的充分必要条件是:存在唯一的实数 λ,使 $b = \lambda a$.

证　条件的充分性是显然的,下面证明条件的必要性.

设 $b // a$,取 $\lambda = \pm \left|\dfrac{b}{a}\right|$,当 b 与 a 同向时 λ 取正值,当 b 与 a 反向时 λ 取负值,即有 $b = \lambda a$.这是因为此时 b 与 λa 同向,且

$$|\lambda a| = |\lambda| |a| = \left|\frac{b}{a}\right| |a| = |b|.$$

再证数 λ 的唯一性.设存在 λ, μ,使 $b = \lambda a, b = \mu a$,两式相减,便得

$$(\lambda - \mu)a = 0, \quad 即 \quad |\lambda - \mu||a| = 0.$$

因为 $a \neq 0$,则 $|a| \neq 0$,故 $|\lambda - \mu| = 0$,即 $\lambda = \mu$.

定理 1 是建立数轴的理论依据.我们知道,给定一个点、一个方向及单位长度,就确定了一个数轴.又由于一个单位向量既确定了方向,又确定了单位长度,因此,给定一个点及一个单位向量就确定了一个数轴.

设点 O 及单位向量 i 确定了数轴 Ox,如图 1-1-11,则对于轴上任一点 P,对应一个向量$\overrightarrow{OP}$,由于$\overrightarrow{OP} // i$,根据定理 1,必存在唯一的实数 x,使$\overrightarrow{OP} = xi$,其中 x 称为数轴上有向线

图　1-1-11

段 $\overrightarrow{OP}$ 的值,这样,向量 $\overrightarrow{OP}$ 就与实数 x 一一对应了.于是

$$\text{点 } P \leftrightarrow \text{向量 } \overrightarrow{OP} = x\boldsymbol{i} \leftrightarrow \text{实数 } x,$$

即数轴上的点 P 与实数 x 一一对应.我们定义实数 x 为数轴上点 P 的**坐标**.

例 2 在 x 轴上取一点 O 作为坐标原点.设 A,B 是 x 轴上两点,点 A 的坐标为 5,且向量 $\overrightarrow{AB}=-3\boldsymbol{i}$,其中 $\boldsymbol{i}$ 是与 x 轴同方向的单位向量,求点 B 的坐标.

解 因为点 A 在 x 轴上的坐标为 5,所以 $\overrightarrow{OA}=5\boldsymbol{i}$,又 $\overrightarrow{AB}=-3\boldsymbol{i}$,于是

$$\overrightarrow{OB} = \overrightarrow{OA} + \overrightarrow{AB} = 5\boldsymbol{i} - 3\boldsymbol{i} = 2\boldsymbol{i},$$

故点 B 的坐标为 2.

习题 1-1

1. 填空题

(1) 要使 $|\boldsymbol{a}+\boldsymbol{b}| = |\boldsymbol{a}-\boldsymbol{b}|$ 成立,向量 $\boldsymbol{a},\boldsymbol{b}$ 应满足_____;

(2) 要使 $|\boldsymbol{a}+\boldsymbol{b}| = |\boldsymbol{a}| + |\boldsymbol{b}|$ 成立,向量 $\boldsymbol{a},\boldsymbol{b}$ 应满足_____.

2. 设 $\boldsymbol{u}=\boldsymbol{a}-\boldsymbol{b}+2\boldsymbol{c}$,$\boldsymbol{v}=-\boldsymbol{a}+3\boldsymbol{b}-\boldsymbol{c}$.试用 $\boldsymbol{a},\boldsymbol{b},\boldsymbol{c}$ 表示向量 $2\boldsymbol{u}-3\boldsymbol{v}$.

3. 化简 $\boldsymbol{a}-\boldsymbol{b}+5\left(-\dfrac{2}{3}\boldsymbol{b}+\dfrac{\boldsymbol{b}-3\boldsymbol{a}}{5}\right)$.

4. 如果平面上一个四边形的对角线互相平分,试用向量证明它是平行四边形.

5. 把 $\triangle ABC$ 的 BC 边五等分,设分点依次为 D_1,D_2,D_3,D_4,再把各分点与点 A 连接,试以 $\overrightarrow{AB}=\boldsymbol{a}$,$\overrightarrow{BC}=\boldsymbol{b}$ 表示向量 $\overrightarrow{D_1A},\overrightarrow{D_2A},\overrightarrow{D_3A}$ 和 $\overrightarrow{D_4A}$.

6. 证明空间四边形相邻各边中点的连线构成平行四边形.

1.2 空间直角坐标系 向量的坐标

本节将在向量的基础上介绍空间直角坐标系,进一步建立空间中的点与有序数组的对应关系,引进研究向量的代数方法,从而建立代数方法与几何直观的联系.

1.2.1 空间直角坐标系

在平面解析几何中,我们建立了平面直角坐标系,并通过平面直角坐标系,将平面中的点与有序数组(即点的坐标 (x,y))对应起来.于是平面上的曲线与二元方程 $F(x,y)=0$ 相对应.同样,为了把空间中的任一点与有序数组 (x,y,z) 对应,把空间中的一张曲面与一个三元方程 $F(x,y,z)=0$ 相对应,我们建立空间直角坐标系.

1. 坐标系的建立

过空间中一定点 O,作三个两两垂直的数轴,依次记为 x 轴(横轴)、y 轴(纵轴)、z 轴(竖轴),统称为**坐标轴**.其坐标轴的正向按右手规则确定:首先选定 x 轴和 y 轴的正向,然后以右手握住 z 轴,当右手的四个手指从 x 轴正向以 $\dfrac{\pi}{2}$ 角度转向 y 轴正向时,大拇指的指向就是 z 轴的正向.各轴上再规定一个长度单位,则构成一个空间直角坐标系 $Oxyz$,点 O 称为

坐标原点(图 1-2-1).

　　三条坐标轴中的任意两条可以确定一个平面,这样定出的三个平面统称为**坐标面**. x 轴和 y 轴所确定的坐标面称为 xOy 面,另两个由 y 轴和 z 轴及由 z 轴和 x 轴所确定的坐标面,分别称为 yOz 面及 zOx 面.三个坐标面把空间分成八个部分,每一部分叫做一个**卦限**,共八个卦限.其中, $x>0,y>0,z>0$ 部分为第 Ⅰ 卦限,第 Ⅱ、Ⅲ、Ⅳ 卦限在 xOy 面的上方,按逆时针方向确定.第 Ⅴ、Ⅵ、Ⅶ、Ⅷ 卦限在 xOy 面的下方,由第 Ⅰ 卦限正下方的第 Ⅴ 卦限,按逆时针方向确定(图 1-2-2).

　　2. 空间中的点与三元有序数组的对应

　　设 M 为空间中任意一点,过点 M 作垂直于 xOy 面的直线,交 xOy 面于点 N,再过点 N 在 xOy 面上分别作垂直于 x 轴、y 轴的直线,分别交 x 轴于 P 点,交 y 轴于 Q 点,连接 ON,过点 M 作直线平行于 ON,必交 z 轴于一点,记作 R(图 1-2-3).设 P,Q,R 三点在 x 轴、y 轴、z 轴上的坐标分别为 x,y,z.这样,空间的一点 M 就唯一确定了一个有序数组 x,y,z.反之,若给定一有序数组 x,y,z,就可以在空间中确定唯一的点 M.这样就建立了空间的点 M 和有序数组 x,y,z 之间的一一对应关系.这组数 x,y,z 称为点 M 的**坐标**,并依次称 x,y 和 z 为点 M 的**横坐标**、**纵坐标**、**竖坐标**,记作 $M(x,y,z)$.

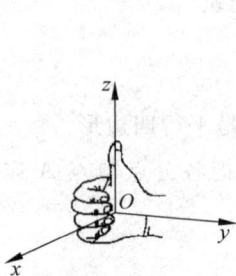

图　1-2-1

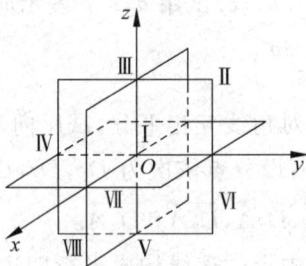

图　1-2-2

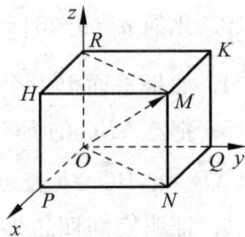

图　1-2-3

　　坐标面和坐标轴上的点,其坐标各有一定的特征.例如,x 轴上的点,其纵坐标 $y=0$,竖坐标 $z=0$,于是,其坐标为 $(x,0,0)$;同理,y 轴上的点的坐标为 $(0,y,0)$;z 轴上的点的坐标为 $(0,0,z)$.xOy 面上的点的坐标为 $(x,y,0)$;yOz 面上的点的坐标为 $(0,y,z)$;zOx 面上的点的坐标为 $(x,0,z)$.原点的坐标为 $(0,0,0)$.

　　设点 $M(x,y,z)$ 为空间一点,则点 M 关于坐标面 xOy 的对称点为 $M_1(x,y,-z)$;关于 x 轴的对称点为 $M_2(x,-y,-z)$;关于原点的对称点为 $M_3(-x,-y,-z)$.

1.2.2　向量的坐标表示

　　前面讨论的向量的各种运算称为几何运算,只能在图形上表示,计算起来不方便.而通过坐标法,我们实现了平面或空间中的点与有序数组的一一对应,同样我们可建立向量与有序数组之间的对应关系,引入向量的坐标表示,将向量的几何运算转化为代数运算.

　　设 r 为空间中一向量,将向量 r 平行移动,使其起点与坐标原点重合,终点为 $M(x,y,z)$,则有 $\overrightarrow{OM}=r$.以 OM 为对角线、三条坐标轴为棱作长方体,如图 1-2-4 所示,根据向量的加法法则,有

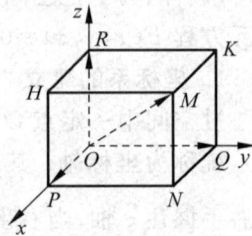

图　1-2-4

$$r = \overrightarrow{OM} = \overrightarrow{OP} + \overrightarrow{PN} + \overrightarrow{NM} = \overrightarrow{OP} + \overrightarrow{OQ} + \overrightarrow{OR},$$

以 i, j, k 分别表示沿 x, y, z 轴正向的单位向量,则有

$$\overrightarrow{OP} = x i, \quad \overrightarrow{OQ} = y j, \quad \overrightarrow{OR} = z k,$$

从而

$$r = \overrightarrow{OM} = x i + y j + z k.$$

上式称为向量 r 的**坐标分解式**. $x i, y j, z k$ 分别称为向量 r 沿 x, y, z 轴方向的**分向量**.

显然,给定向量 r,就确定了点 M 及 $\overrightarrow{OP}, \overrightarrow{OQ}, \overrightarrow{OR}$ 三个分向量,进而确定了 x, y, z 三个有序数;反之,给定三个有序数 x, y, z,也就确定了向量 r 与点 M. 于是,点 M、向量 r 与三个有序数 x, y, z 之间存在一一对应关系:

$$\text{点 } M \leftrightarrow \text{向量 } r = \overrightarrow{OM} = x i + y j + z k \leftrightarrow (x, y, z).$$

据此,我们称有序数 x, y, z 为向量 r 的坐标,记作 $r = \{x, y, z\}$.

向量 $r = \overrightarrow{OM}$ 称为点 M 关于原点 O 的**向径**. 显然,一个点与该点的向径有相同的坐标.

上面的讨论表明,起点为 $M_1(x_1, y_1, z_1)$ 而终点为 $M_2(x_2, y_2, z_2)$ 的向量为

$$\overrightarrow{M_1 M_2} = \{x_2 - x_1, y_2 - y_1, z_2 - z_1\}. \tag{1.2.1}$$

1.2.3 向量的代数运算

利用向量的坐标,就可以把将向量的几何运算转化为代数运算.

设

$$a = \{a_x, a_y, a_z\}, \quad b = \{b_x, b_y, b_z\},$$

即

$$a = a_x i + a_y j + a_z k, \quad b = b_x i + b_y j + b_z k.$$

利用向量加法的交换律与结合律,以及向量与数乘法的结合律与分配律,有

$$a + b = (a_x + b_x) i + (a_y + b_y) j + (a_z + b_z) k,$$
$$a - b = (a_x - b_x) i + (a_y - b_y) j + (a_z - b_z) k,$$
$$\lambda a = (\lambda a_x) i + (\lambda a_y) j + (\lambda a_z) k \quad (\lambda \text{ 为实数}).$$

即

$$a + b = \{a_x + b_x, a_y + b_y, a_z + b_z\}, \tag{1.2.2}$$
$$a - b = \{a_x - b_x, a_y - b_y, a_z - b_z\}, \tag{1.2.3}$$
$$\lambda a = \{\lambda a_x, \lambda a_y, \lambda a_z\}. \tag{1.2.4}$$

由此可见,对向量进行加、减及数乘运算,只需对向量的各个坐标分别进行相应的数量运算即可.

根据 1.1 节定理 1 的结论,当向量 $a \neq 0$,向量 $b /\!/ a \Leftrightarrow$ 存在唯一的实数 λ,使 $b = \lambda a$,其坐标表达式为

$$\{b_x, b_y, b_z\} = \{\lambda a_x, \lambda a_y, \lambda a_z\},$$

即向量 b 与 a 的对应坐标成比例:

$$\frac{b_x}{a_x} = \frac{b_y}{a_y} = \frac{b_z}{a_z}. \tag{1.2.5}$$

例 1　设 $a=\{5,7,2\}$，$b=\{3,0,4\}$，$c=\{-6,1,-1\}$，求 $3a-2b+c$ 及 $5a+6b+c$.

解　因为 $a=\{5,7,2\}$，$b=\{3,0,4\}$，$c=\{-6,1,-1\}$，所以

$$3a-2b+c=3\{5,7,2\}-2\{3,0,4\}+\{-6,1,-1\}=\{3,22,-3\},$$

$$5a+6b+c=5\{5,7,2\}+6\{3,0,4\}+\{-6,1,-1\}=\{37,36,33\}.$$

例 2　已知两点 $A(x_1,y_1,z_1)$，$B(x_2,y_2,z_2)$ 以及实数 $\lambda(\lambda\neq-1)$，试在有向线段 $\overrightarrow{AB}$ 上求一点 $M(x,y,z)$，使 $\overrightarrow{AM}=\lambda\overrightarrow{MB}$.

解　如图 1-2-5 所示，由于 $\overrightarrow{AM}=\overrightarrow{OM}-\overrightarrow{OA}$，$\overrightarrow{MB}=\overrightarrow{OB}-\overrightarrow{OM}$，根据题意，有 $\overrightarrow{OM}-\overrightarrow{OA}=\lambda(\overrightarrow{OB}-\overrightarrow{OM})$，即

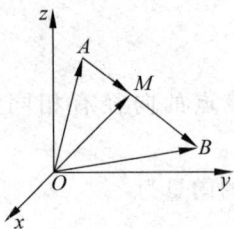

图　1-2-5

$$
\begin{aligned}
\overrightarrow{OM} &=\frac{1}{1+\lambda}(\overrightarrow{OA}+\lambda\overrightarrow{OB}) \\
&=\frac{1}{1+\lambda}\left[\{x_1,y_1,z_1\}+\lambda\{x_2,y_2,z_2\}\right] \\
&=\left\{\frac{x_1+\lambda x_2}{1+\lambda},\frac{y_1+\lambda y_2}{1+\lambda},\frac{z_1+\lambda z_2}{1+\lambda}\right\},
\end{aligned}
$$

于是，所求点为

$$M\left(\frac{x_1+\lambda x_2}{1+\lambda},\frac{y_1+\lambda y_2}{1+\lambda},\frac{z_1+\lambda z_2}{1+\lambda}\right).$$

本例中的点 M 称为有向线段 $\overrightarrow{AB}$ 的**定比分点**. 特别地，当 $\lambda=1$ 时，点 M 为有向线段 $\overrightarrow{AB}$ 的中点，其坐标为 $M\left(\frac{x_1+x_2}{2},\frac{y_1+y_2}{2},\frac{z_1+z_2}{2}\right)$.

注　通过本例，我们应注意，点 M 与向量 $\overrightarrow{OM}$ 有相同的坐标，因此，求点 M 的坐标，就是求 $\overrightarrow{OM}$ 的坐标.

1.2.4　向量的模与方向余弦

1. 向量的模与空间中两点间的距离公式

设向量 $r=\{x,y,z\}$，作 $\overrightarrow{OM}=r$，如图 1-2-6 所示，有

$$r=\overrightarrow{OM}=\overrightarrow{OP}+\overrightarrow{OQ}+\overrightarrow{OR},$$

按勾股定理可得 $|r|=|\overrightarrow{OM}|=\sqrt{|\overrightarrow{OP}|^2+|\overrightarrow{OQ}|^2+|\overrightarrow{OR}|^2}$，

由 $\overrightarrow{OP}=xi$，$\overrightarrow{OQ}=yj$，$\overrightarrow{OR}=zk$，有

$$|\overrightarrow{OP}|=|x|,\quad|\overrightarrow{OQ}|=|y|,\quad|\overrightarrow{OR}|=|z|,$$

于是，向量 r 的模为

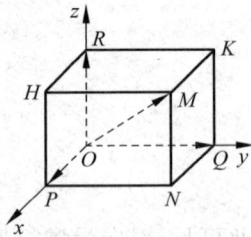

图　1-2-6

$$|r|=|\overrightarrow{OM}|=\sqrt{x^2+y^2+z^2}. \tag{1.2.6}$$

设 $M_1(x_1,y_1,z_1)$，$M_2(x_2,y_2,z_2)$ 为空间直角坐标系 $Oxyz$ 中任意两点，则点 M_1 与点 M_2 间的距离 $|M_1M_2|$ 就是向量 $\overrightarrow{M_1M_2}$ 的模 $|\overrightarrow{M_1M_2}|$. 由

$$\overrightarrow{M_1M_2}=\{x_2,y_2,z_2\}-\{x_1,y_1,z_1\}=\{x_2-x_1,y_2-y_1,z_2-z_1\},$$

即得空间中两点间的距离公式

$$|M_1M_2|=|\overrightarrow{M_1M_2}|=\sqrt{(x_1-x_2)^2+(y_1-y_2)^2+(z_1-z_2)^2}. \tag{1.2.7}$$

例 3　设点 M 在 x 轴上，它到点 $M_1(0,\sqrt{2},3)$ 的距离为到点 $M_2(0,1,-1)$ 的距离的两倍，求点 M 的坐标.

解　因为点 M 在 x 轴上，故可设点 M 的坐标为 $(x,0,0)$，依题意有

$$|MM_1|=2|MM_2|.$$

又

$$|MM_1|=\sqrt{(-x)^2+(\sqrt{2})^2+3^2}=\sqrt{x^2+11},$$

$$|MM_2|=\sqrt{(-x)^2+1^2+(-1)^2}=\sqrt{x^2+2},$$

则有

$$\sqrt{x^2+11}=2\sqrt{x^2+2},$$

从而解得 $x=\pm1$，所求点为 $(1,0,0)$，$(-1,0,0)$.

例 4　设已知两点 $A(4,0,5)$ 和 $B(7,2,3)$，求与向量 $\overrightarrow{AB}$ 平行的单位向量 $\boldsymbol{c}$.

解　因所求向量与 $\overrightarrow{AB}$ 平行，则有两种情况，与 $\overrightarrow{AB}$ 同向，或与 $\overrightarrow{AB}$ 反向，因此所求向量有两个. 因为

$$\overrightarrow{AB}=\{7-4,2-0,3-5\}=\{3,2,-2\},$$

所以

$$|\overrightarrow{AB}|=\sqrt{3^2+2^2+(-2)^2}=\sqrt{17},$$

故所求单位向量为

$$\boldsymbol{c}=\pm\frac{\overrightarrow{AB}}{|\overrightarrow{AB}|}=\pm\frac{1}{\sqrt{17}}\{3,2,-2\}.$$

2. 方向角与方向余弦

先引入两个向量夹角的概念.

设有两个非零向量 $\boldsymbol{a}$ 和 $\boldsymbol{b}$，任取空间一点 O，作 $\overrightarrow{OA}=\boldsymbol{a}$，$\overrightarrow{OB}=\boldsymbol{b}$，则称 $\angle AOB$（设 $\varphi=\angle AOB$，$0\leqslant\varphi\leqslant\pi$）为向量 $\boldsymbol{a}$ 与 $\boldsymbol{b}$ 的夹角（图 1-2-7），记作 $(\widehat{\boldsymbol{a},\boldsymbol{b}})$ 或 $(\widehat{\boldsymbol{b},\boldsymbol{a}})$.

为了表示向量 $\boldsymbol{r}$ 的方向，我们把向量 $\boldsymbol{r}$ 与 x 轴、y 轴、z 轴正向的夹角分别记为 α,β,γ，将它们称为向量 $\boldsymbol{r}$ 的**方向角**（图 1-2-8）. 同样，我们称 $\cos\alpha,\cos\beta,\cos\gamma$ 为向量 $\boldsymbol{r}$ 的**方向余弦**.

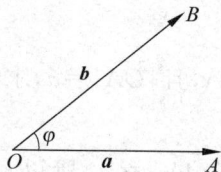

图　1-2-7

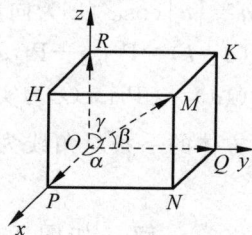

图　1-2-8

设向量 $\boldsymbol{r}=\{x,y,z\}$，在直角三角形 $\triangle OPM,\triangle OQM,\triangle ORM$ 中，有

$$\cos\alpha=\frac{x}{|\boldsymbol{r}|}=\frac{x}{\sqrt{x^2+y^2+z^2}},$$

$$\cos\beta=\frac{y}{|\boldsymbol{r}|}=\frac{y}{\sqrt{x^2+y^2+z^2}},$$

$$\cos\gamma = \frac{z}{|\boldsymbol{r}|} = \frac{z}{\sqrt{x^2 + y^2 + z^2}}.$$

易见,$\cos\alpha,\cos\beta,\cos\gamma$ 满足如下关系式

$$\cos^2\alpha + \cos^2\beta + \cos^2\gamma = 1.$$

这说明方向余弦 $\cos\alpha,\cos\beta,\cos\gamma$(或方向角 α,β,γ)不是相互独立的.

由 $\boldsymbol{r}=\{x,y,z\}$,有

$$\{\cos\alpha,\cos\beta,\cos\gamma\} = \frac{1}{|\boldsymbol{r}|}\{x,y,z\} = \frac{\boldsymbol{r}}{|\boldsymbol{r}|} = \boldsymbol{r}^\circ,$$

即向量 $\{\cos\alpha,\cos\beta,\cos\gamma\}$ 是一个与非零向量 $\boldsymbol{r}$ 同方向的单位向量.

例 5　已知两点 $M_1(2,2,\sqrt{2})$ 和 $M_2(1,3,0)$,计算向量 $\overrightarrow{M_1M_2}$ 的模、方向余弦和方向角.

解　因为 $\overrightarrow{M_1M_2}=\{1-2,3-2,0-\sqrt{2}\}=\{-1,1,-\sqrt{2}\}$,所以

$$|\overrightarrow{M_1M_2}| = \sqrt{(-1)^2 + 1^2 + (\sqrt{2})^2} = \sqrt{4} = 2;$$

$$\cos\alpha = -\frac{1}{2}, \quad \cos\beta = \frac{1}{2}, \quad \cos\gamma = -\frac{\sqrt{2}}{2};$$

$$\alpha = \frac{2\pi}{3}, \quad \beta = \frac{\pi}{3}, \quad \gamma = \frac{3\pi}{4}.$$

1.2.5　向量在轴上的投影

设点 O 及单位向量 $\boldsymbol{e}$ 确定了 u 轴(图 1-2-9),任意给定向量 $\boldsymbol{r}$,作 $\overrightarrow{OM}=\boldsymbol{r}$,再过点 M 作与 u 轴垂直的平面交 u 轴于点 M'(点 M' 称为**点 M 在 u 轴上的投影**),则向量 $\overrightarrow{OM'}$ 称为向量 $\boldsymbol{r}$ 在 u 轴上的分向量. 设 $\overrightarrow{OM'}=\lambda\boldsymbol{e}$,则数 λ 称为**向量 $\boldsymbol{r}$ 在 u 轴上的投影**,记为 $\mathrm{Prj}_u\boldsymbol{r}$ 或 r_u.

根据这个定义,向量 $\boldsymbol{a}$ 在直角坐标系 $Oxyz$ 中的坐标 a_x,a_y,a_z 分别是向量在 x 轴、y 轴、z 轴上的投影,即

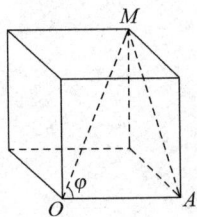

图　1-2-9

$$a_x = \mathrm{Prj}_x\boldsymbol{a}, \quad a_y = \mathrm{Prj}_y\boldsymbol{a}, \quad a_z = \mathrm{Prj}_z\boldsymbol{a}.$$

由此可知,向量的投影具有与坐标相同的性质:

性质 1　$\mathrm{Prj}_u\boldsymbol{a} = |\boldsymbol{a}|\cos\varphi$($\varphi$ 为向量 $\boldsymbol{a}$ 与 u 轴的夹角).

性质 2　$\mathrm{Prj}_u(\boldsymbol{a}+\boldsymbol{b}) = \mathrm{Prj}_u\boldsymbol{a} + \mathrm{Prj}_u\boldsymbol{b}$.

性质 3　$\mathrm{Prj}_u(\lambda\boldsymbol{a}) = \lambda\,\mathrm{Prj}_u\boldsymbol{a}$($\lambda$ 为实数).

例 6　设立方体的一条对角线为 OM,一条棱为 OA,且 $|\overrightarrow{OA}|=a$,求 $\overrightarrow{OA}$ 在 $\overrightarrow{OM}$ 方向上的投影 $\mathrm{Prj}_{\overrightarrow{OM}}\overrightarrow{OA}$.

解　如图 1-2-10 所示,因为 $|\overrightarrow{OA}|=a$,所以 $|\overrightarrow{OM}|=\sqrt{3}\,a$,记 $\angle MOA=\varphi$,有

$$\cos\varphi = \frac{|\overrightarrow{OA}|}{|\overrightarrow{OM}|} = \frac{1}{\sqrt{3}},$$

于是

$$\mathrm{Prj}_{\overrightarrow{OM}}\overrightarrow{OA} = |\overrightarrow{OA}|\cos\varphi = \frac{a}{\sqrt{3}}.$$

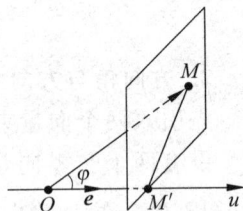

图　1-2-10

习题 1-2

1. 在空间直角坐标系中,指出下列各点所在的卦限:

$A(-2,1,3)$;　　　　$B(5,-2,4)$;　　　　$C(1,7,-3)$;　　　　$D(-1,-2,-1)$;

$E(-1,-3,2)$;　　　　$F(6,-3,-1)$;　　　　$G(-3,3,-1)$;　　　　$H(1,2,6)$.

2. 写出坐标面上和坐标轴上的点的坐标的特征,并指出下列各点的位置:

$A(-2,0,1)$;　　　　$B(0,-3,4)$;　　　　$C(0,0,-2)$;　　　　$D(0,5,0)$.

3. 求点 $M(a,b,c)$ 关于(1)各坐标面;(2)各坐标轴;(3)坐标原点的对称点的坐标.

4. 求点 $M(4,-3,5)$ 到各坐标面、各坐标轴及坐标原点的距离.

5. 试证明以三点 $A(4,1,9)$,$B(10,-1,6)$,$C(2,4,3)$ 为顶点的三角形是等腰直角三角形.

6. 设 P,Q 两点的向径分别为 r_1,r_2,点 R 在线段 PQ 上,且 $\dfrac{|PR|}{|RQ|}=\dfrac{m}{n}$,证明点 R 的向径为 $r=\dfrac{nr_1+mr_2}{m+n}$.

7. 已知两点 $M_1(0,1,1)$,$M_2(1,-1,0)$,试用坐标式表示向量 $\overrightarrow{M_1M_2}$ 及 $-2\overrightarrow{M_2M_1}$.

8. 求平行于向量 $a=\{3,-2,6\}$ 的单位向量.

9. 已知两点 $M_1(4,\sqrt{2},1)$,$M_2(3,0,2)$,求向量 $\overrightarrow{M_1M_2}$ 的模、方向余弦和方向角.

10. 已知向量 a 的模为 3,其方向角 $\alpha=\gamma=60°$,$\beta=45°$,求向量 a.

11. 已知向量 r 的模为 4,r 与轴 u 的夹角为 $60°$,求 $\text{Prj}_u r$.

12. 一向量的终点为 $M(2,-1,2)$,它在 x 轴、y 轴、z 轴的投影分别为 2、-2、2,求该向量的起点 A 的坐标.

13. 设 $u=3i-j+k,v=i-2j-k,w=2i+j-3k$,求向量 $a=u-2v-w$ 在 x 轴上的投影及在 y 轴上的分向量.

1.3　数量积与向量积

1.3.1　两向量的数量积

设一物体在常力 F 作用下,沿着直线从点 M_1 移动到点 M_2,其位移为 s,则常力 F 所做的功为

$$W=|F||s|\cos\theta,$$

其中 θ 为 F 与 s 的夹角(图 1-3-1).

从这个问题可以看出,我们有时要对两个向量 a 和 b 作上述这样的运算,其运算的结果是一个数. 在物理学和力学的其他问题中,也常常会遇到此类情况. 为此,在数学中,我们把这种运算抽象成两个向量的数量积的概念.

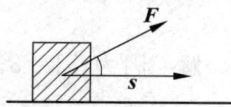

图　1-3-1

定义 1　设有向量 a,b,它们的夹角为 θ,则乘积 $|a||b|\cos\theta$ 称为向量 a 与 b 的**数量积**（或称为**内积、点积**）,记为 $a \cdot b$,即

$$a \cdot b = |a||b|\cos\theta.$$

根据这个定义,上述问题中常力 F 所做的功 W 就是力 F 与位移 s 的数量积,即 $W = F \cdot s$.

根据数量积的定义,可以推得：

(1) $a \cdot b = |b|\,\mathrm{Prj}_b a = |a|\,\mathrm{Prj}_a b$;

(2) $a \cdot a = |a|^2$;

(3) 设 a,b 为两个非零向量,则 $a \perp b$ 的充分必要条件是 $a \cdot b = 0$.

证　因为如果 $a \cdot b = 0$,由 $|a| \neq 0$,$|b| \neq 0$,则有 $\cos\theta = 0$,从而 $\theta = \dfrac{\pi}{2}$,即 $a \perp b$;反之,如果 $a \perp b$,则有 $\theta = \dfrac{\pi}{2}$,即 $\cos\theta = 0$,于是 $a \cdot b = |a||b|\cos\theta = 0$.

数量积满足如下运算规律：

(1) 交换律　$a \cdot b = b \cdot a$;

(2) 分配律　$(a+b) \cdot c = a \cdot c + b \cdot c$;

(3) 结合律　$\lambda(a \cdot b) = (\lambda a) \cdot b = a \cdot (\lambda b)$($\lambda$ 为实数).

上述三个运算规律利用数量积的定义即可证明.

下面我们来推导两个向量数量积的坐标表达式.

设 $a = a_x i + a_y j + a_z k$,$b = b_x i + b_y j + b_z k$,按数量积的运算规律可得

$$a \cdot b = (a_x i + a_y j + a_z k) \cdot (b_x i + b_y j + b_z k)$$
$$= a_x b_x i \cdot i + a_x b_y i \cdot j + a_x b_z i \cdot k + a_y b_x j \cdot i + a_y b_y j \cdot j +$$
$$a_y b_z j \cdot k + a_z b_x k \cdot i + a_z b_y k \cdot j + a_z b_z k \cdot k,$$

因为 i,j,k 是两两垂直的单位向量,所以有

$$i \cdot j = j \cdot k = k \cdot i = 0, \quad j \cdot i = k \cdot j = i \cdot k = 0,$$
$$i \cdot i = j \cdot j = k \cdot k = 1,$$

从而得到数量积的坐标表达式

$$a \cdot b = a_x b_x + a_y b_y + a_z b_z. \tag{1.3.1}$$

由此进一步得到,$a \perp b$ 的充分必要条件是

$$a_x b_x + a_y b_y + a_z b_z = 0.$$

由于 $a \cdot b = |a||b|\cos\theta$,所以当 a,b 为两非零向量时,可得两向量夹角余弦的坐标表达式

$$\cos\theta = \cos(\widehat{a,b}) = \frac{a \cdot b}{|a||b|} = \frac{a_x b_x + a_y b_y + a_z b_z}{\sqrt{a_x^2 + a_y^2 + a_z^2}\sqrt{b_x^2 + b_y^2 + b_z^2}}. \tag{1.3.2}$$

例 1　设 $|a| = 3$,$|b| = 5$,且两向量的夹角为 $\theta = \dfrac{\pi}{3}$,试求 $(a-2b) \cdot (3a+2b)$.

解　因为 $|a| = 3$,$|b| = 5$,且两向量的夹角为 $\theta = \dfrac{\pi}{3}$,所以

$$a \cdot a = |a|^2 = 9, \quad b \cdot b = |b|^2 = 25, \quad a \cdot b = |a||b|\cos\theta = \frac{15}{2},$$

则

$$(a-2b) \cdot (3a+2b) = 3a \cdot a + 2a \cdot b - 6b \cdot a - 4b \cdot b$$
$$= 3a \cdot a - 4a \cdot b - 4b \cdot b = -103.$$

例 2 已知 $a = \{1,1,-4\}, b = \{1,-2,2\}$，求：

(1) $a \cdot b$；(2) a 与 b 的夹角为 θ；(3) a 在 b 上的投影.

解 (1) $a \cdot b = 1 \cdot 1 + 1 \cdot (-2) + (-4) \cdot 2 = -9.$

(2) 因为 $|a| = \sqrt{18} = 3\sqrt{2}, |b| = \sqrt{9} = 3$，则 $\cos\theta = \dfrac{a \cdot b}{|a||b|} = -\dfrac{1}{\sqrt{2}}$，所以 $\theta = \dfrac{3\pi}{4}.$

(3) 因为 $a \cdot b = |b| \mathrm{Prj}_b a$，所以 $\mathrm{Prj}_b a = \dfrac{a \cdot b}{|b|} = -3.$

例 3 设液体流过平面 S 上面积为 A 的一个区域，液体在该区域上各点处的流速均为（常向量）v.设 n 为垂直于 S 的单位向量（图 1-3-2(a)），计算单位时间内经过该区域流向 n 所指一侧的液体的质量 P（液体的密度为 ρ）.

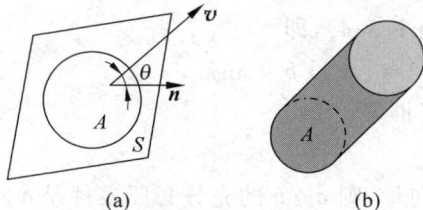

图 1-3-2

解 单位时间内流过该区域的液体组成一个底面积为 A，斜高为 $|v|$ 的斜柱体（图 1-3-2(b)）.这柱体的斜高与底面的垂线的夹角就是 v 与 n 的夹角 θ，所以该柱体的高为 $|v|\cos\theta$，体积为

$$V = A|v|\cos\theta = Av \cdot n.$$

从而，单位时间内经过该区域流向 n 所指一侧的液体的质量为

$$P = \rho V = \rho Av \cdot n.$$

1.3.2 两向量的向量积

同两向量的数量积一样，两向量的向量积的概念也是从力学及物理学中的概念中抽象出来的.例如，在研究物体的转动问题时，不但要考虑此物体所受的力，还要分析这些力所产生的力矩.下面就举一个简单的例子来说明表达力矩的方法.

设 O 为一根杠杆 L 的支点，有一力 F 作用于该杠杆上点 P 处，力 F 与 $\overrightarrow{OP}$ 的夹角为 θ.力 F 对支点 O 的力矩是一向量 M，它的模为

$$|M| = |OQ||F| = |\overrightarrow{OP}||F|\sin\theta,$$

而力矩 M 的方向垂直于 $\overrightarrow{OP}$ 与 F 所确定的平面，指向符合右手规则，即当右手的四个手指从 $\overrightarrow{OP}$ 的正向以不超过 π 的角度转向 F 的正向时，大拇指的指向就是 M 的指向（图 1-3-3）.

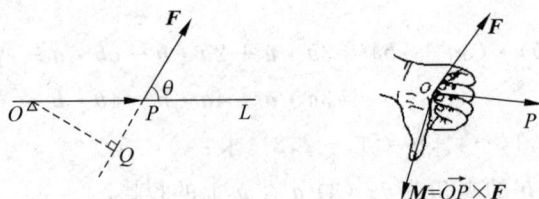

图　1-3-3

由此,在数学中,我们根据这种运算抽象出两向量的向量积的概念.

定义2　设向量 c 是由两个向量 a 与 b 按下列方式定义:

(1) c 的方向既垂直于 a 又垂直于 b,c 的指向按右手规则从 a 转向 b 来确定(图 1-3-4);

(2) c 的模 $|c|=|a||b|\sin\theta$(其中 θ 为 a 与 b 的夹角),则称向量 c 为向量 a 与 b 的**向量积**(或称**外积**、**叉积**),记为 $a\times b$,即

$$c = a\times b.$$

注　由向量积的定义可知,$c=a\times b$ 的模在数值上等于以 a,b 为邻边的平行四边形的面积(图 1-3-4),即

$$|a\times b| = |a||b|\sin\theta. \tag{1.3.3}$$

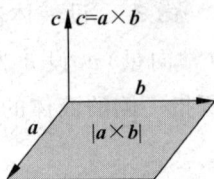

图　1-3-4

根据向量积的定义,可以推得:

(1) $a\times a=0$;

(2) 设 a,b 为两个非零向量,则 $a//b$ 的充分必要条件是 $a\times b=0$.

证　因为如果 $a\times b=0$,由 $|a|\neq0$,$|b|\neq0$,则有 $\sin\theta=0$,从而 $\theta=0$,即 $a//b$;反之,如果 $a//b$,则有 $\theta=0$ 或 $\theta=\pi$,从而 $\sin\theta=0$,于是

$$|a\times b| = |a||b|\sin\theta = 0, \quad 即 \quad a\times b = 0.$$

向量积满足如下运算规律:

(1) $a\times b=-(b\times a)$.

这是因为,按右手规则从 a 转向 b 定出的方向恰好与按右手规则从 b 转向 a 定出的方向相反.它表明交换律对向量积不成立.

(2) 分配律　$(a+b)\times c=a\times c+b\times c$.

(3) 结合律　$\lambda(a\times b)=(\lambda a)\times b=a\times(\lambda b)$($\lambda$ 为实数).

利用向量积的定义可以证明上述运算规律.

下面我们来推导两个向量的向量积的坐标表达式.

设 $a=a_x i+a_y j+a_z k$,$b=b_x i+b_y j+b_z k$,按向量积的运算规律可得

$$a\times b = (a_x i + a_y j + a_z k)\times(b_x i + b_y j + b_z k)$$
$$= a_x b_x i\times i + a_x b_y i\times j + a_x b_z i\times k + a_y b_x j\times i + a_y b_y j\times j +$$
$$a_y b_z j\times k + a_z b_x k\times i + a_z b_y k\times j + a_z b_z k\times k,$$

因为 i,j,k 是两两垂直的单位向量,所以有

$$i\times i = j\times j = k\times k = 0,$$
$$i\times j = k, \quad j\times k = i, \quad k\times i = j,$$
$$j\times i = -k, \quad k\times j = -i, \quad i\times k = -j.$$

从而得到向量积的坐标表达式

$$a \times b = (a_y b_z - a_z b_y)i + (a_z b_x - a_x b_z)j + (a_x b_y - a_y b_x)k. \qquad (1.3.4)$$

即

$$a \times b = \{a_y b_z - a_z b_y, a_z b_x - a_x b_z, a_x b_y - a_y b_x\}.$$

为了便于记忆,利用三阶行列式可将上式表示成:

$$a \times b = \begin{vmatrix} i & j & k \\ a_x & a_y & a_z \\ b_x & b_y & b_z \end{vmatrix}. \qquad (1.3.5)$$

由此进一步得到,$a /\!/ b$ 的充分必要条件是

$$\frac{b_x}{a_x} = \frac{b_y}{a_y} = \frac{b_z}{a_z},$$

其中 b_x, b_y, b_z 不能同时为零.

例 4　已知三角形 ABC 的顶点分别是 $A(1,2,3)$,$B(3,4,5)$ 和 $C(2,4,7)$,求三角形 ABC 的面积.

解　根据向量积的定义,三角形 ABC 的面积为

$$S_{\triangle ABC} = \frac{1}{2} |\overrightarrow{AB}| |\overrightarrow{AC}| \sin\angle A = \frac{1}{2} |\overrightarrow{AB} \times \overrightarrow{AC}|,$$

由于 $\overrightarrow{AB} = \{2,2,2\}$,$\overrightarrow{AC} = \{1,2,4\}$,所以

$$\overrightarrow{AB} \times \overrightarrow{AC} = \begin{vmatrix} i & j & k \\ 2 & 2 & 2 \\ 1 & 2 & 4 \end{vmatrix} = 4i - 6j + 2k, \quad 即 \quad \overrightarrow{AB} \times \overrightarrow{AC} = \{4, -6, 2\}.$$

于是

$$S_{\triangle ABC} = \frac{1}{2} |\overrightarrow{AB} \times \overrightarrow{AC}| = \frac{1}{2} \sqrt{4^2 + (-6)^2 + 2^2} = \sqrt{14}.$$

例 5　求与向量 $a = \{3, -2, 4\}$,$b = \{1, 1, -2\}$ 都垂直的单位向量.

解　因

$$a \times b = \{a_y b_z - a_z b_y, a_z b_x - a_x b_z, a_x b_y - a_y b_x\} = \{0, 10, 5\},$$

所以与向量 a, b 都垂直的向量为 $c = \pm\{0, 10, 5\}$,又 $|c| = \sqrt{10^2 + 5^2} = 5\sqrt{5}$,故所求单位向量为

$$c^\circ = \frac{c}{|c|} = \pm\left\{0, \frac{2}{\sqrt{5}}, \frac{1}{\sqrt{5}}\right\}.$$

例 6　设刚体以等角速度 ω 绕 l 轴旋转,计算刚体上一点 M 的线速度.

解　刚体绕 l 轴旋转时,我们可以用在 l 轴上的一个向量 ω 表示角速度.它的大小等于角速度的大小,它的方向由右手规则定出:即以右手握住 l 轴,当右手的四个手指的转向与刚体的旋转方向一致时,大拇指的指向就是 ω 的方向,如图 1-3-5 所示,设点 M 到旋转轴 l 的距离为 a,再在 l 轴上任取一点 O 作向量 $r = \overrightarrow{OM}$,并以 θ 表示 ω 与 r 的夹角,则

$$a = |r| \sin\theta.$$

设线速度为 v,那么由线速度与角速度间的关系可知,v 的大小为

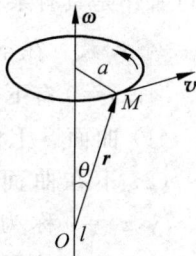

图 1-3-5

$$|v| = |\boldsymbol{\omega}| a = |\boldsymbol{\omega}| |r| \sin\theta.$$

v 的方向垂直于通过点 M 与 l 轴的平面,即 v 垂直于 $\boldsymbol{\omega}$ 与 r;且 v 的指向要使 $\boldsymbol{\omega}$,r,v 符合右手规则,因此有

$$v = \boldsymbol{\omega} \times r.$$

习题 1-3

1. 设 $a = \{3,-1,-2\}$,$b = \{1,2,-1\}$,求:

(1) $a \cdot b$ 及 $a \times b$;　　(2) a,b 的夹角的余弦.

2. 设 a,b,c 为单位向量,且满足 $a+b+c=\mathbf{0}$,求 $a \cdot b + b \cdot c + c \cdot a$.

3. 试用向量证明三角形的余弦定理.

4. 求向量 $a = \{4,-3,4\}$ 在向量 $b = \{2,2,1\}$ 上的投影.

5. 设 $a+3b$ 与 $7a-5b$ 垂直,$a-4b$ 与 $7a-2b$ 垂直,求 a 与 b 之间的夹角.

6. 已知 $M_1(1,-1,2)$,$M_2(3,3,1)$ 和 $M_3(3,1,3)$,求与 $\overrightarrow{M_1M_2}$,$\overrightarrow{M_2M_3}$ 同时垂直的单位向量.

7. 设 $a = \{3,5,-2\}$,$b = \{2,1,4\}$,问 λ 与 μ 有怎样的关系能使 $\lambda a + \mu b$ 与 z 轴垂直?

8. 直线 L 通过点 $A(-2,1,3)$ 和 $B(0,-1,2)$,求点 $C(1,5,3)$ 到直线 L 的距离.

9. 设 $m = 2a+b$,$n = ka-b$,其中 $|a|=1$,$|b|=2$,且 $a \perp b$.

(1) k 为何值时,$m \perp n$?

(2) k 为何值时,以 m 与 n 为邻边的平行四边形的面积为 6?

10. 试用向量证明不等式:

$$\sqrt{a_1^2 + a_2^2 + a_3^2} \ \sqrt{b_1^2 + b_2^2 + b_3^2} \geqslant |a_1b_1 + a_2b_2 + a_3b_3|,$$

其中 a_1,a_2,a_3,b_1,b_2,b_3 为任意实数,并指出等号成立的条件.

1.4　曲面及其方程

1.4.1　曲面方程的概念

在日常生活中,我们经常会遇到各种曲面,例如,反光镜的镜面、管道的外表面以及球面等. 与在平面解析几何中把平面曲线看作是动点的轨迹类似,在空间解析几何中,任何曲面都可看作是具有某种性质的动点的轨迹.

定义 1　在空间直角坐标系中,如果曲面 S 与三元方程 $F(x,y,z)=0$ 有下述关系:

(1) 曲面 S 上任一点的坐标都满足方程 $F(x,y,z)=0$;

(2) 不在曲面 S 上的点的坐标都不满足该方程. 则方程 $F(x,y,z)=0$ 称为 **曲面 S 的方程**,而曲面 S 就称为方程 $F(x,y,z)=0$ 的图形(图 1-4-1).

下面我们来讨论几个常见的曲面方程.

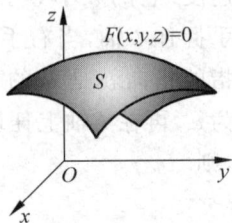

图　1-4-1

例 1 求球心在点 $M_0(x_0, y_0, z_0)$、半径为 R 的球面的方程.

解 设 $M(x, y, z)$ 是球面上任一点(图 1-4-2),根据题意,有
$$|MM_0| = R,$$

即
$$\sqrt{(x-x_0)^2 + (y-y_0)^2 + (z-z_0)^2} = R,$$

所以
$$(x-x_0)^2 + (y-y_0)^2 + (z-z_0)^2 = R^2.$$

特别地,当球心在原点时,球面的方程为
$$x^2 + y^2 + z^2 = R^2.$$

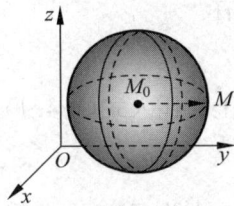

图 1-4-2

例 2 求与定点 $A(1,2,1)$ 和 $B(2,3,-3)$ 等距离的点的全体所构成的曲面的方程.

解 设 $M(x, y, z)$ 是曲面上任一点,根据题意,有
$$|MA| = |MB|,$$

即
$$\sqrt{(x-1)^2 + (y-2)^2 + (z-1)^2} = \sqrt{(x-2)^2 + (y-3)^2 + (z+3)^2},$$

故所求曲面的方程为
$$x + y - 4z - 8 = 0.$$

例 3 方程 $x^2 + y^2 + z^2 + 2x + 4y - 4z = 0$ 表示怎样的曲面?

解 对原方程配方,得
$$(x+1)^2 + (y+2)^2 + (z-2)^2 = 9,$$

所以,原方程表示球心在点 $M_0(-1,-2,2)$、半径为 $R=3$ 的球面.

我们已经知道,作为点的几何轨迹的曲面可以用它的点的坐标间的方程来表示. 反之,变量 x, y 和 z 之间的方程通常表示一张曲面. 因此在空间解析几何中,关于曲面的研究,有下列两个基本问题:

(1) 已知一曲面作为点的几何轨迹时,建立该曲面的方程;

(2) 已知坐标 x, y 和 z 之间的一个方程时,确定该方程所表示的曲面的形状.

下面,作为基本问题(1)的例子,我们讨论旋转曲面;作为基本问题(2)的例子,我们将讨论柱面和二次曲面.

1.4.2 旋转曲面

定义 2 以一条平面曲线绕其平面上的一条定直线旋转一周所成的曲面称为**旋转曲面**,这条平面曲线和定直线分别称为该旋转曲面的**母线**和**轴**.

这里我们只讨论旋转轴为坐标轴的旋转曲面.

设在 yOz 坐标面上有一已知曲线 C,其方程为 $f(y, z) = 0$,把这曲线绕 z 轴旋转一周,就得到一个以 z 轴为轴的旋转曲面(图 1-4-3).下面我们来推导这个旋转曲面的方程.

设 $M_1(0, y_1, z_1)$ 为曲线 C 上一点,则有
$$f(y_1, z_1) = 0, \tag{1.4.1}$$

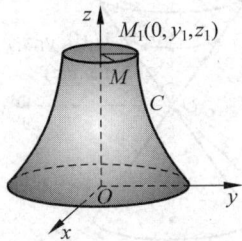

图 1-4-3

且易知点 M_1 到 z 轴的距离为 $|y_1|$. 设曲线 C 绕 z 轴旋转时,点 M_1

随着曲线转到点 $M(x, y, z)$. 这时 $z = z_1$ 保持不变,且点 M 与点 M_1 到 z 轴的距离也不变,即有

$$\sqrt{x^2 + y^2} = |y_1|, \quad z = z_1,$$

将上式代入式(1.4.1),就得到所求旋转曲面的方程

$$f(\pm \sqrt{x^2 + y^2}, z) = 0. \tag{1.4.2}$$

由此可知,在曲线 C 的方程 $f(y, z) = 0$ 中,将 y 改为 $\pm \sqrt{x^2 + y^2}$,便得曲线 C 绕 z 轴旋转一周所得的旋转曲面的方程.

同理,曲线 C 绕 y 轴旋转一周所得的旋转曲面的方程为

$$f(y, \pm \sqrt{x^2 + z^2}) = 0. \tag{1.4.3}$$

xOy 坐标面上的曲线绕 x 轴或 y 轴旋转,zOx 坐标面上的曲线绕 x 轴或 z 轴旋转,都可以用类似的方法讨论.

例如,将 zOx 坐标面上的曲线 $\dfrac{x^2}{a^2} - \dfrac{z^2}{c^2} = 1$ 绕 z 轴旋转一周,所生成的旋转曲面的方程为

$\dfrac{(\pm \sqrt{x^2 + y^2})^2}{a^2} - \dfrac{z^2}{c^2} = 1$,即 $\dfrac{x^2 + y^2}{a^2} - \dfrac{z^2}{c^2} = 1$,这个旋转曲面称为**旋转单叶双曲面**(图 1-4-4).

而绕 x 轴旋转一周所生成的旋转曲面的方程为 $\dfrac{x^2}{a^2} - \dfrac{(\pm \sqrt{y^2 + z^2})^2}{c^2} = 1$,即 $\dfrac{x^2}{a^2} - \dfrac{y^2 + z^2}{c^2} = 1$,这个旋转曲面称为**旋转双叶双曲面**(图 1-4-5).

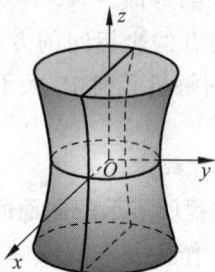

图　1-4-4

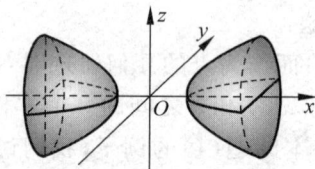

图　1-4-5

例 4　直线 L 绕另一条与 L 相交的定直线旋转一周,所得的旋转曲面称为**圆锥面**(图 1-4-6),两直线的交点称为圆锥面的**顶点**,两直线的夹角 $\alpha (0 < \alpha < \pi/2)$ 称为圆锥面的**半顶角**. 试建立顶点在坐标原点,旋转轴为 z 轴,半顶角为 α 的圆锥面方程.

解　在 yOz 面上,与 z 轴相交于原点,且与 z 轴的夹角为 α 的直线方程为

$$z = y \cot \alpha,$$

因此,此直线绕 z 轴旋转所生成的圆锥面方程为

$$z = \pm \sqrt{x^2 + y^2} \cot \alpha \quad \text{或} \quad z^2 = a^2(x^2 + y^2),$$

其中 $a = \cot \alpha$.

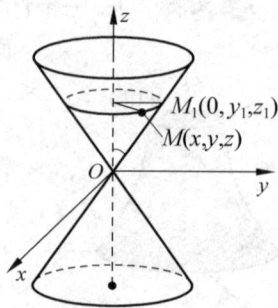

图　1-4-6

1.4.3 柱面

我们先分析一个具体的例子.

例 5 方程 $x^2+y^2=R^2$ 在空间中表示怎样的曲面?

解 易知,方程 $x^2+y^2=R^2$ 在 xOy 面上表示圆心在原点 O、半径为 R 的圆. 在空间直角坐标系中,注意到方程不含竖坐标 z,因此对于空间中的点,不论其竖坐标 z 怎样,只要它的横坐标 x 和纵坐标 y 能满足这方程,那么这一点就在这曲面上. 这就是说,凡是通过 xOy 面内圆 $x^2+y^2=R^2$ 上一点 $M(x,y,0)$,且平行于 z 轴的直线 l 都在这曲面上. 因此,这曲面可以看作是由平行于 z 轴的直线 l 沿 xOy 面上的圆 $x^2+y^2=R^2$ 移动而形成的,称此曲面为**圆柱面**(图 1-4-7),xOy 面上的圆 $x^2+y^2=R^2$ 称为它的准线,平行于 z 轴的直线 l 称为它的母线.

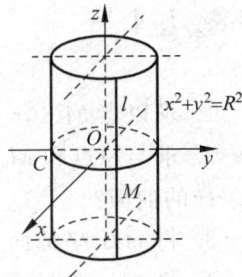

图 1-4-7

一般地,有

定义 3 平行于定直线并沿定曲线 C 移动的直线 L 所形成的轨迹称为**柱面**,这条定曲线 C 称为柱面的**准线**,动直线 L 称为柱面的**母线**.

由上面的例子可知,在空间直角坐标系中,不含 z 的方程 $x^2+y^2=R^2$ 表示母线平行于 z 轴、准线为 xOy 面上的圆 $x^2+y^2=R^2$ 的柱面,称为**圆柱面**.

一般地,在空间解析几何中,不含 z 而仅含 x,y 的方程 $F(x,y)=0$ 表示母线平行于 z 轴的柱面,其准线为 xOy 面上的曲线 $F(x,y)=0$(图 1-4-8).

同理,不含 y 而仅含 x,z 的方程 $G(x,z)=0$ 表示母线平行于 y 轴的柱面,其准线为 xOz 面上的曲线 $G(x,z)=0$;不含 x 而仅含 y,z 的方程 $H(y,z)=0$ 表示母线平行于 x 轴的柱面,其准线为 yOz 面上的曲线 $H(y,z)=0$.

例如,方程 $y=1-z$ 表示母线平行于 x 轴、准线为 yOz 面上的直线 $y=1-z$ 的柱面,这个柱面是一个平面(图 1-4-9).

方程 $y^2=2x$ 表示母线平行于 z 轴、准线为 xOy 面上的抛物线 $y^2=2x$ 的柱面,这个柱面称为**抛物柱面**(图 1-4-10).

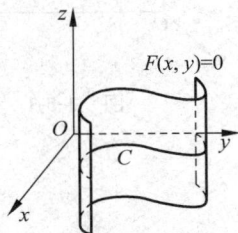

图 1-4-8

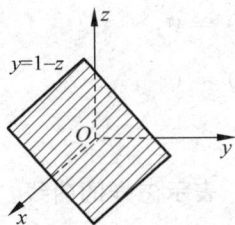

图 1-4-9

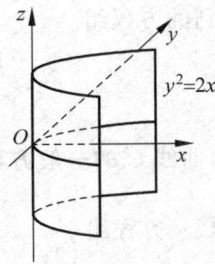

图 1-4-10

下面两个也是常见的母线平行于 z 轴的柱面:

椭圆柱面 $\dfrac{x^2}{a^2}+\dfrac{y^2}{b^2}=1$.

双曲柱面　$\dfrac{x^2}{a^2} - \dfrac{y^2}{b^2} = 1.$

圆柱面、抛物柱面、椭圆柱面和双曲柱面的方程都是二次的,因此这些柱面统称为**二次柱面**.

习题 1-4

1. 求以点 $M(1,-2,-1)$ 为球心,且通过坐标原点的球面方程.

2. 求与原点和 $M_0(1,0,1)$ 的距离之比为 $1:3$ 的点的全体所构成的曲面的方程,它表示怎样的曲面?

3. 将 zOx 坐标面上的抛物线 $z^2 = x$ 绕 x 轴旋转一周,求所生成的旋转曲面的方程.

4. 将 xOy 坐标面上的双曲线 $x^2 - y^2 = 3$ 分别绕 x 轴或 y 轴旋转一周,求所生成的旋转曲面的方程.

5. 指出下列方程在平面解析几何与空间解析几何中分别表示什么图形:

(1) $x = 3$;　　　　　(2) $y = 2x - 5$;　　　　(3) $x^2 + y^2 = 16$;

(4) $x^2 - y^2 = 4$;　　　(5) $\dfrac{x^2}{4} + \dfrac{y^2}{9} = 1$;　　(6) $y^2 = 4x.$

1.5　空间曲线及其方程

1.5.1　空间曲线的一般方程

空间曲线可以看作两曲面的交线. 设

$$F(x,y,z) = 0 \quad \text{和} \quad G(x,y,z) = 0$$

是两个曲面的方程,它们相交且交线为 C(图 1-5-1).易知,曲线 C 上的任一点都同时在这两个曲面上,所以曲线 C 上所有点的坐标都同时满足这两个曲面的方程.反之,坐标同时满足这两个曲面方程的点一定在它们的交线上.因此,将这两个方程联立起来,所得到的方程组

$$C: \begin{cases} F(x,y,z) = 0, \\ G(x,y,z) = 0 \end{cases} \tag{1.5.1}$$

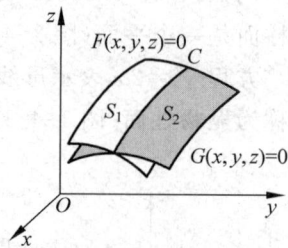

图 1-5-1

称为空间曲线 C 的**一般方程**.

例 1　方程组 $\begin{cases} x^2 + y^2 = 1, \\ 2x + 3y + 3z = 6 \end{cases}$ 表示怎样的曲线?

解　方程组中第一个方程表示母线平行于 z 轴的圆柱面,其准线是 xOy 面上的圆,圆心在原点 O,半径为 1;第二个方程表示一个平面,它与 x 轴、y 轴和 z 轴的交点依次为 $(3,0,0),(0,2,0)$ 和 $(0,0,2)$.题设方程组就表示上述平面与圆柱面的交线(图 1-5-2).

例 2 方程组 $\begin{cases} z=\sqrt{a^2-x^2-y^2}, \\ \left(x-\dfrac{a}{2}\right)^2+y^2=\dfrac{a^2}{4} \end{cases}$ 表示怎样的曲线？

解 方程组中第一个方程表示球心在原点 O、半径为 a 的上半球面；第二个方程表示母线平行于 z 轴的圆柱面，其准线是 xOy 面上的圆，圆心在点 $(a/2,0)$、半径为 $a/2$. 题设方程组表示上述半球面与圆柱面的交线(图 1-5-3).

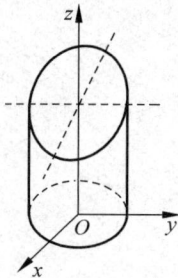

图 1-5-2

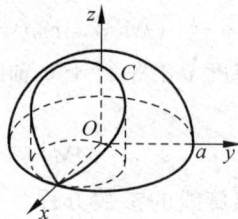

图 1-5-3

1.5.2 空间曲线的参数方程

在平面直角坐标系中，平面曲线可以用参数方程表示. 同样，在空间直角坐标系中，空间曲线也可以用参数方程来表示. 只要将曲线 C 上动点的坐标 x,y,z 分别表示为参数 t 的函数，其一般形式是

$$\begin{cases} x=x(t), \\ y=y(t), \\ z=z(t), \end{cases} \tag{1.5.2}$$

这个方程组称为空间曲线的**参数方程**. 当给定 $t=t_1$ 时，就得到曲线上的一个点 (x_1,y_1,z_1)，随着参数 t 的变化就可得到曲线上全部的点.

例 3 将空间曲线方程 $\begin{cases} x^2+y^2+z^2=4, \\ x+y=0 \end{cases}$ 化为参数方程.

解 由 $x+y=0$ 得 $y=-x$，将其代入 $x^2+y^2+z^2=4$，得

$$2x^2+z^2=4, \quad 即 \quad \frac{x^2}{(\sqrt{2})^2}+\frac{z^2}{2^2}=1,$$

类似于椭圆的参数方程，可取 $\begin{cases} x=\sqrt{2}\cos\theta, \\ y=2\sin\theta, \end{cases} 0\leqslant\theta\leqslant 2\pi$，故所求的参数方程为

$$\begin{cases} x=\sqrt{2}\cos\theta, \\ y=-\sqrt{2}\cos\theta, \quad 0\leqslant\theta\leqslant 2\pi \\ z=2\sin\theta, \end{cases}$$

注 空间曲线的参数方程不是唯一的，这取决于所选取的参数，选取的参数不同，得到的参数方程也不同.

例 4 如果空间一点 M 在圆柱面 $x^2+y^2=a^2$ 上以角速度 ω 绕 z 轴旋转，同时又以线

速度 v 沿平行于 z 轴的正方向上升（其中 ω,v 都是常数），则点 M 构成的图形称为**螺旋线**（图 1-5-4）. 试建立其参数方程.

解　取时间 t 为参数. 如图 1-5-4 所示，设当 $t=0$ 时，动点位于 x 轴上的点 $A(a,0,0)$ 处，经过时间 t 后，动点由 A 运动到 $M(x,y,z)$. 记 M 在 xOy 面的投影为 M'，则 M' 的坐标为 $(x,y,0)$.

由于动点在圆柱面上以角速度 ω 绕 z 轴旋转，所以经过时间 t 后，$\angle AOM'=\omega t$，从而

$$x=|OM'|\cos\omega t=a\cos\omega t,$$
$$y=|OM'|\sin\omega t=a\sin\omega t,$$

同时，动点又以线速度 v 沿平行于 z 轴的正方向上升，所以经过时间 t 后

$$z=|MM'|=vt.$$

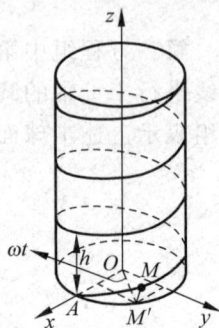

图　1-5-4

这样，就得到螺旋线的参数方程

$$\begin{cases} x=a\cos\omega t, \\ y=a\sin\omega t, \\ z=vt. \end{cases}$$

也可以用其他变量作为参数，例如在上例中，如果取 $\theta=\omega t$ 作为参数，则螺旋线的参数方程为

$$\begin{cases} x=a\cos\theta, \\ y=a\sin\theta, \\ z=k\theta, \end{cases}$$

其中 $k=v/\omega$.

注　螺旋线是生产实践中常用的曲线. 例如，平头螺钉的外缘曲线就是螺旋线. 螺旋线有一个重要性质：当 $\theta=2\pi$ 时，$z=2\pi k$，这表示动点从点 A 开始绕 z 轴运动一周后在 z 轴方向上所移动的距离，这个距离 $h=2\pi k$ 称为**螺距**.

1.5.3　空间曲线在坐标面上的投影

设空间曲线 C 的一般方程为

$$\begin{cases} F(x,y,z)=0, \\ G(x,y,z)=0. \end{cases} \tag{1.5.3}$$

如果我们能从方程组 (1.5.3) 中消去变量 z 而得到方程

$$H(x,y)=0, \tag{1.5.4}$$

则当点 M 的坐标 x,y,z 满足方程组 (1.5.3) 时，也一定满足方程 (1.5.4). 这说明曲线 C 上的所有点都落在由方程 (1.5.4) 所表示的曲面上.

由上节知道，方程 (1.5.4) 表示一个母线平行于 z 轴的柱面. 由上面的讨论可知，这柱面必定包含曲线 C. 以曲线 C 为准线、母线平行于 z 轴（即垂直于 xOy 面）的柱面称为曲线 C 关于 xOy 面的**投影柱面**. 这个投影柱面与 xOy 面的交线称为空间曲线 C 在 xOy 面上的**投影曲线**，简称为**投影**.

因为方程(1.5.4)所表示的曲面上包含曲线 C,所以它就一定包含着 C(关于 xOy 面)的投影柱面,因此方程组

$$\begin{cases} H(x,y)=0, \\ z=0 \end{cases} \tag{1.5.5}$$

所表示的曲线必定包含 C 在 xOy 面上的投影.

注 要注意的是,C 在 xOy 面上的投影可能只是方程组(1.5.5)所表示的曲线中的一部分,而不一定是全部.这一点,具体问题要具体分析.

同理,消去方程组(1.5.3)中的变量 x 或变量 y,再分别和 $x=0$ 或 $y=0$ 联立,就可分别得到包含曲线 C 在 yOz 面或 zOx 面上的投影的曲线方程:

$$\begin{cases} R(y,z)=0, \\ x=0, \end{cases} \quad \text{或} \quad \begin{cases} T(x,z)=0, \\ y=0. \end{cases}$$

例 5 求曲线 $C:\begin{cases} x^2+y^2+z^2=1, \\ x^2+z^2-x=0 \end{cases}$ 在三坐标面上的投影方程.

解 从题设方程组中消去变量 z 后,得 $y^2+x=1$,于是,曲线 C 在 xOy 面上的投影方程为

$$\begin{cases} y^2+x=1, \\ z=0. \end{cases}$$

同理,由 $x=1-y^2$,从题设方程组中消去变量 x 后,得 $z^2-y^2+y^4=0$,于是,曲线 C 在 yOz 面上的投影方程为

$$\begin{cases} z^2-y^2+y^4=0, \\ x=0. \end{cases}$$

由曲线方程可知,曲线 C 在柱面 $x^2+z^2-x=0$ 上,故曲线 C 在 zOx 面上的投影方程为

$$\begin{cases} x^2+z^2-x=0, \\ y=0. \end{cases}$$

例 6 设一个立体由上半球面 $z=\sqrt{4-x^2-y^2}$ 和锥面 $z=\sqrt{3(x^2+y^2)}$ 所围成(图 1-5-5),求它在 xOy 面上的投影.

解 半球面和锥面的交线为

$$C:\begin{cases} z=\sqrt{4-x^2-y^2}, \\ z=\sqrt{3(x^2+y^2)}, \end{cases}$$

从这个方程组中消去 z 得投影柱面的方程

$$x^2+y^2=1,$$

因此,交线 C 在 xOy 面上的投影曲线为

$$\begin{cases} x^2+y^2=1, \\ z=0, \end{cases}$$

这是一个 xOy 面上的单位圆,故所求立体在 xOy 面上的投影,即为该圆在 xOy 面上所围的

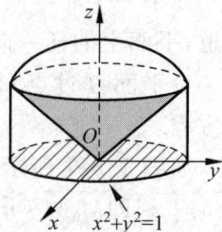

图 1-5-5

部分：$x^2 + y^2 \leqslant 1$.

习题 1-5

1. 指出下列方程表示什么曲线：

(1) $\begin{cases} x^2 + y^2 + z^2 = 25, \\ x = 2; \end{cases}$ (2) $\begin{cases} y^2 + z^2 - 4x + 8 = 0, \\ z = 1. \end{cases}$

2. 求曲线 $\begin{cases} y^2 + z^2 - 2x = 0, \\ z = 3 \end{cases}$ 在 xOy 面上投影曲线的方程，并指出原曲线是什么曲线.

3. 将曲线 $\begin{cases} x^2 + y^2 + z^2 = 9, \\ y = x \end{cases}$ 化为参数方程.

4. 将曲线的一般方程 $\begin{cases} (x-1)^2 + y^2 + (z+1)^2 = 4, \\ z = 0 \end{cases}$ 化为参数方程.

5. 求下列曲线在 xOy 面上的投影：

(1) $\begin{cases} x^2 + y^2 + 4z^2 = 1, \\ x^2 = y^2 + z^2; \end{cases}$ (2) $\begin{cases} \dfrac{x^2}{16} + \dfrac{y^2}{4} - \dfrac{z^2}{5} = 1, \\ x - 2z = 0. \end{cases}$

1.6　平面及其方程

平面是空间中最简单且最重要的曲面. 本节我们将以向量为工具, 在空间直角坐标系中建立其方程, 并进一步讨论有关平面的一些基本性质.

1.6.1　平面的点法式方程

通过某一定点的平面有无穷多个, 但若限定平面与一已知非零向量垂直, 则这个平面就可以完全确定. 下面我们就从这个角度来建立平面的点法式方程.

如果一个非零向量垂直于一平面, 则称此向量为该平面的**法线向量**, 简称**法向量**. 容易知道, 平面上的任一向量均与该平面的法向量垂直.

设平面 Π 过点 $M_0(x_0, y_0, z_0)$, 且以 $\boldsymbol{n} = \{A, B, C\}$ 为法向量, 下面我们来建立这个平面的方程.

如图 1-6-1 所示, 在平面 Π 上任取一点 $M(x, y, z)$, 则有 $\overrightarrow{M_0 M} \perp \boldsymbol{n}$, 即 $\overrightarrow{M_0 M} \cdot \boldsymbol{n} = 0$. 因为

$$\overrightarrow{M_0 M} = \{x - x_0, y - y_0, z - z_0\},$$

所以

$$A(x - x_0) + B(y - y_0) + C(z - z_0) = 0. \quad (1.6.1)$$

由点 M 的任意性知, 平面 Π 上的任一点都满足方程 (1.6.1).
反之, 不在该平面上的点的坐标都不满足方程 (1.6.1), 因为这

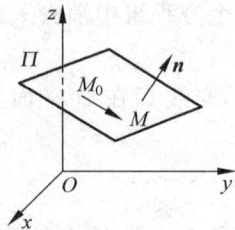

图　1-6-1

样的点与点 M_0 所构成的向量 $\overrightarrow{M_0M}$ 与法向量 $\boldsymbol{n}$ 不垂直. 因此,方程(1.6.1)就是平面 Π 的方程,称为**平面的点法式方程**,而平面 Π 就是方程(1.6.1)的图形.

例 1 求过点 $M(2,4,-3)$ 且以 $\boldsymbol{n}=\{2,-3,5\}$ 为法向量的平面方程.

解 根据平面的点法式方程(1.6.1),得所求平面的方程为

$$2(x-2)-3(y-4)+5(z+3)=0,$$

即

$$2x-3y+5z+23=0.$$

例 2 求过点 $A(2,-1,4),B(-1,3,-2),C(0,2,3)$ 的平面方程.

解 先求出该平面的法向量 $\boldsymbol{n}$. 由于法向量 $\boldsymbol{n}$ 与向量 $\overrightarrow{AB},\overrightarrow{AC}$ 都垂直,而

$$\overrightarrow{AB}=\{-3,4,-6\}, \quad \overrightarrow{AC}=\{-2,3,-1\},$$

故可取它们的向量积为 $\boldsymbol{n}$,即

$$\boldsymbol{n}=\overrightarrow{AB}\times\overrightarrow{AC}=\begin{vmatrix} \boldsymbol{i} & \boldsymbol{j} & \boldsymbol{k} \\ -3 & 4 & -6 \\ -2 & 3 & -1 \end{vmatrix}=\{14,9,-1\},$$

根据平面的点法式方程(1.6.1),得所求平面方程为

$$14(x-2)+9(y+1)-(z-4)=0, \quad \text{即} \quad 14x+9x-z-15=0.$$

1.6.2 平面的一般方程

平面的点法式方程是关于 x,y,z 的三元一次方程,而任一平面都可以用它上面的一点及它的法向量来确定,因此任一平面都可以用三元一次方程来表示.

反之,设有三元一次方程

$$Ax+By+Cz+D=0, \tag{1.6.2}$$

任取满足该方程的一组数 x_0,y_0,z_0,则有

$$Ax_0+By_0+Cz_0+D=0,$$

将上述两式相减,得

$$A(x-x_0)+B(y-y_0)+C(z-z_0)=0, \tag{1.6.3}$$

易见,方程(1.6.3)就是过点 $M_0(x_0,y_0,z_0)$ 且以 $\boldsymbol{n}=\{A,B,C\}$ 为法向量的平面方程. 因方程(1.6.3)与方程(1.6.2)是同解方程,所以,三元一次方程(1.6.2)的图形总是一个平面. 方程(1.6.2)称为**平面的一般方程**,其中 x,y,z 的系数就是该平面的一个法向量 $\boldsymbol{n}$ 的坐标,即 $\boldsymbol{n}=\{A,B,C\}$.

平面的一般方程的几种特殊情形:

(1) 若 $D=0$,则方程为 $Ax+By+Cz=0$,该平面通过坐标原点.

(2) 若 $C=0$,则方程为 $Ax+By+D=0$,法向量为 $\boldsymbol{n}=\{A,B,0\}$,垂直于 z 轴,该方程表示一个平行于 z 轴的平面.

同理,方程 $Ax+Cz+D=0$ 和 $By+Cz+D=0$ 分别表示一个平行于 y 轴和 x 轴的平面.

(3) 若 $B=C=0$,则方程为 $Ax+D=0$,法向量 $\boldsymbol{n}=\{A,0,0\}$ 同时垂直于 y 轴和 z 轴,方程表示一个平行于 yOz 面的平面或垂直于 x 轴的平面.

同理,方程 $By+D=0$ 和 $Cz+D=0$ 分别表示一个平行于 zOx 面和 xOy 面的平面.

注　在平面解析几何中,二元一次方程表示一条直线;在空间解析几何中,二元一次方程表示一个平面.例如,$x+y=1$ 在平面解析几何中表示一条直线,而在空间解析几何中表示一个平面.

例 3　求通过 x 轴和点 $M(4,-3,-1)$ 的平面方程.

解　**方法一**　设所求平面的一般方程为
$$Ax+By+Cz+D=0,$$
因为所求平面通过 x 轴,则一定平行于 x 轴,所以 $A=0$,又平面通过坐标原点,所以 $D=0$,从而方程为
$$By+Cz=0,$$
又因平面过点 $(4,-3,-1)$,因此有
$$-3B-C=0,\quad 即\quad C=-3B,$$
将 $C=-3B$ 代入方程 $By+Cz=0$,再除以 $B(B\neq0)$,便得到所求方程为
$$y-3z=0.$$

方法二　由于平面过 x 轴和点 $M(4,-3,-1)$,所以可取 x 轴的单位向量 $\boldsymbol{i}=\{1,0,0\}$ 与 $\overrightarrow{OM}=\{4,-3,-1\}$ 的向量积为平面的法向量,即
$$\boldsymbol{n}=\boldsymbol{i}\times\overrightarrow{OM}=\{0,1,-3\}.$$
所求平面方程为
$$0(x-4)+1(y+3)-3(z+1)=0,$$
即
$$y-3z=0.$$

例 4　设平面过原点及点 $(6,-3,2)$,且与平面 $4x-y+2z=8$ 互相垂直,求此平面的方程.

解　设所求平面的方程为
$$Ax+By+Cz+D=0,$$
由平面过原点知,$D=0$,又平面过点 $(6,-3,2)$,即有
$$6A-3B+2C=0. \tag{①}$$
因为平面与平面 $4x-y+2z=8$ 互相垂直,则 $\{A,B,C\}\perp\{4,-1,2\}$,所以 $\{A,B,C\}\cdot\{4,-1,2\}=0$,即
$$4A-B+2C=0, \tag{②}$$
联立方程①和方程②,解得
$$A=B=-\frac{2}{3}C,$$
故所求平面方程为
$$2x+2y-3z=0.$$

1.6.3　平面的截距式方程

设一平面的一般方程为
$$Ax+By+Cz+D=0,$$

若该平面与 x 轴、y 轴、z 轴分别交于 $P(a,0,0)$、$Q(0,b,0)$、$R(0,0,c)$ 三点(图 1-6-2),其中 $a\neq0,b\neq0,c\neq0$,则这三点均满足平面方程,即有

$$aA + D = 0, \quad bB + D = 0, \quad cC + D = 0,$$

解得

$$A =- \frac{D}{a}, \quad B =- \frac{D}{b}, \quad C =- \frac{D}{c},$$

代入所设平面方程中,得

$$\frac{x}{a} + \frac{y}{b} + \frac{z}{c} = 1. \tag{1.6.4}$$

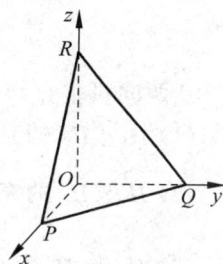

图 1-6-2

这个方程称为**平面的截距式方程**,其中 a,b,c 分别称为平面在 x 轴、y 轴、z 轴上的**截距**.

例 5 求平行于平面 $6x+y+6z+5=0$ 且与三个坐标面所围成的四面体体积为 1 的平面方程.

解 设所求平面方程为

$$\frac{x}{a} + \frac{y}{b} + \frac{z}{c} = 1,$$

该平面与三个坐标面所围成的四面体体积 V 为 1,故

$$V = \frac{1}{3} \cdot \frac{1}{2} abc = 1,$$

又因所求平面与平面 $6x+y+6z+5=0$ 平行,所以

$$\frac{1/a}{6} = \frac{1/b}{1} = \frac{1/c}{6}, \quad 即 \quad 6a = b = 6c.$$

令 $6a=b=6c=t$,则 $a=\frac{t}{6}, b=t, c=\frac{t}{6}$,代入体积式,得

$$\frac{1}{6} \cdot \frac{t}{6} \cdot t \cdot \frac{t}{6} = 1, \quad 即 \quad t = 6,$$

从而 $a=1,b=6,c=1$. 于是,所求平面方程为

$$\frac{x}{1} + \frac{y}{6} + \frac{z}{1} = 1, \quad 即 \quad 6x + y + 6z = 6.$$

1.6.4 两平面的夹角

两平面法向量之间的夹角(通常取锐角)称为**两平面的夹角**.

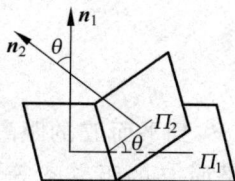

图 1-6-3

设有两个平面 Π_1 和 Π_2:

$$\Pi_1 : A_1 x + B_1 y + C_1 z + D_1 = 0, \quad \boldsymbol{n}_1 = \{A_1, B_1, C_1\},$$

$$\Pi_2 : A_2 x + B_2 y + C_2 z + D_2 = 0, \quad \boldsymbol{n}_2 = \{A_2, B_2, C_2\},$$

则平面 Π_1 和 Π_2 的夹角 θ 应是 $(\widehat{\boldsymbol{n}_1, \boldsymbol{n}_2})$ 和 $\pi-(\widehat{\boldsymbol{n}_1, \boldsymbol{n}_2})$ 两者中的锐角(图 1-6-3),因此

$$\cos\theta = |\cos(\widehat{\boldsymbol{n}_1, \boldsymbol{n}_2})|.$$

按照两向量夹角的余弦公式,有

$$\cos\theta = \frac{|A_1 A_2 + B_1 B_2 + C_1 C_2|}{\sqrt{A_1^2 + B_1^2 + C_1^2} \cdot \sqrt{A_2^2 + B_2^2 + C_2^2}}. \tag{1.6.5}$$

从两向量垂直和平行的充要条件,即可推出:

(1) $\Pi_1 \perp \Pi_2$ 的充要条件是 $A_1 A_2 + B_1 B_2 + C_1 C_2 = 0$.

(2) $\Pi_1 /\!/ \Pi_2$ 的充要条件是 $\dfrac{A_1}{A_2} = \dfrac{B_1}{B_2} = \dfrac{C_1}{C_2}$.

(3) Π_1 与 Π_2 重合的充要条件是 $\dfrac{A_1}{A_2} = \dfrac{B_1}{B_2} = \dfrac{C_1}{C_2} = \dfrac{D_1}{D_2}$.

例 6 研究以下各组中两平面的位置关系:

(1) $\Pi_1 : x - y + 2z - 6 = 0, \Pi_2 : 2x + y + z - 5 = 0$;

(2) $\Pi_1 : 2x - y + z - 1 = 0, \Pi_2 : -4x + 2y - 2z - 1 = 0$.

解 (1) 两平面的法向量分别为 $\boldsymbol{n}_1 = \{1, -1, 2\}, \boldsymbol{n}_2 = \{2, 1, 1\}$,因为

$$\cos\theta = \frac{|1 \times 2 + (-1) \times 1 + 2 \times 1|}{\sqrt{1^2 + (-1)^2 + 2^2} \cdot \sqrt{2^2 + 1^2 + 1^2}} = \frac{3}{6} = \frac{1}{2},$$

所以,这两平面相交,且夹角为 $\dfrac{\pi}{3}$;

(2) 两平面的法向量分别为 $\boldsymbol{n}_1 = \{2, -1, 1\}, \boldsymbol{n}_2 = \{-4, 2, -2\}$,因为

$$\frac{2}{-4} = \frac{-1}{2} = \frac{1}{-2} \neq \frac{-1}{-1}.$$

所以,这两平面平行但不重合.

例 7 一平面通过两点 $M_1(3, -2, 9)$ 和 $M_2(-6, 0, -4)$ 且与平面 $2x - y + 4z - 8 = 0$ 垂直,求这个平面的方程.

解 设所求平面的方程为

$$Ax + By + Cz + D = 0,$$

由于点 $M_1(3, -2, 9)$ 和 $M_2(-6, 0, -4)$ 在平面上,故

$$3A - 2B + 9C + D = 0, \quad -6A - 4C + D = 0.$$

又因所求平面与平面 $2x - y + 4z - 8 = 0$ 垂直,由两平面垂直的条件,有

$$2A - B + 4C = 0.$$

联立上面三个方程,解得

$$A = \frac{D}{2}, \quad B = -D, \quad C = -\frac{D}{2}.$$

代入所设方程,约去因子 $\dfrac{D}{2}$,得所求平面方程为

$$x - 2y - z + 2 = 0.$$

1.6.5 点到平面的距离

设 $P_0(x_0, y_0, z_0)$ 是平面 $\Pi : Ax + By + Cz + D = 0$ 外的一点,求点 P_0 到平面 Π 的距离.

在平面 Π 上任取一点 $P_1(x_1, y_1, z_1)$,作向量 $\overrightarrow{P_1 P_0}$,易见点 P_0 到平面 Π 的距离 d 等于 $\overrightarrow{P_1 P_0}$ 在平面 Π 的法向量 $\boldsymbol{n}$ 上的投影的绝对值,如图 1-6-4 所示,即

$$d = |\operatorname{Prj}_n \overrightarrow{P_1 P_0}|.$$

设 n° 为与 n 同方向的单位向量,则有

$$\operatorname{Prj}_n \overrightarrow{P_1 P_0} = \overrightarrow{P_1 P_0} \cdot n^\circ,$$

故

$$d = |\operatorname{Prj}_n \overrightarrow{P_1 P_0}| = \frac{|\overrightarrow{P_1 P_0} \cdot n|}{|n|}$$

$$= \frac{|A(x_0 - x_1) + B(y_0 - y_1) + C(z_0 - z_1)|}{\sqrt{A^2 + B^2 + C^2}}$$

$$= \frac{|Ax_0 + By_0 + Cz_0 - (Ax_1 + By_1 + Cz_1)|}{\sqrt{A^2 + B^2 + C^2}}.$$

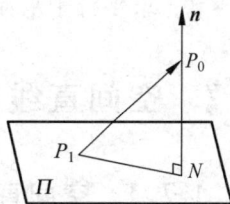

图 1-6-4

注意到点 $P_1(x_1, y_1, z_1)$ 在平面 Π 上,故 $Ax_1 + By_1 + Cz_1 = -D$,这样我们就得到**点到平面的距离公式**

$$d = \frac{|Ax_0 + By_0 + Cz_0 + D|}{\sqrt{A^2 + B^2 + C^2}}. \tag{1.6.6}$$

例 8　求两平行平面 $\Pi_1 : x + y + z - 2 = 0$ 和 $\Pi_2 : 2x - 2y + z - 3 = 0$ 之间的距离 d.

解　可在平面 Π_1 上任取一点,该点到平面 Π_2 的距离即为这两平行平面之间的距离. 为此,在平面 Π_1 上取点 $(1, 1, 0)$,则

$$d = \frac{|2 \times 1 - 2 \times 1 + 1 \times 0 - 3|}{\sqrt{2^2 + (-2)^2 + 1^2}} = \frac{3}{\sqrt{9}} = 1.$$

习题 1-6

1. 求过点 $(3, 0, -1)$ 且与平面 $3x - 7y + 5z - 12 = 0$ 平行的平面方程.

2. 求过点 $P_0(2, 9, -6)$ 且与连接坐标原点及点 P_0 的线段 OP_0 垂直的平面方程.

3. 求过 $A(2, -1, 4)$,$B(-1, 3, -2)$,$C(0, 2, 3)$ 三点的平面方程.

4. 平面过原点 O,且垂直于平面

$$\Pi_1 : x + 2y + 3z - 2 = 0, \quad \Pi_2 : 6x - y + 5z + 2 = 0,$$

求此平面的方程.

5. 指出下列各平面的特殊位置:

(1) $x = 1$;　　(2) $x - \sqrt{5}\,y = 0$;　　(3) $y + z = 2$;　　(4) $3x + 2y - z = 0$.

6. 求平面 $2x - 2y + z + 5 = 0$ 与各坐标面夹角的余弦.

7. 一平面过点 $(1, 0, -1)$ 且平行于向量 $a = \{2, 1, 1\}$ 和 $b = \{1, -1, 6\}$,求该平面的方程.

8. 确定 k 的值,使平面 $x + ky - 2z = 9$ 满足下列条件之一:

(1) 经过点 $(1, 2, 0)$;　　　　　　(2) 与 $2x + 4y + 3z = 3$ 垂直;

(3) 与 $3x - 7y - 6z - 1 = 0$ 平行;　　(4) 与 $2x - 3y + z = 0$ 的夹角为 $\frac{\pi}{4}$;

(5) 与原点的距离等于 3;　　　　　(6) 在 y 轴上的截距为 -3.

9．求点 $(1,0,1)$ 到平面 $x+2y+2z-1=0$ 的距离.

10．求平行于平面 $x+y+z=160$ 且与球面 $x^2+y^2+z^2=4$ 相切的平面方程.

1.7　空间直线及其方程

1.7.1　空间直线的一般方程

如同空间曲线可看作两曲面的交线一样，空间直线可看作两个相交平面的交线.

设两个相交平面的方程分别为

$$\Pi_1 : A_1 x + B_1 y + C_1 z + D_1 = 0,$$
$$\Pi_2 : A_2 x + B_2 y + C_2 z + D_2 = 0,$$

记它们的交线为直线 L（图 1-7-1），则 L 上任一点的坐标应同时满足这两个平面的方程，即应满足方程组

$$\begin{cases} A_1 x + B_1 y + C_1 z + D_1 = 0, \\ A_2 x + B_2 y + C_2 z + D_2 = 0. \end{cases} \tag{1.7.1}$$

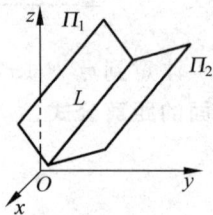

图　1-7-1

反之，如果一个点不在直线 L 上，则它不可能同时在平面 Π_1 和 Π_2 上，它的坐标也就不可能满足方程组(1.7.1). 因此，直线 L 可以用方程组(1.7.1)来表示. 方程组(1.7.1)称为**空间直线的一般方程**.

因为通过空间一直线 L 的平面有无穷多个，所以在这无穷多个平面中任选两个，把它们的方程联立起来，所得的方程组就表示空间直线 L.

1.7.2　空间直线的对称式方程与参数方程

如果一非零向量平行于一条已知直线，这个向量就称为这条直线的**方向向量**. 由于过空间一点可作而且只能作一条直线平行于已知直线，所以空间直线的位置可由其上一点及它的方向向量完全确定.

设直线 L 通过点 $M_0(x_0,y_0,z_0)$，且与一非零向量 $s=\{m,n,p\}$ 平行，下面我们来求这条直线的方程.

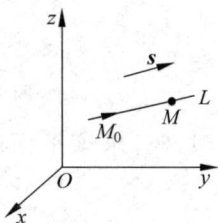

图　1-7-2

如图 1-7-2 所示，在直线 L 任取一点 $M(x,y,z)$，则有 $\overrightarrow{M_0 M} \mathbin{/\!/} s$，因为

$$\overrightarrow{M_0 M} = \{x-x_0, y-y_0, z-z_0\},$$

所以

$$\frac{x-x_0}{m} = \frac{y-y_0}{n} = \frac{z-z_0}{p}. \tag{1.7.2}$$

由点 M 的任意性知，直线 L 上的任一点都满足方程(1.7.2). 反之，如果点 M 不在 L 上，$\overrightarrow{M_0 M}$ 就不可能与 s 平行，则 M 的坐标就不满足方程(1.7.2)，所以方程(1.7.2)就是直线 L 的方程. 由于方程在形式上对称，所以称它为直线 L 的**对称式方程**.

由于向量 s 确定了直线的方向，称 s 为直线 L 的**方向向量**. 向量 s 的坐标 m,n,p 称为

直线的一组**方向数**.方向向量 s 的余弦称为直线的**方向余弦**.

因为向量 s 是非零向量,它的方向数 m,n,p 不会同时为零,但可能有其中一个或两个为零的情形.例如,当 s 垂直于 x 轴时,它在 x 轴上的投影 $m=0$,此时为了保持方程的对称形式,我们仍写成

$$\frac{x-x_0}{0}=\frac{y-y_0}{n}=\frac{z-z_0}{p}.$$

但这时上式应理解为

$$\begin{cases} x-x_0=0,\\ \dfrac{y-y_0}{n}=\dfrac{z-z_0}{p}. \end{cases}$$

当 m,n,p 中有两个为零时,例如 $m=n=0$,方程(1.7.2)应理解为

$$\begin{cases} x-x_0=0,\\ y-y_0=0. \end{cases}$$

由直线的对称式方程容易导出直线的参数方程.如设

$$\frac{x-x_0}{m}=\frac{y-y_0}{n}=\frac{z-z_0}{p}=t,$$

则

$$\begin{cases} x=x_0+mt,\\ y=y_0+nt,\\ z=z_0+pt, \end{cases} \tag{1.7.3}$$

这个方程组就是直线的**参数方程**.

例1 设一直线过点 $A(1,-3,6)$,且与 y 轴垂直相交,求其方程.

解 因为直线和 y 轴相交,故其交点为 $B(0,-3,0)$,取方向向量 $s=\overrightarrow{BA}=\{1,0,6\}$,则得到所求直线方程为

$$\frac{x-1}{1}=\frac{y+3}{0}=\frac{z-6}{6}.$$

例2 用对称式方程及参数方程表示直线

$$\begin{cases} x+y+z+1=0,\\ 2x-y+3z+4=0. \end{cases}$$

解 先在直线上找出一点 (x_0,y_0,z_0).例如,取 $x_0=1$,代入题设方程组得

$$\begin{cases} y_0+z_0+2=0,\\ y_0-3z_0-6=0, \end{cases}$$

解得 $y_0=0,z_0=-2$,即得到了题设直线上的一点 $(1,0,-2)$.因为所求直线是上述两平面的交线,所以所求直线与两平面的法向量都垂直,取

$$s=n_1\times n_2=\begin{vmatrix} i & j & k\\ 1 & 1 & 1\\ 2 & -1 & 3 \end{vmatrix}=\{4,-1,-3\},$$

故题设直线的对称式方程为

$$\frac{x-1}{4} = \frac{y-0}{-1} = \frac{z+2}{-3}.$$

令 $\dfrac{x-1}{4} = \dfrac{y-0}{-1} = \dfrac{z+2}{-3} = t$，则得到题设直线的参数方程为

$$\begin{cases} x = 1+4t, \\ y = -t, \\ z = -2-3t. \end{cases}$$

一般的，如果直线过两已知点 $M_1(x_1,y_1,z_1)$ 和 $M_2(x_2,y_2,z_2)$，则直线的一个方向向量为

$$\boldsymbol{s} = \overrightarrow{M_1M_2} = \{x_2-x_1, y_2-y_1, z_2-z_1\},$$

由对称式方程，得所求直线方程为

$$\frac{x-x_1}{x_2-x_1} = \frac{y-y_1}{y_2-y_1} = \frac{z-z_1}{z_2-z_1}, \tag{1.7.4}$$

这个方程称为直线的**两点式方程**.

由此，我们可以得出三点 $M_1(x_1,y_1,z_1)$，$M_2(x_2,y_2,z_2)$，$M_3(x_3,y_3,z_3)$ 共线的充要条件是

$$\frac{x_3-x_1}{x_2-x_1} = \frac{y_3-y_1}{y_2-y_1} = \frac{z_3-z_1}{z_2-z_1}. \tag{1.7.5}$$

1.7.3 两直线的夹角

两直线的方向向量之间的夹角（通常取锐角）称为**两直线的夹角**.

设有两条直线 L_1 和 L_2：

$$L_1: \frac{x-x_1}{m_1} = \frac{y-y_1}{n_1} = \frac{z-z_1}{p_1}, \quad \boldsymbol{s}_1 = \{m_1,n_1,p_1\},$$

$$L_2: \frac{x-x_2}{m_2} = \frac{y-y_2}{n_2} = \frac{z-z_2}{p_2}, \quad \boldsymbol{s}_2 = \{m_2,n_2,p_2\},$$

则直线 L_1 与直线 L_2 的夹角 φ 应是 $(\widehat{\boldsymbol{s}_1,\boldsymbol{s}_2})$ 和 $\pi-(\widehat{\boldsymbol{s}_1,\boldsymbol{s}_2})$ 两者中的锐角. 因此，$\cos\varphi = |\cos(\widehat{\boldsymbol{s}_1,\boldsymbol{s}_2})|$.

仿照关于平面夹角的讨论，可以得到以下结论：

(1) $\cos\varphi = \dfrac{|m_1m_2+n_1n_2+p_1p_2|}{\sqrt{m_1^2+n_1^2+p_1^2} \cdot \sqrt{m_2^2+n_2^2+p_2^2}}$； $\tag{1.7.6}$

(2) $L_1 \perp L_2$ 的充要条件是 $m_1m_2+n_1n_2+p_1p_2=0$；

(3) $L_1 /\!/ L_2$ 的充要条件是 $\dfrac{m_1}{m_2} = \dfrac{n_1}{n_2} = \dfrac{p_1}{p_2}$.

例 3 求直线 $L_1: \dfrac{x+1}{1} = \dfrac{y-1}{-4} = \dfrac{z}{1}$ 和 $L_2: \dfrac{x-1}{2} = \dfrac{y+2}{-2} = \dfrac{z+4}{-1}$ 的夹角.

解 直线 L_1 和 L_2 的方向向量分别为 $\boldsymbol{s}_1 = \{1,-4,1\}$，$\boldsymbol{s}_2 = \{2,-2,-1\}$. 设直线 L_1 和 L_2 的夹角为 φ，则有

$$\cos\varphi = \frac{|1\times2+(-4)\times(-2)+1\times(-1)|}{\sqrt{1^2+(-4)^2+1^2} \cdot \sqrt{2^2+(-2)^2+(-1)^2}} = \frac{\sqrt{2}}{2},$$

所以直线 L_1 和 L_2 的夹角为 $\varphi = \dfrac{\pi}{4}$.

例 4 求过点 $(-3,2,5)$ 且与两平面 $x-4z=3$ 和 $2x-y-5z=1$ 的交线平行的直线方程.

解 设所求直线的方向向量为 $s=\{m,n,p\}$，n_1 和 n_2 分别为平面 $x-4z=3$ 和 $2x-y-5z=1$ 的法向量，由题意知

$$s \perp n_1, \quad s \perp n_2.$$

取

$$s = n_1 \times n_2 = \begin{vmatrix} i & j & k \\ 1 & 0 & -4 \\ 2 & -1 & -5 \end{vmatrix} = \{-4, -3, -1\},$$

则所求直线的方程为

$$\frac{x+3}{4} = \frac{y-2}{3} = \frac{z-5}{1}.$$

1.7.4 直线与平面的夹角

当直线与平面不垂直时，直线和它在平面上的投影直线的夹角 $\varphi\left(0 \leqslant \varphi < \dfrac{\pi}{2}\right)$ 称为**直线与平面的夹角**(图 1-7-3). 当直线与平面垂直时，规定直线与平面的夹角为 $\dfrac{\pi}{2}$.

设直线的方向向量为 $s=\{m,n,p\}$，平面的法向量为 $n=\{A,B,C\}$，直线与平面的夹角为 φ，则

$$\varphi = \left| \frac{\pi}{2} - (\widehat{s,n}) \right|,$$

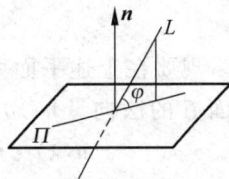

图 1-7-3

故可得到下列结论：

(1) $\sin\varphi = |\cos(\widehat{s,n})| = \dfrac{|Am+Bn+Cp|}{\sqrt{A^2+B^2+C^2} \cdot \sqrt{m^2+n^2+p^2}}$; \hfill (1.7.7)

(2) $L \perp \Pi$ 的充要条件是 $\dfrac{A}{m} = \dfrac{B}{n} = \dfrac{C}{p}$;

(3) $L /\!/ \Pi$ 的充要条件是 $Am+Bn+Cp=0$.

例 5 设直线 $L: \dfrac{x}{2} = \dfrac{y-1}{-2} = \dfrac{z+2}{0}$，平面 $\Pi: x-y+\sqrt{2}z=1$，求直线 L 与平面 Π 的夹角 φ.

解 因为直线 L 的方向向量为 $s=\{2,-2,0\}$，平面 Π 的法向量为 $n=\{1,-1,\sqrt{2}\}$，所以

$$\sin\varphi = \frac{|1 \times 2 + (-1) \times (-2) + \sqrt{2} \times 0|}{\sqrt{1^2+(-1)^2+(\sqrt{2})^2} \cdot \sqrt{2^2+(-2)^2+0^2}} = \frac{4}{4\sqrt{2}} = \frac{\sqrt{2}}{2},$$

故所求夹角为 $\varphi = \arcsin\dfrac{\sqrt{2}}{2} = \dfrac{\pi}{4}$.

1.7.5　平面束

通过空间一直线可作无穷多个平面,通过同一直线的所有平面构成一个**平面束**(图 1-7-4).

设空间直线 L 的一般方程为

$$\begin{cases} A_1 x + B_1 y + C_1 z + D_1 = 0, \\ A_2 x + B_2 y + C_2 z + D_2 = 0, \end{cases}$$

则方程

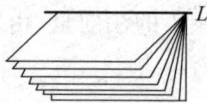

图　1-7-4

$$(A_1 x + B_1 y + C_1 z + D_1) + \lambda(A_2 x + B_2 y + C_2 z + D_2) = 0$$

称为**过直线 L 的平面束方程**,其中 λ 为参数.

注　上述平面束包括了除平面 $A_1 x + B_1 y + C_1 z + D_1 = 0$ 之外的过直线 L 的所有平面.

例 6　过直线 $L:\begin{cases} x + 2y - z - 6 = 0, \\ x - 2y + z = 0 \end{cases}$ 作平面 Π,使平面 Π 垂直于平面 $\Pi_1: x + 2y + z = 0$,求平面 Π 的方程.

解　设过直线 L 的平面束 $\Pi(\lambda)$ 的方程为

$$(x + 2y - z - 6) + \lambda(x - 2y + z) = 0,$$

即

$$(1 + \lambda)x + 2(1 - \lambda)y + (\lambda - 1)z - 6 = 0.$$

现要在上述平面束中找出一个平面 Π,使它垂直于平面 Π_1.因平面 Π 垂直于平面 Π_1,故平面 Π 的法向量 $\boldsymbol{n}(\lambda)$ 垂直于平面 Π_1 的法向量 $\boldsymbol{n}_1 = \{1, 2, 1\}$,于是

$$\boldsymbol{n}(\lambda) \cdot \boldsymbol{n}_1 = 0, \quad \text{即} \quad 1 \cdot (1 + \lambda) + 4(1 - \lambda) + (\lambda - 1) = 0,$$

解得 $\lambda = 2$,故所求平面方程为

$$\Pi: 3x - 2y + z - 6 = 0.$$

容易验证,平面 $x - 2y + z = 0$ 不是所求平面.

习题 1-7

1. 求过点 $(3, 6, -9)$ 且平行于直线 $\dfrac{x-3}{1} = \dfrac{y+2}{6} = \dfrac{z}{0}$ 的直线方程.

2. 求过两点 $A(3, 8, 9)$ 和 $B(2, 8, 6)$ 的直线方程.

3. 用对称式方程及参数方程表示直线 $\begin{cases} 2x - 3y + z - 5 = 0, \\ 3x + y - 2z - 2 = 0. \end{cases}$

4. 证明两直线 $\begin{cases} 2y + z = 0, \\ 3y - 4z = 0 \end{cases}$ 与 $\begin{cases} 5y - 2z = 8, \\ 4y + z = 4 \end{cases}$ 平行.

5. 求过点 $(1, 2, 1)$ 且与两直线 $\begin{cases} x + 2y - z + 1 = 0, \\ x - y + z - 1 = 0 \end{cases}$ 和 $\begin{cases} 2x - y + z = 0, \\ x - y + z = 0 \end{cases}$ 都平行的平面方程.

6. 求过点 $(0,0,1)$ 且与两平面 $x+y=1$ 和 $y-z=2$ 平行的直线方程.

7. 求过点 $(2,1,3)$ 且与直线 $\dfrac{x+1}{3}=\dfrac{y-1}{2}=\dfrac{z}{-1}$ 垂直相交的直线的方程.

8. 求直线 $\begin{cases} x+y+3z=0, \\ x-y-z=0 \end{cases}$ 与平面 $x-y-z+1=0$ 的夹角.

9. 试确定下列各组中的直线和平面间的关系:

(1) $\dfrac{x+3}{-2}=\dfrac{y+4}{-7}=\dfrac{z}{3}$ 和 $4x-2y-2z=3$;

(2) $\dfrac{x}{3}=\dfrac{y}{-2}=\dfrac{z}{7}$ 和 $3x-2y+7z=8$;

(3) $\dfrac{x-2}{3}=\dfrac{y+2}{1}=\dfrac{z-3}{-4}$ 和 $x+y+z=3$.

10. 求点 $(-1,2,0)$ 在平面 $x+2y-z+1=0$ 上的投影.

11. 设 M_0 是直线 L 外一点,M 是直线 L 上任意一点,且直线的方向向量为 s,试证:点 M_0 到直线 L 的距离 $d=\dfrac{|\overrightarrow{M_0M}\times s|}{|s|}$.

总习题 1

1. 设 $\triangle ABC$ 的三边为 $\overrightarrow{AB}=a$,$\overrightarrow{CA}=b$,$\overrightarrow{AB}=c$,三边中点依次为 D,E,F,试证明
$$\overrightarrow{AD}+\overrightarrow{BE}+\overrightarrow{CF}=\mathbf{0}.$$

2. 设 $(a+3b)\perp(7a-5b)$,$(a-4b)\perp(7a-2b)$,求 $(\widehat{a,b})$.

3. 已知 $|a|=2$,$|b|=5$,$(\widehat{a,b})=\dfrac{2\pi}{3}$,求:系数 λ 为何值时,向量 $m=\lambda a+17b$ 与 $n=3a-b$ 垂直.

4. 求与向量 $a=\{2,-1,2\}$ 共线且满足方程 $a\cdot x=-18$ 的向量 x.

5. 设 $a=\{-1,3,2\}$,$b=\{2,-3,-4\}$,$c=\{-3,12,6\}$,证明三向量 a,b,c 共面,并用 a 和 b 表示 c.

6. 证明点 $M_0(x_0,y_0,z_0)$ 到通过点 $A(a,b,c)$、方向平行于向量 s 的直线的距离为 $d=\dfrac{|r\times s|}{|s|}$,其中 $r=\overrightarrow{AM_0}$.

7. 将 xOy 坐标面上的双曲线 $4x^2-9y^2=36$ 分别绕 x 轴及 y 轴旋转一周,求生成的旋转曲面的方程.

8. 求与已知平面 $2x+y+2z+5=0$ 平行且与三坐标面构成的四面体体积为 1 的平面方程.

9. 求通过点 $(1,2,-1)$ 且与直线 $\begin{cases} 2x-3y+z-5=0, \\ 3x+y-2z-4=0 \end{cases}$ 垂直的平面方程.

10. 用对称式方程及参数方程表示直线 $\begin{cases} x-y+z=1, \\ 2x+y+z=4. \end{cases}$

11. 求与原点关于平面 $6x+2y-9z+121=0$ 对称的点.

12. 求点 $P(3,-1,2)$ 到直线 $\begin{cases} x+y-z+1=0, \\ 2x-y+z-4=0 \end{cases}$ 的距离.

13. 求直线 $\begin{cases} x+y-z+1=0, \\ x-y+2z-2=0 \end{cases}$ 与平面 $x-2y+3z-3=0$ 间夹角的正弦.

14. 求点 $(2,3,1)$ 在直线 $\begin{cases} x=t-7, \\ y=2t-2, \\ z=3t-2 \end{cases}$ 上的投影.

多元函数微分学

在前面几章中，我们讨论的函数都只有一个自变量，这种函数称为一元函数. 在更多的实际问题中，比如在自然科学和工程技术等领域中，往往涉及多方面的因素. 反映到数学上，就是要考虑一个变量依赖于多个变量的情形，由此引入了多元函数以及多元函数的微积分问题. 本章将在一元函数微分学的基础上，讨论多元函数的微分问题及其应用. 讨论中我们将以二元函数为主要对象，这不仅因为二元函数的有关概念和方法大多有比较直观的解释，便于理解，而且二元函数的结论能自然推广到一般的多元函数.

2.1 多元函数的基本概念

2.1.1 平面区域的概念

讨论一元函数时，经常用到点集、邻域和区间等概念. 为了讨论多元函数，我们需要将上述概念加以推广.

1. 邻域

与数轴上邻域的概念类似，我们引入平面上点的邻域的概念.

设 $P_0(x_0,y_0)$ 为直角坐标平面上一点，δ 为一正数，则与点 P_0 距离小于 δ 的点 $P(x,y)$ 的全体，称为**点 P_0 的 δ 邻域**，记作 $U(P_0,\delta)$ 或 $U_\delta(P_0)$，或简称邻域，记作 $U(P_0)$，即

$$U(P_0,\delta) = \{P \mid |PP_0| < \delta\},$$

也就是

$$U(P_0,\delta) = \{(x,y) \mid \sqrt{(x-x_0)^2+(y-y_0)^2} < \delta\}.$$

从几何的角度看，$U(P_0,\delta)$ 实际上就是 xOy 面上以点 P_0 为圆心、δ 为半径的圆的内部的点 $P(x,y)$ 的全体(图 2-1-1).

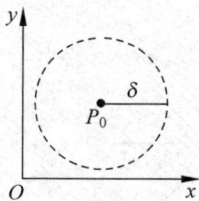

点集 $U(P_0,\delta)-\{P_0\}$ 称为**点 P_0 的去心 δ 邻域**，记作 $\mathring{U}(P_0,\delta)$ 或 $\mathring{U}_\delta(P_0)$，即

$$\mathring{U}(P_0,\delta) = \{(x,y) \mid 0 < \sqrt{(x-x_0)^2+(y-y_0)^2} < \delta\}.$$

2. 区域

设 E 是平面上的一个点集，P 是平面上的一点，则点 P 与点集 E 之间必存在以下三种关系之一：

图 2-1-1

(1) 如果存在点 P 的某一邻域 $U(P)$,使得 $U(P) \subset E$,则称 P 为 E 的**内点**(如图 2-1-2 中的点 P_1).

(2) 如果存在点 P 的某一邻域 $U(P)$,使得 $U(P) \bigcap E = \varnothing$,则称 P 为 E 的**外点**(如图 2-1-2 中的点 P_2).

(3) 如果点 P 的任一邻域内既有属于 E 的点,也有不属于 E 的点,则称 P 为 E 的**边界点**(如图 2-1-2 中的点 P_3).点集 E 的边界点的全体称为 E 的**边界**.

根据上述定义可知,点集 E 的内点必属于 E;E 的外点必不属于 E;而 E 的边界点则可能属于 E 也可能不属于 E.

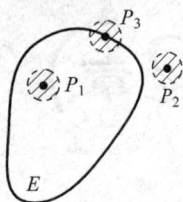

图　2-1-2

例如,对于点集 $E = \{(x, y) \mid 1 \leqslant x^2 + y^2 < 4\}$,满足 $1 < x^2 + y^2 < 4$ 的一切点都是 E 的内点;圆周 $x^2 + y^2 = 1$ 上的点是 E 的边界点,且都属于 E;圆周 $x^2 + y^2 = 4$ 上的点也是 E 的边界点,但不属于 E.

平面上点 P 与点集 E 之间除了上述三种关系之外,还可按在点 P 的附近是否聚集着 E 中无穷多个点而构成如下关系:

(1) 如果对于任意给定的 $\delta > 0$,点 P 的去心邻域 $\mathring{U}(P_0, \delta)$ 内总有点集 E 的点,即 $\mathring{U}(P_0, \delta) \bigcap E \neq \varnothing$,则称 P 为 E 的**聚点**.

(2) 设点 $P \in E$,如果存在点 P 的某一邻域 $U(P)$,使得 $U(P) \bigcap E = \{P\}$,则称 P 为 E 的**孤立点**.

显然,孤立点一定是边界点;内点和非孤立的边界点一定是聚点;既不是聚点,又不是孤立点,则必为外点.

根据上述定义,可进一步定义一些重要的平面点集.

(1) 如果点集 E 内任意一点均为 E 的内点,则称 E 为**开集**.

(2) 如果点集 E 的余集 $\overline{E}$ 为开集,则称 E 为**闭集**.

例如,点集 $E_1 = \{(x, y) \mid 1 < x^2 + y^2 < 4\}$ 是开集;点集 $E_2 = \{(x, y) \mid 1 \leqslant x^2 + y^2 \leqslant 4\}$ 是闭集;点集 $E_3 = \{(x, y) \mid 1 \leqslant x^2 + y^2 < 4\}$ 既非开集,也非闭集.

(3) 如果点集 E 内任意两点都可用折线连接起来,且该折线上的点都属于 E,则称 E 为**连通集**(图 2-1-3).

(4) 连通的开集称为**区域**或**开区域**.

(5) 开区域连同它的边界一起称为**闭区域**.

(6) 对于点集 E,如果存在正数 K,使得 $E \subset U_K(O)$,则称 E 为**有界集**,其中 O 为坐标原点.否则,称 E 为**无界集**.

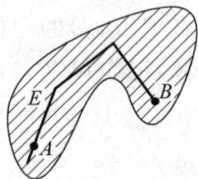

图　2-1-3

例如,点集 $E_1 = \{(x, y) \mid 1 < x^2 + y^2 < 4\}$ 是一开区域,并且是有界开区域(图 2-1-4);点集 $E_2 = \{(x, y) \mid 1 \leqslant x^2 + y^2 \leqslant 4\}$ 是一闭区域,并且是有界闭区域(图 2-1-5);点集 $E_4 = \{(x, y) \mid x + y \geqslant 0\}$ 是一无界闭区域(图 2-1-6).

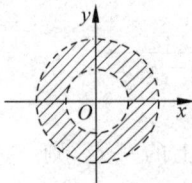

图　2-1-4

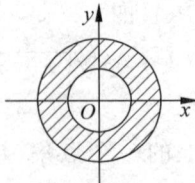

图　2-1-5

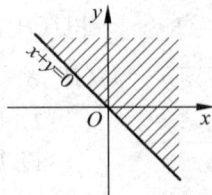

图　2-1-6

2.1.2 *n* 维空间的概念

我们知道,数轴上的点与实数一一对应,从而实数的全体(记为 $\mathbb{R}$)表示数轴上一切点的集合,即直线;平面上的点与二元有序数组 (x, y) 一一对应,从而二元有序数组 (x, y) 的全体(记为 $\mathbb{R}^2$)表示平面上一切点的集合,即平面;空间中的点与三元有序数组 (x, y, z) 一一对应,三元有序数组 (x, y, z) 的全体(记为 $\mathbb{R}^3$)表示空间中一切点的集合,即空间.这样,$\mathbb{R}$,$\mathbb{R}^2$,$\mathbb{R}^3$ 就分别对应于数轴、平面和空间.

一般地,设 n 为取定的一个自然数,我们称 n 元有序数组 $(x_1, x_2, \cdots, x_n)$ 的全体为 **n 维空间**,记为 $\mathbb{R}^n$,而每个 n 元有序数组 $(x_1, x_2, \cdots, x_n)$ 称为 **n 维空间的点**,$\mathbb{R}^n$ 中的点 $(x_1, x_2, \cdots, x_n)$ 有时也用单个字母 x 来表示 $x = (x_1, x_2, \cdots, x_n)$,数 x_i 称为点 x 的**第 i 个坐标**.当所有的 $x_i (i = 1, 2, \cdots, n)$ 都为零时,这个点称为 $\mathbb{R}^n$ 的**坐标原点**,记为 O.

n 维空间 $\mathbb{R}^n$ 中任意两点 $P(x_1, x_2, \cdots, x_n)$ 和 $Q(y_1, y_2, \cdots, y_n)$ 之间的距离规定为

$$|PQ| = \sqrt{(x_1 - y_1)^2 + (x_2 - y_2)^2 + \cdots + (x_n - y_n)^2}.$$

显然,当 $n = 1, 2, 3$ 时,由上式便得数轴上、平面上及空间中两点间的距离公式.

前面就平面点集所引入的一系列概念,可推广到 n 维空间 $\mathbb{R}^n$ 中去.例如,设点 $P_0 \in \mathbb{R}^n$,δ 为一正数,则 n 维空间内的点集

$$U(P_0, \delta) = \{P \,|\, |PP_0| < \delta, P \in \mathbb{R}^n\}$$

就称为 $\mathbb{R}^n$ 中**点 P_0 的 δ 域**.以邻域为基础,可以进一步定义点集的内点、外点、边界点和聚点,以及开集、闭集、区域等一系列概念.

2.1.3 二元函数的概念

定义 1 设 D 是平面上的一个非空点集,如果对于 D 内的任一点 (x, y),按照某种法则 f,都有唯一确定的实数 z 与之对应,则称 f 是 D 上的**二元函数**,记为

$$z = f(x, y), \quad (x, y) \in D.$$

其中,点集 D 称为该函数的**定义域**,x, y 称为**自变量**,z 称为**因变量**.

上述定义中,与 (x, y) 对应的 z 的值也称为 f 在 (x, y) 处的函数值,记为 $f(x, y)$,即 $z = f(x, y)$.函数值 $f(x, y)$ 的全体所构成的集合称为函数 f 的**值域**,记为 $f(D)$,即 $f(D) = \{z \,|\, z = f(x, y), (x, y) \in D\}$.

类似地,可定义三元函数 $u = f(x, y, z)$ 及三元以上的函数.一般地,把定义中的平面点集 D 换成 n 维空间内的点集 D,则可类似地定义 n 元函数 $u = f(x_1, x_2, \cdots, x_n)$.当 $n \geqslant 2$ 时,n 元函数统称为**多元函数**.

注 关于多元函数的定义域,我们仍作如下约定:如果函数没有明确指出定义域,则往往取使函数的表达式有意义的所有点所构成的集合作为该函数的定义域,并称其为**自然定义域**.

例 1 求二元函数 $f(x, y) = \dfrac{\sqrt{4x - y^2}}{\ln(1 - x^2 - y^2)}$ 的定义域.

解 要使表达式有意义,必须

$$\begin{cases} 4x - y^2 \geqslant 0, \\ 1 - x^2 - y^2 > 0, \\ 1 - x^2 - y^2 \neq 1, \end{cases}$$

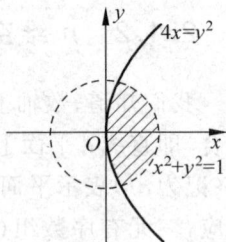

图 2-1-7

即 $\begin{cases} 4x \geqslant y^2, \\ x^2 + y^2 < 1, \\ x^2 + y^2 \neq 0, \end{cases}$ 故所求定义域（图 2-1-7）为

$$D = \{(x, y) \mid 4x \geqslant y^2, 0 < x^2 + y^2 < 1\}.$$

例 2 求二元函数 $f(x, y) = \arcsin \dfrac{x}{2} + \arccos(x - y - 1)$ 的定义域.

解 要使函数表达式有意义, 应有 $\begin{cases} -1 \leqslant \dfrac{x}{2} \leqslant 1, \\ -1 \leqslant x - y - 1 \leqslant 1, \end{cases}$ 即 $\begin{cases} -2 \leqslant x < 2, \\ y - x \leqslant 0, \\ y \geqslant x - 2, \end{cases}$

所以二元函数定义域为

$$\{(x, y) \mid -2 \leqslant x \leqslant 2, y \leqslant x, y \geqslant x - 2\}.$$

二元函数的几何意义

设 $z = f(x, y)$ 是定义在区域 D 上的一个二元函数, 则空间点集

$$S = \{(x, y, z) \mid z = f(x, y), (x, y) \in D\}$$

称为二元函数 $z = f(x, y)$ 的图形. 易见, 属于 S 的点 $P(x_0, y_0, z_0)$ 满足三元方程

$$F(x, y, z) = z - f(x, y) = 0,$$

故二元函数 $z = f(x, y)$ 的图形就是空间区域 D 上的一张曲面（图 2-1-8）, 定义域 D 就是该曲面在 xOy 面上的投影.

例如, 二元函数 $z = \sqrt{a^2 - x^2 - y^2}$ 表示以原点为中心、a 为半径的上半球面（图 2-1-9）, 它的定义域 D 是 xOy 面上以原点为圆心、a 为半径的圆.

例如, 二元函数 $z = \sqrt{x^2 + y^2}$ 表示顶点在原点的圆锥面（图 2-1-10）, 它的定义域 D 是整个 xOy 面.

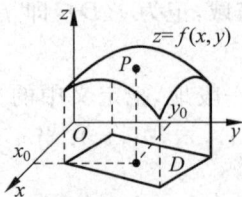
图 2-1-8

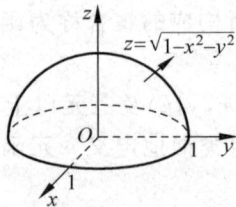
图 2-1-9

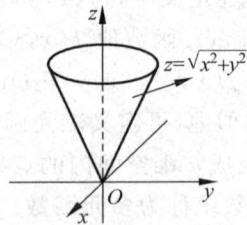
图 2-1-10

2.1.4 二元函数的极限

与一元函数的极限概念类似, 如果在 $P(x, y)$ 趋于点 $P_0(x_0, y_0)$ 的过程中, 对应的函数值 $f(x, y)$ 无限接近于一个确定的常数 A, 则称 A 为函数 $f(x, y)$ 当 $P(x, y)$ 趋于点 $P_0(x_0, y_0)$ 时的极限. 下面, 用"ε-δ"语言描述这个极限概念.

定义 2 设函数 $z=f(x,y)$ 在点 $P_0(x_0,y_0)$ 的某一去心邻域内有定义,若对于任意给定的正数 ε,总存在正数 δ,使得当 $0<|PP_0|=\sqrt{(x-x_0)^2+(y-y_0)^2}<\delta$ 时,恒有

$$|f(P)-A|=|f(x,y)-A|<\varepsilon,$$

则称常数 A 为**函数 $f(x,y)$ 当 $(x,y)\to(x_0,y_0)$ 时的极限**,记为

$$\lim_{\substack{x\to x_0\\y\to y_0}}f(x,y)=A \quad 或 \quad f(x,y)\to A((x,y)\to(x_0,y_0)),$$

也记作

$$\lim_{P\to P_0}f(P)=A \quad 或 \quad f(P)\to A(P\to P_0).$$

为了区别于一元函数的极限,我们称二元函数的极限为**二重极限**.二重极限与一元函数的极限具有相同的性质和运算法则,读者可以类似推得.

注 在定义 2 中,动点 P 在平面上趋于定点 P_0 的方式是任意的(图 2-1-11).即 $\lim_{P\to P_0}f(P)=A$ 是指 P 以不同方式趋于 P_0 时,函数都无限接近于某一确定值.因此,如果当 P 以某一特殊方式趋于 P_0 时,即使函数无限接近于某一确定值,也不能由此断定函数的极限存在.相反,如果当 P 以不同方式趋于 P_0 时,函数趋于不同的值,或 P 以某种方式趋于 P_0 时,函数的极限不存在,那么此函数的极限一定不存在.

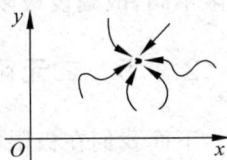

图 2-1-11

例 3 求下列极限:

(1) $\lim_{(x,y)\to(1,2)}\dfrac{2x+y}{xy}$;

(2) $\lim_{(x,y)\to(0,0)}(x^2+y^2)\sin\dfrac{1}{x^2+y^2}$;

(3) $\lim_{(x,y)\to(6,0)}\dfrac{\sin(xy)}{y}$;

(4) $\lim_{(x,y)\to(0,0)}\dfrac{\sqrt{xy+9}-3}{xy}$.

解 (1) $\lim_{(x,y)\to(1,2)}\dfrac{2x+y}{xy}=\dfrac{2\times1+2}{1\times2}=2.$

(2) 令 $u=x^2+y^2$,则

$$\lim_{(x,y)\to(0,0)}(x^2+y^2)\sin\dfrac{1}{x^2+y^2}=\lim_{u\to0}u\sin\dfrac{1}{u}=0.$$

(3) 当 $(x,y)\to(6,0)$ 时,$xy\to0$,因此,

$$\lim_{(x,y)\to(6,0)}\dfrac{\sin(xy)}{y}=\lim_{xy\to0}\dfrac{\sin(xy)}{xy}\cdot\lim_{x\to6}x=1\times6=6.$$

(4) 用分子有理化

$$\lim_{(x,y)\to(0,0)}\dfrac{\sqrt{xy+9}-3}{xy}=\lim_{(x,y)\to(0,0)}\dfrac{(\sqrt{xy+9}-3)(\sqrt{xy+9}+3)}{xy(\sqrt{xy+9}+3)}$$

$$=\lim_{(x,y)\to(0,0)}\dfrac{1}{\sqrt{xy+9}+3}=\dfrac{1}{6}.$$

例 4 求极限 $\lim_{\substack{x\to\infty\\y\to\infty}}\dfrac{x+y}{x^2+y^2}$.

解 因为当 $xy\neq0$ 时,有

$$0\leqslant\left|\dfrac{x+y}{x^2+y^2}\right|\leqslant\dfrac{|x|+|y|}{x^2+y^2}\leqslant\dfrac{|x|+|y|}{2|xy|}=\dfrac{1}{2|y|}+\dfrac{1}{2|x|},$$

当 $x \to \infty, y \to \infty$ 时,有 $\dfrac{1}{2|y|} + \dfrac{1}{2|x|} \to 0$,

故

$$\lim_{\substack{x \to \infty \\ y \to \infty}} \frac{x+y}{x^2+y^2} = 0.$$

例 5　证明 $\lim\limits_{(x,y) \to (0,0)} \dfrac{xy}{x^2+y^2}$ 不存在.

证　令点 (x,y) 沿直线 $y = kx(k$ 为常数$)$ 趋于点 $(0,0)$,则

$$\lim_{\substack{x \to 0 \\ y \to 0}} \frac{xy}{x^2+y^2} = \lim_{\substack{x \to 0 \\ y = kx}} \frac{x \cdot kx}{x^2+k^2x^2} = \frac{k}{1+k^2}.$$

易见,当 k 取不同值,即点 (x,y) 沿不同直线 $y = kx(k$ 为常数$)$ 趋于点 $(0,0)$ 时,函数的极限不同,故题设极限不存在.

2.1.5　二元函数的连续性

下面我们在极限概念的基础上,引入二元函数连续性的概念.

定义 3　设二元函数 $z = f(x,y)$ 在点 (x_0, y_0) 的某一邻域内有定义,如果

$$\lim_{\substack{x \to x_0 \\ y \to y_0}} f(x,y) = f(x_0, y_0),$$

则称函数 $z = f(x,y)$ 在点 (x_0, y_0) 处**连续**. 如果函数 $z = f(x,y)$ 在点 (x_0, y_0) 处不连续,则称函数 $z = f(x,y)$ 在点 (x_0, y_0) 处**间断**.

例如,对于函数 $f(x,y) = \begin{cases} \dfrac{xy}{x^2+y^2}, & (x,y) \neq (0,0) \\ 0, & (x,y) = (0,0), \end{cases}$ 由例 5 知道,极限 $\lim\limits_{\substack{x \to 0 \\ y \to 0}} \dfrac{xy}{x^2+y^2}$ 不存在,所以函数 $f(x,y)$ 在点 $(0,0)$ 处间断.

如果函数 $z = f(x,y)$ 在区域 D 内的每一点都连续,则称该函数在**区域 D 上连续**,或称函数 $z = f(x,y)$ 是区域 D 上的**连续函数**. 区域 D 上连续的二元函数的图形是区域 D 上的一张连续曲面.

容易验证,二元连续函数经过四则运算和复合运算后仍为二元连续函数.

与一元函数类似,将由常数及 x 和 y 的基本初等函数经过有限次的四则运算和有限次的复合运算构成的可用一个式子表示的二元函数称为**二元初等函数**.

由基本初等函数的连续性,进一步可以得到如下结论:**一切二元初等函数在其定义区域内都是连续的.** 这里所说的定义区域是指包含在定义域内的区域或闭区域. 利用这个结论,当求二元初等函数在其定义区域内一点的极限时,只要计算出函数在该点的函数值即可.

例 6　讨论二元函数 $f(x,y) = \begin{cases} \dfrac{x^3 - y^3}{x^2+y^2}, & (x,y) \neq (0,0), \\ 0, & (x,y) = (0,0) \end{cases}$ 的连续性.

解　函数 $f(x,y)$ 的定义域为整个 xOy 面.

当 $(x,y) \neq (0,0)$ 时,$f(x,y) = \dfrac{x^3 - y^3}{x^2+y^2}$ 为初等函数,故函数在 $(x,y) \neq (0,0)$ 的点处

连续.

由 $f(x,y)$ 表达式的特征,利用极坐标变换. 令 $x=\rho\cos\theta,y=\rho\sin\theta$,则
$$\lim_{(x,y)\to(0,0)}f(x,y)=\lim_{\rho\to0}\rho(\sin^3\theta-\cos^3\theta)=0=f(0,0),$$
故函数在点 $(0,0)$ 处也连续. 因此,函数 $f(x,y)$ 在其定义域 xOy 面上连续.

例 7 求下列极限:

(1) $\lim\limits_{\substack{x\to0\\y\to1}}\left[\ln(y-x^2)+\dfrac{y}{\sqrt{1-x^2}}\right]$; (2) $\lim\limits_{(x,y)\to(1,0)}\dfrac{x+y-1}{\sqrt{x}-\sqrt{1-y}}$.

解 (1) 函数 $f(x,y)=\ln(y-x^2)+\dfrac{y}{\sqrt{1-x^2}}$ 是初等函数,其定义域为
$$D=\{(x,y)\mid y>x^2,-1<x<1\},$$
这是一个区域,且 $(0,1)\in D$,故
$$\lim_{\substack{x\to0\\y\to1}}\left[\ln(y-x^2)+\dfrac{y}{\sqrt{1-x^2}}\right]=\ln(1-0)+\dfrac{1}{\sqrt{1-0}}=1.$$

(2) $\lim\limits_{(x,y)\to(1,0)}\dfrac{x+y-1}{\sqrt{x}-\sqrt{1-y}}=\lim\limits_{(x,y)\to(1,0)}\dfrac{(x+y-1)(\sqrt{x}+\sqrt{1-y})}{(\sqrt{x}-\sqrt{1-y})(\sqrt{x}+\sqrt{1-y})}$
$$=\lim_{(x,y)\to(1,0)}(\sqrt{x}+\sqrt{1-y})=2.$$

与闭区间上一元连续函数的性质相类似,在有界闭区域 D 上连续的二元函数具有如下性质:

性质 1(最大值和最小值定理) 在有界闭区域 D 上的二元连续函数在 D 上一定有最大值和最小值.

性质 2(有界性定理) 在有界闭区域 D 上的二元连续函数在 D 上一定有界.

性质 3(介值定理) 在有界闭区域 D 上的二元连续函数,如果在 D 上取得两个不同的函数值,则它在 D 上必取得介于这两个值之间的任何值.

习题 2-1

1. 设 $f\left(x+y,\dfrac{y}{x}\right)=x^2-y^2$,求 $f(x,y)$.

2. 已知函数 $f(x,y)=x^2+y^2-xy\tan\dfrac{x}{y}$,试求 $f(tx,ty)$.

3. 求下列各函数的定义域:

(1) $z=\ln(y^2-2x+1)$; (2) $z=\sqrt{x-\sqrt{y}}$;

(3) $z=\dfrac{\arcsin(3-x^2-y^2)}{\sqrt{x-y^2}}$; (4) $z=\dfrac{\sqrt{4x-y^2}}{\ln(1-x^2-y^2)}$;

(5) $z=\ln(y-x)+\dfrac{\sqrt{x}}{\sqrt{1-x^2-y^2}}$; (6) $u=\arcsin\dfrac{z}{\sqrt{x^2+y^2}}$;

(7) $z=\sqrt{1-x^2}+\sqrt{y^2-1}$; (8) $z=\sqrt{1-x^2-\dfrac{y^2}{4}}$.

4. 求下列各极限：

(1) $\lim\limits_{\substack{x \to 1 \\ y \to 0}} \dfrac{\ln(2x - e^y)}{\sqrt{x^2 + y^2}}$；

(2) $\lim\limits_{(x,y) \to (0,0)} \dfrac{1 - \sqrt{xy + 1}}{xy}$；

(3) $\lim\limits_{(x,y) \to (0,0)} \dfrac{xy}{\sqrt{xy + 4} - 2}$；

(4) $\lim\limits_{\substack{x \to 0 \\ y \to 0}} \dfrac{x^2 y}{x^2 + y^2}$；

(5) $\lim\limits_{\substack{x \to 0 \\ y \to 0}} \dfrac{\sqrt{x^2 + y^2} - \sin \sqrt{x^2 + y^2}}{\sqrt{(x^2 + y^2)^3}}$；

(6) $\lim\limits_{\substack{x \to 0 \\ y \to 0}} \dfrac{1 - \cos(x^2 + y^2)}{(x^2 + y^2) e^{x^2 + y^2}}$；

(7) $\lim\limits_{\substack{x \to 2 \\ y \to -\frac{1}{2}}} (2 + xy)^{\frac{1}{y + xy^2}}$；

(8) $\lim\limits_{\substack{x \to \infty \\ y \to \infty}} (x^2 + y^2) \sin \dfrac{2}{x^2 + y^2}$.

5. 证明下列极限不存在：

(1) $\lim\limits_{(x,y) \to (0,0)} \dfrac{2x^2 - y^2}{3x^2 + 2y^2}$；

(2) $\lim\limits_{\substack{x \to 0 \\ y \to 0}} (1 + xy)^{\frac{1}{x + y}}$；

(3) $\lim\limits_{(x,y) \to (0,0)} \dfrac{\sqrt{xy + 1} - 1}{x + y}$；

(4) $\lim\limits_{\substack{x \to 0 \\ y \to 0}} \dfrac{x^4 y^4}{(x^2 + y^4)^3}$；

(5) $\lim\limits_{\substack{x \to 0 \\ y \to 0}} \dfrac{x^2 y^2}{x^2 y^2 + (x - y)^2}$.

6. 研究函数 $f(x, y) = \dfrac{y^2 + 4x}{y^2 - 4x}$ 的连续性.

7. 设 $f(x, y) = \begin{cases} \dfrac{y e^{\frac{1}{x^2}}}{y^2 e^{\frac{2}{x^2}} + 1}, & x \neq 0, y \text{ 任意}, \\ 0, & x = 0, y \text{ 任意}, \end{cases}$ 讨论 $f(x, y)$ 在 $(0,0)$ 处的连续性.

2.2　偏导数

2.2.1　偏导数定义

在研究一元函数时，我们从研究函数的变化率引入了导数的概念. 对于多元函数同样需要讨论它的变化率，但多元函数的自变量不止一个，因变量与自变量的关系要比一元函数复杂得多. 在这一节里，首先考虑多元函数关于其中一个自变量的变化率问题，即多元函数在其他自变量固定不变时，函数随一个自变量变化的变化率问题，这就是偏导数.

以二元函数 $z = f(x, y)$ 为例，如果固定自变量 $y = y_0$，函数 $z = f(x, x_0)$ 就是 x 的一元函数，这函数对 x 的导数，就称为二元函数 $z = f(x, y)$ 对 x 的偏导数，即有如下定义：

定义 1　设函数 $z = f(x, y)$ 在点 (x_0, y_0) 的某一邻域内有定义，当 y 固定在 y_0，而 x 在 x_0 处有增量 Δx 时，相应地，函数有增量
$$f(x_0 + \Delta x, y_0) - f(x_0, y_0),$$
如果极限 $\lim\limits_{\Delta x \to 0} \dfrac{f(x_0 + \Delta x, y_0) - f(x_0, y_0)}{\Delta x}$ 存在，则称此极限为函数 $z = f(x, y)$ 在点 (x_0, y_0) 处**对 x 的偏导数**，记为

$$\frac{\partial z}{\partial x}\bigg|_{\substack{x=x_0 \\ y=y_0}}, \quad \frac{\partial f}{\partial x}\bigg|_{\substack{x=x_0 \\ y=y_0}}, \quad z_x\bigg|_{\substack{x=x_0 \\ y=y_0}} \quad 或 \quad f_y(x_0, y_0).$$

例如,有

$$f_x(x_0, y_0) = \lim_{\Delta x \to 0} \frac{f(x_0 + \Delta x, y_0) - f(x_0, y_0)}{\Delta x}.$$

类似地,函数 $z = f(x, y)$ 在点 (x_0, y_0) 处对 y 的偏导数为

$$\lim_{\Delta y \to 0} \frac{f(x_0, y_0 + \Delta y) - f(x_0, y_0)}{\Delta y},$$

记为

$$\frac{\partial z}{\partial y}\bigg|_{\substack{x=x_0 \\ y=y_0}}, \quad \frac{\partial f}{\partial y}\bigg|_{\substack{x=x_0 \\ y=y_0}}, \quad z_y\bigg|_{\substack{x=x_0 \\ y=y_0}} \quad 或 \quad f_y(x_0, y_0).$$

如果函数 $z = f(x, y)$ 在区域 D 内任一点 (x, y) 处对 x 的偏导数都存在,则这个偏导数就是 x, y 的函数,并称为函数 $z = f(x, y)$ **对自变量 x 的偏导函数**(简称为**偏导数**),记为

$$\frac{\partial z}{\partial x}, \quad \frac{\partial f}{\partial x}, \quad z_x \quad 或 \quad f_x(x, y).$$

同理,可以定义函数 $z = f(x, y)$ **对自变量 y 的偏导数**,记为

$$\frac{\partial z}{\partial y}, \quad \frac{\partial f}{\partial y}, \quad z_y \quad 或 \quad f_y(x, y).$$

注 函数 $z = f(x, y)$ 在点 (x_0, y_0) 处对 x 的偏导数 $f_x(x_0, y_0)$ 就是偏导函数 $f_x(x, y)$ 在点 (x_0, y_0) 处的函数值,即 $f_x(x_0, y_0) = f_x(x, y)\big|_{\substack{x=x_0 \\ y=y_0}}$. 同理,有 $f_y(x_0, y_0) = f_y(x, y)\big|_{\substack{x=x_0 \\ y=y_0}}$.

偏导数的记号 z_x, f_x 也记为 z'_x, f'_x,对后面的高阶导数也有类似的情形.

偏导数的概念还可以推广到二元以上的函数. 例如,三元函数 $u = f(x, y, z)$ 在点 (x, y, z) 处的偏导数分别为

$$f_x(x, y, z) = \lim_{\Delta x \to 0} \frac{f(x + \Delta x, y, z) - f(x, y, z)}{\Delta x},$$

$$f_y(x, y, z) = \lim_{\Delta y \to 0} \frac{f(x, y + \Delta y, z) - f(x, y, z)}{\Delta y},$$

$$f_z(x, y, z) = \lim_{\Delta z \to 0} \frac{f(x, y, z + \Delta z) - f(x, y, z)}{\Delta z}.$$

实际中,在求多元函数对某个自变量的偏导数时,只需把其余自变量看作常数,然后直接利用一元函数的求导公式及法则来计算.

例 1 求 $z = x^3 + 2xy - y^3$ 在点 $(1, 2)$ 处的偏导数.

解 把 y 看成常数,对 x 求导,得

$$z_x = 3x^2 + 2y.$$

把 x 看成常数,对 y 求导,得

$$z_y = 2x - 3y^2.$$

故所求偏导数

$$z_x\big|_{(1,2)} = 3 \times 1^2 + 2 \times 2 = 7, \quad z_x\big|_{(1,2)} = 2 \times 1^2 - 3 \times 2^2 = -10.$$

例 2 求函数 $z = x^y + \ln(xy)$ 的偏导数.

解 把 y 看成常数,对 x 求导,得

$$z_x = yx^{y-1} + \frac{1}{xy}y = yx^{y-1} + \frac{1}{x};$$

同理

$$z_y = x^y \ln x + \frac{1}{xy}x = x^y \ln x + \frac{1}{y}.$$

例 3　求 $r = \sqrt{x^2 + y^2 + z^2}$ 的偏导数.

解　把 y 和 z 看成常数,对 x 求导,得

$$\frac{\partial r}{\partial x} = \frac{x}{\sqrt{x^2 + y^2 + z^2}} = \frac{x}{r},$$

利用函数关于自变量的对称性,得

$$\frac{\partial r}{\partial y} = \frac{y}{r}, \quad \frac{\partial r}{\partial z} = \frac{z}{r}.$$

注　(1) 对一元函数而言,导数 $\dfrac{dy}{dx}$ 可看作函数的微分 dy 与自变量的微分 dy 的商,但偏导数的记号 $\dfrac{\partial z}{\partial x}$ 是一个整体.

(2) 与一元函数类似,对于分段函数在分段点处的偏导数要利用偏导数的定义来求解.

(3) 在一元函数微分学中,我们知道,如果函数在某点的导数存在,则它在该点必定连续. 但对于多元函数而言,即使函数在某点的各个偏导数都存在,也不能保证函数在该点连续.

例如,二元函数 $f(x,y) = \begin{cases} \dfrac{xy}{x^2 + y^2}, & (x,y) \neq (0,0), \\ 0, & (x,y) = (0,0) \end{cases}$ 在点 $(0,0)$ 处的偏导数为

$$f_x(0,0) = \lim_{\Delta x \to 0} \frac{f(0 + \Delta x, 0) - f(0,0)}{\Delta x} = \lim_{\Delta x \to 0} \frac{0}{\Delta x} = 0,$$

$$f_y(0,0) = \lim_{\Delta y \to 0} \frac{f(0, 0 + \Delta y) - f(0,0)}{\Delta y} = \lim_{\Delta y \to 0} \frac{0}{\Delta y} = 0.$$

但此函数在点 $(0,0)$ 处不连续.

偏导数的几何意义

设 $M_0(x_0, y_0, f(x_0, y_0))$ 为曲面 $z = f(x,y)$ 上一点,过点 M_0 作平面 $y = y_0$,截此曲面得一条曲线,其方程为 $\begin{cases} z = f(x, y_0), \\ y = y_0, \end{cases}$ 则偏导数 $f_x(x_0, y_0)$ 作为一元函数 $f(x, y_0)$ 在 $x = x_0$ 的导数,即 $\dfrac{d}{dx} f(x, y_0) \Big|_{x = x_0}$,就是这条曲线在点 M_0 处的切线 $M_0 T_x$ 对 x 轴正向的斜率 (图 2-2-1).同理,偏导数 $f_y(x_0, y_0)$ 就是曲面被平面 $x = x_0$ 所截得的曲线在点 M_0 处的切线 $M_0 T_y$ 对 y 轴正向的斜率.

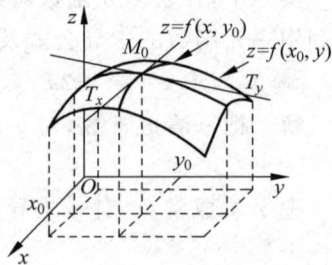

图　2-2-1

2.2.2　高阶偏导数

设函数 $z = f(x,y)$ 在区域 D 内具有偏导数

$$\frac{\partial z}{\partial x} = f_x(x,y), \qquad \frac{\partial z}{\partial y} = f_y(x,y),$$

则在 D 内 $f_x(x,y)$ 和 $f_y(x,y)$ 都是 x,y 的函数. 如果这两个函数的偏导数也存在,则称它们是函数 $z = f(x,y)$ 的**二阶偏导数**. 按照对变量求导次序的不同,共有下列四个二阶偏导数:

$$\frac{\partial}{\partial x}\left(\frac{\partial z}{\partial x}\right) = \frac{\partial^2 z}{\partial x^2} = f_{xx}(x,y), \qquad \frac{\partial}{\partial y}\left(\frac{\partial z}{\partial x}\right) = \frac{\partial^2 z}{\partial x \partial y} = f_{xy}(x,y),$$

$$\frac{\partial}{\partial x}\left(\frac{\partial z}{\partial y}\right) = \frac{\partial^2 z}{\partial y \partial x} = f_{yx}(x,y), \qquad \frac{\partial}{\partial y}\left(\frac{\partial z}{\partial y}\right) = \frac{\partial^2 z}{\partial y^2} = f_{yy}(x,y).$$

其中第二、第三个偏导数称为**混合偏导数**.

类似地,可以定义三阶、四阶……以及 n 阶偏导数. 我们把二阶及二阶以上的偏导数统称为**高阶偏导数**.

例 4 求函数 $z = x^3 y^2 + x^2 y - 2xy^2 + 7$ 的所有二阶偏导数和 $\dfrac{\partial^3 z}{\partial x \partial y^2}$.

解 由于

$$\frac{\partial z}{\partial x} = 3x^2 y^2 + 2xy - 2y^2, \qquad \frac{\partial z}{\partial y} = 2x^3 y + x^2 - 4xy,$$

因此

$$\frac{\partial^2 z}{\partial x^2} = \frac{\partial}{\partial x}\left(\frac{\partial z}{\partial x}\right) = 6xy^2 + 2y, \qquad \frac{\partial^2 z}{\partial x \partial y} = \frac{\partial}{\partial y}\left(\frac{\partial z}{\partial x}\right) = 6x^2 y + 2x - 4y,$$

$$\frac{\partial^2 z}{\partial y \partial x} = \frac{\partial}{\partial x}\left(\frac{\partial z}{\partial y}\right) = 6x^2 y + 2x - 4y, \qquad \frac{\partial^2 z}{\partial y^2} = \frac{\partial}{\partial y}\left(\frac{\partial z}{\partial y}\right) = 2x^3 - 4x,$$

$$\frac{\partial^3 z}{\partial x \partial y^2} = \frac{\partial}{\partial y}\left(\frac{\partial^2 z}{\partial x \partial y}\right) = 6x^2 - 4.$$

例 5 求函数 $z = \arctan \dfrac{y}{x}$ 的所有二阶偏导数.

解 $\dfrac{\partial z}{\partial x} = \dfrac{1}{1+\left(\dfrac{y}{x}\right)^2} \cdot \left(-\dfrac{y}{x^2}\right) = -\dfrac{y}{x^2+y^2}, \qquad \dfrac{\partial z}{\partial y} = \dfrac{1}{1+\left(\dfrac{y}{x}\right)^2} \cdot \dfrac{1}{x} = \dfrac{x}{x^2+y^2},$

$$\frac{\partial^2 z}{\partial x^2} = \frac{\partial}{\partial x}\left(\frac{\partial z}{\partial x}\right) = \frac{2xy}{(x^2+y^2)^2}, \qquad \frac{\partial^2 z}{\partial x \partial y} = \frac{\partial}{\partial y}\left(\frac{\partial z}{\partial x}\right) = -\frac{x^2+y^2-2y^2}{(x^2+y^2)^2} = \frac{y^2-x^2}{(x^2+y^2)^2},$$

$$\frac{\partial^2 z}{\partial y \partial x} = \frac{\partial}{\partial x}\left(\frac{\partial z}{\partial y}\right) = \frac{x^2+y^2-2x^2}{(x^2+y^2)^2} = \frac{y^2-x^2}{(x^2+y^2)^2}, \qquad \frac{\partial^2 z}{\partial y^2} = \frac{\partial}{\partial y}\left(\frac{\partial z}{\partial y}\right) = -\frac{2xy}{(x^2+y^2)^2}.$$

容易看出,例 4 和例 5 中两个二阶混合偏导数均相等,即

$$\frac{\partial^2 z}{\partial x \partial y} = \frac{\partial^2 z}{\partial y \partial x},$$

这种现象并不是偶然的. 事实上,我们有下述定理.

定理 1 如果函数 $z = f(x,y)$ 的两个二阶混合偏导数 $\dfrac{\partial^2 z}{\partial x \partial y}$ 及 $\dfrac{\partial^2 z}{\partial y \partial x}$ 在区域 D 内连续,则在该区域内有 $\dfrac{\partial^2 z}{\partial x \partial y}$ 及 $\dfrac{\partial^2 z}{\partial y \partial x}$.

注 定理 1 表明,二阶混合偏导数在连续的条件下与求偏导的次序无关,这给混合偏导数的计算带来了方便.

对于二元以上的多元函数,我们也可以类似地定义高阶偏导数,而且高阶混合偏导数在连续的条件下也与求偏导的次序无关.

例 6　证明函数 $u=\dfrac{1}{r}$ 满足拉普拉斯方程

$$\frac{\partial^2 u}{\partial x^2}+\frac{\partial^2 u}{\partial y^2}+\frac{\partial^2 u}{\partial z^2}=0,$$

其中 $r=\sqrt{x^2+y^2+z^2}$.

证　$\dfrac{\partial u}{\partial x}=-\dfrac{1}{r^2}\dfrac{\partial r}{\partial x}=-\dfrac{1}{r^2}\cdot\dfrac{x}{r}=-\dfrac{x}{r^3}, \dfrac{\partial^2 u}{\partial x^2}=-\dfrac{1}{r^3}+\dfrac{3x}{r^4}\cdot\dfrac{\partial r}{\partial x}=-\dfrac{1}{r^3}+\dfrac{3x^2}{r^5}.$

由函数关于自变量的对称性,有

$$\frac{\partial^2 u}{\partial y^2}=-\frac{1}{r^3}+\frac{3y^2}{r^5},\qquad \frac{\partial^2 u}{\partial z^2}=-\frac{1}{r^3}+\frac{3z^2}{r^5},$$

因此

$$\frac{\partial^2 u}{\partial x^2}+\frac{\partial^2 u}{\partial y^2}+\frac{\partial^2 u}{\partial z^2}==-\frac{3}{r^3}+\frac{3x^2}{r^5}+\frac{3y^2}{r^5}+\frac{3z^2}{r^5}==-\frac{3}{r^3}+\frac{3(x^2+y^2+z^2)}{r^5}=0.$$

习题 2-2

1. 求下列函数的偏导数:

(1) $z=x^3 y-3x^2 y^2$;　　　　　　(2) $z=\dfrac{x^2+y^2}{xy}$;　　　　(3) $z=\sqrt{\ln(xy)}$;

(4) $z=\mathrm{e}^{xy}+x^2 y$;　　　　　　(5) $z=(1+xy)^y$;　　　　(6) $z=\mathrm{e}^x(\cos y+x\sin y)$;

(7) $z=\sin(xy)+\cos^2(xy)$;　　(8) $z=\cos\dfrac{y}{x}\sin\dfrac{x}{y}$;　　(9) $u=\ln\tan\dfrac{x}{y}$;

(10) $u=\left(\dfrac{x}{y}\right)^z$.

2. 设 $u=(y-z)(z-x)(x-y)$,证明 $\dfrac{\partial u}{\partial x}+\dfrac{\partial u}{\partial y}+\dfrac{\partial u}{\partial z}=0$.

3. 设 $z=\ln(\sqrt{x}+\sqrt{y})$,求 $z_x(1,1), z_y(1,1)$.

4. 设 $f(x,y)=\begin{cases}(x^2+y)\sin\dfrac{1}{\sqrt{x^2+y^2}}, & (x,y)\neq(0,0),\\ 0, & (x,y)=(0,0),\end{cases}$　求 $f_x(x,y), f_y(x,y)$.

5. 曲线 $\begin{cases}z=\dfrac{x^2+y^2}{4}\\ y=4\end{cases}$,在点 $(2,4,5)$ 处的切线与 x 轴正向所成的倾角是多少?

6. 求下列函数的二阶偏导数 $\dfrac{\partial^2 z}{\partial x^2}, \dfrac{\partial^2 z}{\partial y^2}$ 和 $\dfrac{\partial^2 z}{\partial x\partial y}$:

(1) $z=x\ln(x+y)$;　　　(2) $z=y^x$;　　　(3) $z=\dfrac{x}{x+y}$.

7. 设 $f(x,y,z)=xy^2+yz^2+zx^2$,求 $f_{xx}(0,0,1), f_{xz}(1,0,2), f_{yz}(0,-1,0)$ 及 $f_{zzx}(2,0,1)$.

8. 设 $z = \dfrac{y^2}{3x} + \varphi(xy)$, 其中函数 $\varphi(u)$ 可导, 证明 $x^2 \dfrac{\partial z}{\partial x} + y^2 = xy \dfrac{\partial z}{\partial y}$.

9. 设 $z = x\ln(xy)$, 求 $\dfrac{\partial^3 z}{\partial x^2 \partial y}$ 及 $\dfrac{\partial^3 z}{\partial x \partial y^2}$.

2.3 全微分及其应用

2.3.1 全微分的概念

我们已经知道, 二元函数对某个自变量的偏导数表示当另一个自变量固定时, 因变量对该自变量的变化率. 根据一元函数微分学中增量与微分的关系, 可得

$$f(x_0 + \Delta x, y_0) - f(x_0, y_0) \approx f_x(x_0, y_0)\Delta x,$$
$$f(x_0, y_0 + \Delta y) - f(x_0, y_0) \approx f_y(x_0, y_0)\Delta y.$$

上面两式的左端分别称为二元函数 $z = f(x, y)$ 在点 (x_0, y_0) 处对 x 和对 y 的**偏增量**, 分别记为 $\Delta_x z$ 和 $\Delta_y z$. 而两式的右端分别称为二元函数 $z = f(x, y)$ 在点 (x_0, y_0) 处对 x 和对 y 的**偏微分**.

在实际问题中, 有时需要研究多元函数中各个自变量都取得增量时因变量所取得的增量, 即所谓全增量的问题. 下面以二元函数为例进行讨论.

如果函数 $z = f(x, y)$ 在点 $P(x, y)$ 的某邻域内有定义, 并设 $P'(x + \Delta x, y + \Delta y)$ 为该邻域内任意一点, 则称

$$f(x + \Delta x, y + \Delta y) - f(x, y)$$

为函数 $z = f(x, y)$ 在点 $P(x, y)$ 处相应于自变量增量 $\Delta x, \Delta y$ 的**全增量**, 记为 Δz, 即

$$\Delta z = f(x + \Delta x, y + \Delta y) - f(x, y). \tag{2.3.1}$$

一般来说, 全增量的计算比较复杂. 与一元函数的情形类似, 我们也希望用自变量增量 $\Delta x, \Delta y$ 的线性函数来近似代替函数的全增量 Δz, 由此引入二元函数全微分的定义.

定义 1 如果函数 $z = f(x, y)$ 在点 (x, y) 处的全增量

$$\Delta z = f(x + \Delta x, y + \Delta y) - f(x, y)$$

可以表示为

$$\Delta z = A\Delta x + B\Delta y + o(\rho), \tag{2.3.2}$$

其中 A, B 不依赖于 $\Delta x, \Delta y$, 而仅与 x, y 有关, $\rho = \sqrt{(\Delta x)^2 + (\Delta y)^2}$, 则称函数 $z = f(x, y)$ 在点 (x, y) 处**可微分**, $A\Delta x + B\Delta y$ 称为函数 $z = f(x, y)$ 在点 (x, y) 处的**全微分**, 记为 dz, 即

$$dz = A\Delta x + B\Delta y. \tag{2.3.3}$$

例如, 函数 $z = f(x, y) = x^2 + y^2$ 在点 $(1, 2)$ 处可微. 事实上,

$$\Delta z = f(1 + \Delta x, 2 + \Delta y) - f(1, 2) = (1 + \Delta x)^2 + (2 + \Delta y)^2 - 5$$
$$= 2\Delta x + 4\Delta y + (\Delta x)^2 + (\Delta y)^2,$$

其中 $(\Delta x)^2 + (\Delta y)^2 = o(\rho)$, $dz = 2\Delta x + 4\Delta y$.

若函数在区域 D 内各点处都可微分, 则称该函数**在 D 内可微分**.

注 从上节知道, 多元函数在某点的各个偏导数即使都存在, 并不能保证函数在该点连续. 但由上述定义可知, 如果函数 $z = f(x, y)$ 在点 (x, y) 处可微分, 则函数在该点必定连续.

事实上,若函数 $z=f(x,y)$ 在点 (x,y) 处可微分,有

$$\lim_{(\Delta x,\Delta y)\to(0,0)}\Delta z=\lim_{(\Delta x,\Delta y)\to(0,0)}[A\Delta x+B\Delta y+o(\rho)]=0,$$

从而

$$\lim_{(\Delta x,\Delta y)\to(0,0)}f(x+\Delta x,y+\Delta y)=\lim_{(\Delta x,\Delta y)\to(0,0)}[f(x,y)+\Delta z]=f(x,y),$$

所以函数 $z=f(x,y)$ 在点 (x,y) 处连续.

2.3.2　函数可微分的条件

下面,我们根据全微分与偏导数的定义来讨论函数在一点可微分的条件.

定理 1（必要条件）　如果函数 $z=f(x,y)$ 在点 (x,y) 处可微分,则该函数在点 (x,y) 处的偏导数 $\dfrac{\partial z}{\partial x},\dfrac{\partial z}{\partial y}$ 必存在,且函数 $z=f(x,y)$ 在点 (x,y) 处的全微分为

$$\mathrm{d}z=\frac{\partial z}{\partial x}\Delta x+\frac{\partial z}{\partial y}\Delta y. \tag{2.3.4}$$

证　设函数 $z=f(x,y)$ 在点 (x,y) 处可微分,则对于点 P 的某个邻域内的任意一点 $P'(x+\Delta x,y+\Delta y)$,恒有

$$\Delta z=A\Delta x+B\Delta y+o(\rho)$$

成立. 特别地,当 $\Delta y=0$ 时上式仍成立(此时 $\rho=|\Delta x|$),从而有

$$f(x+\Delta x,y)-f(x,y)=A\Delta x+o(|\Delta x|).$$

上式两端除以 Δx,令 $\Delta x\to 0$,并取极限,得

$$\frac{\partial z}{\partial x}=\lim_{\Delta x\to 0}\frac{f(x+\Delta x,y)-f(x,y)}{\Delta x}=\lim_{\Delta x\to 0}\left[A+\frac{o(|\Delta x|)}{\Delta x}\right]=A.$$

同理可证 $\dfrac{\partial z}{\partial y}=B$. 故定理 1 得证.

我们知道,一元函数在某点可导是在该点可微的充分必要条件. 但对多元函数则不然. 当函数的各偏导数存在时,虽然能形式地写出 $\dfrac{\partial z}{\partial x}\Delta x+\dfrac{\partial z}{\partial y}\Delta y$,但它与 Δz 之差并不一定是较 ρ 高阶的无穷小,因此它不一定是函数的全微分. 换句话说,二元函数的各偏导数存在只是全微分存在的必要条件而不是充分条件.

例如,二元函数 $f(x,y)=\begin{cases}\dfrac{xy}{\sqrt{x^2+y^2}}, & x^2+y^2\neq 0,\\ 0, & x^2+y^2=0\end{cases}$ 在点 $(0,0)$ 处的偏导数为 $f_x(0,0)=0$, $f_y(0,0)=0$. 所以

$$\Delta z-[f_x(0,0)\Delta x+f_y(0,0)\Delta y]=\frac{\Delta x\Delta y}{\sqrt{(\Delta x)^2+(\Delta y)^2}},$$

即

$$\frac{\Delta z-[f_x(0,0)\Delta x+f_y(0,0)\Delta y]}{\rho}=\frac{\Delta x\Delta y}{(\Delta x)^2+(\Delta y)^2}.$$

若令点 $P'(\Delta x,\Delta y)$ 沿直线 $y=x$ 趋于 $(0,0)$,则有

$$\frac{\Delta z-[f_x(0,0)\Delta x+f_y(0,0)\Delta y]}{\rho}=\frac{\Delta x\Delta y}{(\Delta x)^2+(\Delta y)^2}=\frac{\Delta x\Delta y}{(\Delta x)^2+(\Delta y)^2}=\frac{1}{2},$$

它不随着 $\rho \to 0$ 而趋于 0，即 $\Delta z - [f_x(0,0)\Delta x + f_y(0,0)\Delta y]$ 不是较 ρ 高阶的无穷小. 故函数 $f(x,y)$ 在点 $(0,0)$ 处不可微分.

由此可见，对于多元函数而言，偏导数存在并不一定可微. 因为函数的偏导数仅描述了函数在一点处沿坐标轴的变化率，而全微分描述的是函数沿各个方向的变化情况. 但如果再假定各偏导数连续，则可以保证函数是可微分的.

定理 2（充分条件） 如果函数 $z = f(x,y)$ 的偏导数 $\dfrac{\partial z}{\partial x}, \dfrac{\partial z}{\partial y}$ 在点 (x,y) 处连续，则函数在该点处可微分.

证 函数的全增量

$$\Delta z = f(x+\Delta x, y+\Delta y) - f(x,y)$$
$$= [f(x+\Delta x, y+\Delta y) - f(x, y+\Delta y)] + [f(x, y+\Delta y) - f(x,y)],$$

对上面两个中括号内的表达式，分别应用拉格朗日中值定理，有

$$f(x+\Delta x, y+\Delta y) - f(x, y+\Delta y) = f_x(x+\theta_1\Delta x, y+\Delta y)\Delta x,$$
$$f(x, y+\Delta y) - f(x,y) = f_y(x, y+\theta_2\Delta y)\Delta y,$$

其中 $0 < \theta_1, \theta_2 < 1$. 根据题设条件，$f_x(x,y)$ 在点 (x,y) 处连续，故

$$\lim_{\substack{\Delta x \to 0 \\ \Delta y \to 0}} f_x(x+\theta_1\Delta x, y+\Delta y) = f_x(x,y),$$

从而有

$$f_x(x+\theta_1\Delta x, y+\Delta y)\Delta x = f_x(x,y)\Delta x + \varepsilon_1\Delta x,$$

其中 ε_1 是 $\Delta x, \Delta y$ 的函数，且当 $\Delta x \to 0, \Delta y \to 0$ 时，$\varepsilon_1 \to 0$.

同理有

$$f_y(x, y+\theta_2\Delta y)\Delta y = f_y(x,y)\Delta y + \varepsilon_2\Delta y,$$

其中 ε_2 是 $\Delta x, \Delta y$ 的函数，且当 $\Delta y \to 0$ 时，$\varepsilon_2 \to 0$.

于是

$$\Delta z = f_x(x,y)\Delta x + f_y(x,y)\Delta y + \varepsilon_1\Delta x + \varepsilon_2\Delta y,$$

而

$$\lim_{\substack{\Delta x \to 0 \\ \Delta y \to 0}} \frac{\varepsilon_1\Delta x + \varepsilon_2\Delta y}{\rho} = \lim_{\substack{\Delta x \to 0 \\ \Delta y \to 0}} \left(\varepsilon_1 \frac{\Delta x}{\rho} + \varepsilon_2 \frac{\Delta y}{\rho} \right) = 0,$$

其中 $\rho = \sqrt{(\Delta x)^2 + (\Delta y)^2}$. 所以，由可微的定义知函数 $z = f(x,y)$ 在点 (x,y) 处可微分.

习惯上，常将自变量的增量 $\Delta x, \Delta y$ 分别记为 $\mathrm{d}x, \mathrm{d}y$，并分别称为自变量的微分. 这样，函数 $z = f(x,y)$ 的全微分就表示为

$$\mathrm{d}z = \frac{\partial z}{\partial x}\mathrm{d}x + \frac{\partial z}{\partial y}\mathrm{d}y, \tag{2.3.5}$$

容易看出，二元函数的全微分实际上等于它的两个偏微分之和.

上述关于二元函数全微分的定义及可微的必要和充分条件，可以完全类似地推广到三元及三元以上的多元函数. 例如，三元函数 $u = f(x,y,z)$ 的全微分为

$$\mathrm{d}u = \frac{\partial u}{\partial x}\mathrm{d}x + \frac{\partial u}{\partial y}\mathrm{d}y + \frac{\partial u}{\partial z}\mathrm{d}z. \tag{2.3.6}$$

例 1 求函数 $z = \sin(x^2 - y)$ 的全微分.

解 因为 $\dfrac{\partial z}{\partial x} = 2x\cos(x^2 - y)$, $\dfrac{\partial z}{\partial y} = -\cos(x^2 - y)$, 且这两个偏导数连续, 所以

$$dz = 2x\cos(x^2 - y)dx - \cos(x^2 - y)dy.$$

例 2 求函数 $z = x^2 + e^{xy}$ 在点 $(1,2)$ 处的全微分.

解 因为 $f_x(x,y) = 2x + ye^{xy}$, $f_y(x,y) = xe^{xy}$, 所以

$$f_x(1,2) = 2 + 2e^2 = 2(1 + e^2), \quad f_y(1,2) = e^2,$$

从而所求全微分为

$$dz = 2(1 + e^2)dx + e^2 dy.$$

例 3 求函数 $z = \ln\left(1 + \dfrac{x}{y}\right)$ 的全微分.

解 因为

$$\frac{\partial u}{\partial x} = \frac{1}{1 + \dfrac{x}{y}} \cdot \frac{1}{y} = \frac{1}{x + y},$$

$$\frac{\partial u}{\partial y} = \frac{1}{1 + \dfrac{x}{y}}\left(-\frac{x}{y^2}\right) = -\frac{x}{y(x + y)},$$

所以

$$dz = \frac{1}{x + y}dx - \frac{x}{y(x + y)}dy.$$

2.3.3 二元函数的线性化

与一元函数的线性化类似, 我们也可以研究二元函数的线性化近似问题.

由前面的讨论可知, 当函数 $z = f(x,y)$ 在点 (x_0, y_0) 处可微, 且 $|\Delta x|$, $|\Delta y|$ 都较小时, 有 $\Delta z \approx dz$, 即

$$f(x_0 + \Delta x, y_0 + \Delta y) - f(x_0, y_0) \approx f_x(x_0, y_0)\Delta x + f_y(x_0, y_0)\Delta y,$$

如果令 $x = x_0 + \Delta x$, $y = y_0 + \Delta y$, 则 $\Delta x = x - x_0$, $\Delta x = y - y_0$, 从而有

$$f(x,y) - f(x_0, y_0) \approx f_x(x_0, y_0)(x - x_0) + f_y(x_0, y_0)(y - y_0),$$

即

$$f(x,y) \approx f(x_0, y_0) + f_x(x_0, y_0)(x - x_0) + f_y(x_0, y_0)(y - y_0).$$

若记上式右端的线性函数为

$$L(x,y) = f(x_0, y_0) + f_x(x_0, y_0)(x - x_0) + f_y(x_0, y_0)(y - y_0),$$

其图形为通过点 $(x_0, y_0, f(x_0, y_0))$ 处的一个平面, 即所谓曲面 $z = f(x,y)$ 在点 $(x_0, y_0, f(x_0, y_0))$ 处的切平面.

定义 2 如果函数 $z = f(x,y)$ 在点 (x_0, y_0) 处可微, 那么函数

$$L(x,y) = f(x_0, y_0) + f_x(x_0, y_0)(x - x_0) + f_y(x_0, y_0)(y - y_0) \qquad (2.3.7)$$

就称为函数 $z = f(x,y)$ 在点 (x_0, y_0) 处的**线性化**. 近似式 $f(x,y) \approx L(x,y)$ 称为函数 $z = f(x,y)$ 在点 (x_0, y_0) 处的**标准线性近似**.

从几何上看, 二元函数线性化的实质就是曲面上某点邻近的一小块曲面被相应的一小

块平面近似代替(图 2-3-1).

例 4 求函数 $f(x,y)=x^2-xy+2y^2$ 在点 $(0,2)$ 处的线性化.

解 因为 $f_x(x,y)=2x-y,f_y(x,y)=-x+4y$,所以

$$f(0,2)=8,\quad f_x(0,2)=-2,\quad f_y(0,2)=8,$$

从而函数 $f(x,y)$ 在点 $(0,2)$ 处的线性化为

$$L(x,y)=f(x_0,y_0)+f_x(x_0,y_0)(x-x_0)+$$
$$f_y(x_0,y_0)(y-y_0)$$
$$=8-2x+8(y-2)=-2x+8y-8.$$

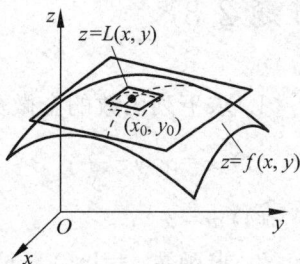

图 2-3-1

例 5 计算 $(1.03)^{2.01}$ 的近似值.

解 设函数 $f(x,y)=x^y$,则要计算的近似值就是该函数在 $x=1.03,y=2.01$ 时的函数值的近似值.令 $x_0=1,y_0=2$,由

$$f_x(x,y)=yx^{y-1},\quad f_y(x,y)=x^y\ln x,$$
$$f(1,2)=1,\quad f_x(1,2)=2,\quad f_y(1,2)=0,$$

可得函数 $f(x,y)=x^y$ 在点 $(1,2)$ 处的线性化为

$$L(x,y)=1+2(x-1),$$

所以

$$(1.03)^{2.01}=(1+0.03)^{2+0.01}\approx 1+2\times 0.03=1.06.$$

对二元函数 $z=f(x,y)$,如果自变量 x,y 的绝对误差分别为 δ_x,δ_y,即

$$|\Delta x|\leqslant \delta_x,\quad |\Delta y|\leqslant \delta_y,$$

则因变量 z 的误差

$$|\Delta z|\approx|\mathrm{d}z|=\left|\frac{\partial z}{\partial x}\Delta x+\frac{\partial z}{\partial y}\Delta y\right|$$
$$\leqslant\left|\frac{\partial z}{\partial x}\right|\cdot|\Delta x|+\left|\frac{\partial z}{\partial y}\right|\cdot|\Delta y|\leqslant\left|\frac{\partial z}{\partial x}\right|\delta_x+\left|\frac{\partial z}{\partial y}\right|\delta_y,$$

从而因变量 z 的绝对误差约为

$$\delta_z=\left|\frac{\partial z}{\partial x}\right|\delta_x+\left|\frac{\partial z}{\partial y}\right|\delta_y,$$

因变量 z 的相对误差约为 $\frac{\delta_z}{|z|}$.

例 6 测得矩形盒的各边长分别为 $75\mathrm{cm}$、$60\mathrm{cm}$ 以及 $40\mathrm{cm}$,且可能的最大测量误差为 $0.2\mathrm{cm}$.试用全微分估计利用这些测量值计算盒子体积时可能带来的最大误差.

解 以 x,y,z 为边长的矩形盒的体积为 $V=xyz$,所以

$$\mathrm{d}V=\frac{\partial V}{\partial x}\mathrm{d}x+\frac{\partial V}{\partial y}\mathrm{d}y+\frac{\partial V}{\partial z}\mathrm{d}z=yz\mathrm{d}x+xz\mathrm{d}y+xy\mathrm{d}z.$$

由于已知 $|\Delta x|\leqslant 0.2,|\Delta y|\leqslant 0.2,|\Delta z|\leqslant 0.2$,为了求体积的最大误差,取 $\mathrm{d}x=\mathrm{d}y=\mathrm{d}z=0.2$,再结合 $x=75,y=60,z=40$,得

$$\Delta V\approx \mathrm{d}V=60\times 40\times 0.2+75\times 40\times 0.2+75\times 60\times 0.2=1980,$$

即每边仅 $0.2\mathrm{cm}$ 的误差可以导致体积的计算误差达到 $1980\mathrm{cm}^3$.

习题 2-3

1. 求下列函数的全微分:

(1) $z = x^2 y - \dfrac{x}{y}$;   (2) $z = \sin(x\cos y)$;   (3) $z = \ln\sqrt{1 + x^2 + y^2}$;

(4) $u = x^{yz}$;   (5) $z = \arccos(xy)$;   (6) $u = \mathrm{e}^{x-yz}$.

2. 求函数 $z = \ln(1 + x^2 + y^2)$ 在 $x = 2, y = 1$ 时的全微分.

3. 设 $f(x, y, z) = \dfrac{z}{\sqrt{x^2 + y^2}}$, 求 $\mathrm{d}f(3, 4, 5)$.

4. 求函数 $z = \mathrm{e}^{xy}$ 在 $x = 1, y = 1, \Delta x = 0.15, \Delta y = 0.1$ 下的全微分 $\mathrm{d}z$ 之值.

5. 求下列函数在各点的线性化:

(1) $f(x, y) = x^2 + y^2 + 1, (1, 1)$;   (2) $f(x, y) = \mathrm{e}^x \cos y, (0, \pi/2)$.

6. 计算 $\sqrt{(1.02)^3 + (1.97)^3}$ 的近似值.

7. 计算 $(1.007)^{2.98}$ 的近似值.

8. 已知矩形边长为 $x = 6\mathrm{m}$ 与 $y = 8\mathrm{m}$, 如果 x 边增加 2cm, 而 y 边减少 5cm, 问这个矩形的对角线的近似值怎样变化?

9. 用某种材料做一个开口长方体容器, 其外形长 5m、宽 4m、高 3m、厚 20cm, 求所需材料的近似值与精确值.

10. 由欧姆定律, 电流 I、电压 V 及电阻 R 有关系 $R = \dfrac{V}{I}$. 若测得 $V = 110\mathrm{V}$, 测量的最大绝对误差为 2V, 测得 $I = 20\mathrm{A}$, 测量的最大绝对误差为 0.5A. 问由此计算所得到的最大绝对误差和最大相对误差是多少?

2.4 多元复合函数的求导法则

在一元函数微分学中, 复合函数求导有所谓的"链式法则", 这一法则可以推广到多元复合函数的情形. 多元复合函数的求导法则在多元函数微分学中也起着重要作用. 下面分几种情况来讨论.

2.4.1 复合函数的中间变量为一元函数的情形

设函数 $z = f(u, v), u = u(t), v = v(t)$ 构成复合函数 $z = f[u(t), v(t)]$, 其变量间的相互依赖关系可用图 2-4-1 来表达. 这种函数关系图以后还会经常用到.

定理 1 如果函数 $u = u(t)$ 及 $v = v(t)$ 都在点 t 处可导, 函数 $z = f(u, v)$ 在对应点 (u, v) 处具有连续偏导数, 则复合函数 $z = f[u(t), v(t)]$ 在对应点 t 处可导, 且其导数可用下列公式计算:

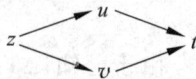

图 2-4-1

$$\frac{\mathrm{d}z}{\mathrm{d}t} = \frac{\partial z}{\partial u}\frac{\mathrm{d}u}{\mathrm{d}t} + \frac{\partial z}{\partial v}\frac{\mathrm{d}v}{\mathrm{d}t}. \tag{2.4.1}$$

证 设给 t 以增量 Δt,则函数 u,v 相应得到增量

$$\Delta u = u(t+\Delta t) - u(t), \quad \Delta v = v(t+\Delta t) - v(t).$$

由于函数 $z=f(u,v)$ 在点 (u,v) 处具有连续偏导数,于是根据 2.3 节定理 2 的证明过程,有

$$\Delta z = \frac{\partial z}{\partial u}\Delta u + \frac{\partial z}{\partial v}\Delta v + \varepsilon_1 \Delta u + \varepsilon_2 \Delta v,$$

这里,当 $\Delta u \to 0, \Delta v \to 0$ 时,$\varepsilon_1 \to 0, \varepsilon_2 \to 0$.

在上式两端除以 Δt,得

$$\frac{\Delta z}{\Delta t} = \frac{\partial z}{\partial u} \cdot \frac{\Delta u}{\Delta t} + \frac{\partial z}{\partial v} \cdot \frac{\Delta v}{\Delta t} + \varepsilon_1 \frac{\Delta u}{\Delta t} + \varepsilon_2 \frac{\Delta v}{\Delta t},$$

因为当 $\Delta t \to 0$ 时,$\Delta u \to 0, \Delta v \to 0$,且 $\dfrac{\Delta u}{\Delta t} \to \dfrac{\mathrm{d}u}{\mathrm{d}t}, \dfrac{\Delta v}{\Delta t} \to \dfrac{\mathrm{d}v}{\mathrm{d}t}$,所以

$$\frac{\mathrm{d}z}{\mathrm{d}t} = \lim_{\Delta t \to 0}\frac{\Delta z}{\Delta t} = \frac{\partial z}{\partial u}\frac{\mathrm{d}u}{\mathrm{d}t} + \frac{\partial z}{\partial v}\frac{\mathrm{d}v}{\mathrm{d}t}.$$

定理 1 的结论可推广到中间变量多于两个的情形. 例如,设 $z=f(u,v,w), u=u(t), v=v(t), w=w(t)$ 构成复合函数 $z=f[u(t),v(t),w(t)]$,其变量间的相互依赖关系可用图 2-4-2 来表达,则在满足与定理 1 相类似的条件下,有

$$\frac{\mathrm{d}z}{\mathrm{d}t} = \frac{\partial z}{\partial u}\frac{\mathrm{d}u}{\mathrm{d}t} + \frac{\partial z}{\partial v}\frac{\mathrm{d}v}{\mathrm{d}t} + \frac{\partial z}{\partial w}\frac{\mathrm{d}w}{\mathrm{d}t}. \tag{2.4.2}$$

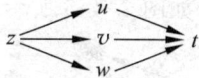

图 2-4-2

式(2.4.1)和式(2.4.2)中的导数称为**全导数**.

例 1 设 $z=u^2 v^3$,而 $u=\sin t, v=\mathrm{e}^t$,求全导数 $\dfrac{\mathrm{d}z}{\mathrm{d}t}$.

解 $\dfrac{\mathrm{d}z}{\mathrm{d}t} = \dfrac{\partial z}{\partial u}\dfrac{\mathrm{d}u}{\mathrm{d}t} + \dfrac{\partial z}{\partial v}\dfrac{\mathrm{d}v}{\mathrm{d}t} = 2uv^3\cos t + 3u^2 v^2 \mathrm{e}^t = \mathrm{e}^{3t}\sin t(2\cos t + 3\sin t).$

2.4.2 复合函数的中间变量为多元函数的情形

定理 1 可推广到中间变量为多元函数的情形. 例如,对中间变量为二元函数的情形,设函数 $z=f(u,v), u=u(x,y), v=v(x,y)$ 构成复合函数 $z=f[u(x,y),v(x,y)]$,其变量间的相互依赖关系可用图 2-4-3 来表达. 此时,我们有以下结论:

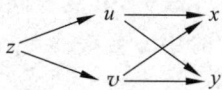

图 2-4-3

定理 2 如果函数 $u=u(x,y)$ 及 $v=v(x,y)$ 都在点 (x,y) 处具有对 x 及对 y 的偏导数,函数 $z=f(u,v)$ 在对应点 (u,v) 处具有连续偏导数,则复合函数 $z=f[u(x,y),v(x,y)]$ 在对应点 (x,y) 处的两个偏导数存在,且其偏导数可用下列公式计算:

$$\frac{\partial z}{\partial x} = \frac{\partial z}{\partial u}\frac{\partial u}{\partial x} + \frac{\partial z}{\partial v}\frac{\partial v}{\partial x}, \tag{2.4.3}$$

$$\frac{\partial z}{\partial y} = \frac{\partial z}{\partial u}\frac{\partial u}{\partial y} + \frac{\partial z}{\partial v}\frac{\partial v}{\partial y}. \tag{2.4.4}$$

定理 2 的结论也可推广到中间变量多于两个的情形. 例如,设 $z=f(u,v,w), u=u(x,y), v=v(x,y), w=w(x,y)$ 构成复合函数

$$z=f[u(x,y),v(x,y),w(x,y)],$$

其变量间的相互依赖关系如图 2-4-4 所示,则在满足与定理 2 相类似

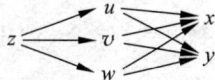

图 2-4-4

的条件下,有

$$\frac{\partial z}{\partial x} = \frac{\partial z}{\partial u}\frac{\partial u}{\partial x} + \frac{\partial z}{\partial v}\frac{\partial v}{\partial x} + \frac{\partial z}{\partial w}\frac{\partial w}{\partial x}, \tag{2.4.5}$$

$$\frac{\partial z}{\partial y} = \frac{\partial z}{\partial u}\frac{\partial u}{\partial y} + \frac{\partial z}{\partial v}\frac{\partial v}{\partial y} + \frac{\partial z}{\partial w}\frac{\partial w}{\partial y}. \tag{2.4.6}$$

例 2 设 $z = e^u \sin v$,而 $u = xy, v = x - y$,求 $\frac{\partial z}{\partial x}$ 和 $\frac{\partial z}{\partial y}$.

解 $\frac{\partial z}{\partial x} = \frac{\partial z}{\partial u}\frac{\partial u}{\partial x} + \frac{\partial z}{\partial v}\frac{\partial v}{\partial x} = e^u \sin v \cdot y + e^u \cos v \cdot 1 = e^{xy}[y\sin(x-y) + \cos(x-y)],$

$\frac{\partial z}{\partial y} = \frac{\partial z}{\partial u}\frac{\partial u}{\partial y} + \frac{\partial z}{\partial v}\frac{\partial v}{\partial y} = e^u \sin v \cdot x + e^u \cos v \cdot (-1) = e^{xy}[y\sin(x-y) - \cos(x-y)].$

2.4.3 复合函数的中间变量既有一元函数也有多元函数的情形

下面,我们再来讨论中间变量既有一元函数也有多元函数的情形.例如,设函数 $z = f(u,v), u = u(x,y), v = v(y)$ 构成复合函数 $z = f[u(x,y), v(y)]$,其变量间的相互依赖关系如图 2-4-5 所示.此时,我们有以下结论:

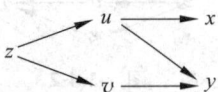

定理 3 如果函数 $u = u(x,y)$ 在点 (x,y) 处具有对 x 及对 y 的偏导数,函数 $v = v(y)$ 在点 y 处可导,函数 $z = f(u,v)$ 在对应点 (u,v) 处具有连续偏导数,则复合函数 $z = f[u(x,y), v(y)]$ 在对应点 (x,y) 处的两个偏导数存在,且其偏导数可用下列公式计算:

图 2-4-5

$$\frac{\partial z}{\partial x} = \frac{\partial z}{\partial u}\frac{\partial u}{\partial x}, \tag{2.4.7}$$

$$\frac{\partial z}{\partial y} = \frac{\partial z}{\partial u}\frac{\partial u}{\partial y} + \frac{\partial z}{\partial v}\frac{\mathrm{d}v}{\mathrm{d}y}. \tag{2.4.8}$$

容易看出,这类情形实际上是 2.4.2 节中情形的一种特例,即变量 v 与 x 无关,从而 $\frac{\partial v}{\partial x} = 0$,而 v 是 y 的一元函数,将 $\frac{\partial v}{\partial y}$ 换成 $\frac{\mathrm{d}v}{\mathrm{d}y}$,即有上述结果.

这类情形中常见的情况是:复合函数的某些中间变量本身又是复合函数的自变量的情形.

例如,设函数 $z = f(u,x,y), u = u(x,y)$ 构成复合函数 $z = f[u(x,y), x, y]$,其变量间的相互依赖关系如图 2-4-6 所示.则此类情形可视为式(2.4.5)和式(2.4.6)中 $v = x, w = y$ 的情况,从而有

$$\frac{\partial z}{\partial x} = \frac{\partial f}{\partial u}\frac{\partial u}{\partial x} + \frac{\partial f}{\partial x}, \tag{2.4.9}$$

$$\frac{\partial z}{\partial y} = \frac{\partial f}{\partial u}\frac{\partial u}{\partial y} + \frac{\partial f}{\partial y}. \tag{2.4.10}$$

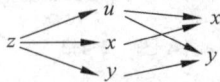

图 2-4-6

注 这里 $\frac{\partial z}{\partial x}$ 和 $\frac{\partial f}{\partial x}$ 是不同的,$\frac{\partial z}{\partial x}$ 是把复合函数中的 y 看作不变而对 x 的偏导数,$\frac{\partial f}{\partial x}$ 是把函数 $z = f(u,x,y)$ 中的 u 及 y 看作不变而对 x 的偏导数.$\frac{\partial z}{\partial y}$ 和 $\frac{\partial f}{\partial y}$ 也有类似的区别.

例 3 设 $z = f(u,x,y) = e^{x^2+y^2+u^2}$,而 $u = x^2 \sin y$,求 $\frac{\partial z}{\partial x}$ 和 $\frac{\partial z}{\partial y}$.

解
$$\frac{\partial z}{\partial x}=\frac{\partial f}{\partial u}\frac{\partial u}{\partial x}+\frac{\partial f}{\partial x}=\mathrm{e}^{x^2+y^2+u^2}\cdot 2u\cdot 2x\sin y+\mathrm{e}^{x^2+y^2+u^2}\cdot 2x$$
$$=2x\mathrm{e}^{x^2+y^2+x^4\sin^2 y}(1+2x^2\sin^2 y),$$
$$\frac{\partial z}{\partial y}=\frac{\partial f}{\partial u}\frac{\partial u}{\partial y}+\frac{\partial f}{\partial y}=\mathrm{e}^{x^2+y^2+u^2}\cdot 2u\cdot x^2\cos y+\mathrm{e}^{x^2+y^2+u^2}\cdot 2y$$
$$=2\mathrm{e}^{x^2+y^2+x^4\sin^2 y}(y+x^4\sin y\cos y).$$

例 4 设 $z=f(u,x,y),u=x\mathrm{e}^y$,其中 f 具有连续的一阶偏导数,求 $\frac{\partial z}{\partial x}$ 和 $\frac{\partial z}{\partial y}$.

解
$$\frac{\partial z}{\partial x}=\frac{\partial f}{\partial u}\frac{\partial u}{\partial x}+\frac{\partial f}{\partial x}=f_u\mathrm{e}^y+f_x, \frac{\partial z}{\partial y}=\frac{\partial f}{\partial u}\frac{\partial u}{\partial y}+\frac{\partial f}{\partial y}=f_u x\mathrm{e}^y+f_y.$$

例 5 设 $z=uv+\sin t$,而 $u=\mathrm{e}^t,v=\cos t$,求全导数 $\frac{\mathrm{d}z}{\mathrm{d}t}$.

解
$$\frac{\mathrm{d}z}{\mathrm{d}t}=\frac{\partial z}{\partial u}\frac{\mathrm{d}u}{\mathrm{d}t}+\frac{\partial z}{\partial v}\frac{\mathrm{d}v}{\mathrm{d}t}+\frac{\partial z}{\partial t}=v\mathrm{e}^t-u\sin t+\cos t=\mathrm{e}^t(\cos t-\sin t)+\cos t.$$

在多元函数的复合求导中,为了简便起见,常采用以下记号:
$$f_1'=\frac{\partial f(u,v)}{\partial u}, \quad f_2'=\frac{\partial f(u,v)}{\partial v}, \quad f_{11}''=\frac{\partial^2 f(u,v)}{\partial u^2}, \quad f_{12}'''=\frac{\partial^2 f(u,v)}{\partial u\partial v}, \quad \cdots\cdots$$
其中下标 1 表示对第一个变量 u 求偏导数,下标 2 表示对第二个变量 v 求偏导数.

例 6 设 $w=f(x+y+z,xyz)$,其中函数 f 具有二阶连续偏导数,求 $\frac{\partial w}{\partial x},\frac{\partial^2 w}{\partial x\partial z}$ 和 $\frac{\partial^2 w}{\partial x^2}$.

解 令 $u=x+y+z,v=xyz$,根据复合函数求导法则,有
$$\frac{\partial w}{\partial x}=\frac{\partial f}{\partial u}\frac{\partial u}{\partial x}+\frac{\partial f}{\partial v}\frac{\partial v}{\partial x}=f_1'+yzf_2',$$
则
$$\frac{\partial^2 w}{\partial x\partial z}=\frac{\partial}{\partial z}(f_1'+yzf_2')=\frac{\partial f_1'}{\partial z}+yf_2'+yz\frac{\partial f_2'}{\partial z}.$$
求 $\frac{\partial f_1'}{\partial z}$ 和 $\frac{\partial f_2'}{\partial z}$ 时,应注意 f_1' 和 f_2' 仍旧是复合函数,且与 f 同结构,故有
$$\frac{\partial f_1'}{\partial z}=\frac{\partial f_1'}{\partial u}\frac{\partial u}{\partial z}+\frac{\partial f_1'}{\partial v}\frac{\partial v}{\partial z}=f_{11}''+xyf_{12}'',$$
$$\frac{\partial f_2'}{\partial z}=\frac{\partial f_2'}{\partial u}\frac{\partial u}{\partial z}+\frac{\partial f_2'}{\partial v}\frac{\partial v}{\partial z}=f_{21}''+xyf_{22}''.$$
所以
$$\frac{\partial^2 w}{\partial x\partial z}=f_{11}''+xyf_{12}''+yf_2'+yz(f_{21}''+xyf_{22}'')=f_{11}''+y(x+z)f_{12}''+xy^2zf_{22}''+yf_2'.$$
同理
$$\frac{\partial^2 w}{\partial x^2}=f_{11}''+2yzf_{12}''+y^2z^2f_{22}''.$$

例 7 设函数 $u=u(x,y)$ 可微,在极坐标变换 $x=r\cos\theta,y=r\sin\theta$ 下,证明
$$\left(\frac{\partial u}{\partial x}\right)^2+\left(\frac{\partial u}{\partial y}\right)^2=\left(\frac{\partial u}{\partial r}\right)^2+\frac{1}{r^2}\left(\frac{\partial u}{\partial\theta}\right)^2.$$

证 因为 $u=u(x,y)$, $x=r\cos\theta$, $y=r\sin\theta$, 则 u 即为 r, θ 的复合函数, 即 $u=u(r\cos\theta, r\sin\theta)$, 则

$$\frac{\partial u}{\partial r} = \frac{\partial u}{\partial x}\frac{\partial x}{\partial r} + \frac{\partial u}{\partial y}\frac{\partial y}{\partial r} = \frac{\partial u}{\partial x}\cos\theta + \frac{\partial u}{\partial y}\sin\theta,$$

$$\frac{\partial u}{\partial \theta} = \frac{\partial u}{\partial x}\frac{\partial x}{\partial \theta} + \frac{\partial u}{\partial y}\frac{\partial y}{\partial \theta} = \frac{\partial u}{\partial x}(-r\sin\theta) + \frac{\partial u}{\partial y}r\cos\theta,$$

所以

$$\left(\frac{\partial u}{\partial r}\right)^2 + \frac{1}{r^2}\left(\frac{\partial u}{\partial \theta}\right)^2 = \left(\frac{\partial u}{\partial x}\cos\theta + \frac{\partial u}{\partial y}\sin\theta\right)^2 + \frac{1}{r^2}\left(\frac{\partial u}{\partial x}(-r\sin\theta) + \frac{\partial u}{\partial y}r\cos\theta\right)^2$$

$$= \left(\frac{\partial u}{\partial x}\right)^2 + \left(\frac{\partial u}{\partial y}\right)^2.$$

2.4.4 全微分形式的不变性

根据复合函数求导的链式法则, 可得到**全微分形式不变性**. 以二元函数为例, 设 $z=f(u,v)$, $u=u(x,y)$, $v=v(x,y)$ 是可微函数, 则由全微分定义和链式法则, 有

$$dz = \frac{\partial z}{\partial x}dx + \frac{\partial z}{\partial x}dy = \left(\frac{\partial z}{\partial u}\cdot\frac{\partial u}{\partial x} + \frac{\partial z}{\partial v}\cdot\frac{\partial v}{\partial x}\right)dx + \left(\frac{\partial z}{\partial u}\cdot\frac{\partial u}{\partial y} + \frac{\partial z}{\partial v}\cdot\frac{\partial v}{\partial y}\right)dy$$

$$= \frac{\partial z}{\partial u}\left(\frac{\partial u}{\partial x}dx + \frac{\partial u}{\partial y}dy\right) + \frac{\partial z}{\partial v}\left(\frac{\partial v}{\partial x}dx + \frac{\partial v}{\partial y}dy\right)$$

$$= \frac{\partial z}{\partial u}du + \frac{\partial z}{\partial v}dv.$$

由此可见, 尽管现在的 u, v 是中间变量, 但全微分 dz 与 x, y 是自变量时的表达式在形式上完全一致, 这个性质称为**全微分形式不变性**.

例 8 利用全微分形式的不变性求解本节例 2.

解 因 $dz = d(e^u\sin v) = e^u\sin v du + e^u\cos v dv$, 又

$$du = d(xy) = ydx + xdy, \quad dv = d(x-y) = dx - dy,$$

代入合并含 dx 和 dy 的项, 得

$$dz = e^u(y\sin v + \cos v)dx + e^u(x\sin v - \cos v)dy$$

$$= e^{xy}[y\sin(x-y) + \cos(x-y)]dx + e^{xy}[x\sin(x-y) - \cos(x-y)]dy,$$

将它和全微分公式 $dz = \frac{\partial z}{\partial x}dx + \frac{\partial z}{\partial y}dy$ 比较, 就可得到两个偏导数如下:

$$\frac{\partial z}{\partial x} = e^{xy}[y\sin(x-y) + \cos(x-y)], \quad \frac{\partial z}{\partial y} = e^{xy}[x\sin(x-y) - \cos(x-y)].$$

可见, 由全微分形式不变性得到的偏导数与例 2 结果一致.

例 9 利用一阶全微分形式的不变性求函数 $u = \dfrac{x}{x^2+y^2+z^2}$ 的偏导数.

解 $du = \dfrac{(x^2+y^2+z^2)dx - xd(x^2+y^2+z^2)}{(x^2+y^2+z^2)^2}$

$$= \frac{(x^2+y^2+z^2)dx - x(2xdx + 2ydy + 2zdz)}{(x^2+y^2+z^2)^2}$$

$$= \frac{(y^2+z^2-x^2)dx - 2xydy - 2xzdz}{(x^2+y^2+z^2)^2}.$$

所以 $\dfrac{\partial u}{\partial x}=\dfrac{y^2+z^2-x^2}{(x^2+y^2+z^2)^2}$, $\dfrac{\partial u}{\partial y}=\dfrac{-2xy}{(x^2+y^2+z^2)^2}$, $\dfrac{\partial u}{\partial z}=\dfrac{-2xz}{(x^2+y^2+z^2)^2}$.

习题 2-4

1. 设 $z=uv$, 而 $u=\mathrm{e}^x$, $v=\sin x$, 求 $\dfrac{\mathrm{d}z}{\mathrm{d}x}$.

2. 设 $z=\mathrm{e}^{x-2y}$, 而 $x=\sin t$, $y=t^3$, 求 $\dfrac{\mathrm{d}z}{\mathrm{d}t}$.

3. 设 $z=u^2\ln v$, 而 $u=\dfrac{x}{y}$, $v=x-2y$, 求 $\dfrac{\partial z}{\partial x}$, $\dfrac{\partial z}{\partial y}$.

4. 设 $z=(x^2+y^2)^{xy}$, 求 $\dfrac{\partial z}{\partial x}$, $\dfrac{\partial z}{\partial y}$.

5. 设 $z=\arctan\dfrac{u}{v}$, $u=x+y$, $v=x-y$, 求 $\dfrac{\partial z}{\partial x}$, $\dfrac{\partial z}{\partial y}$.

6. 求下列函数的一阶偏导数(其中 f 具有一阶连续偏导数):

(1) $u=f(x^2-y^2,xy)$; (2) $u=f\left(\dfrac{x}{y},\dfrac{y}{z}\right)$;

(3) $u=f(x,xy,xyz)$; (4) $u=f(x+y+z,x^2+y^2+z^2)$.

7. 设 $z=xy+xF\left(\dfrac{y}{x}\right)$, 其中 F 为可导函数, 验证: $x\dfrac{\partial z}{\partial x}+y\dfrac{\partial z}{\partial y}=z+xy$.

8. 设函数 $u=f(x+y+z,x^2+y^2+z^2)$, 其中 f 具有二阶连续偏导数, 求
$$\Delta u=\dfrac{\partial^2 u}{\partial x^2}+\dfrac{\partial^2 u}{\partial y^2}+\dfrac{\partial^2 u}{\partial z^2}.$$

9. 设 $z=f(2x-y,y\sin x)$, 其中 f 具有二阶连续偏导数, 求 $\dfrac{\partial^2 z}{\partial x\partial y}$.

10. 求下列函数的 $\dfrac{\partial^2 z}{\partial x^2}$, $\dfrac{\partial^2 z}{\partial x\partial y}$, $\dfrac{\partial^2 z}{\partial y^2}$(其中 f 具有二阶连续偏导数).

(1) $u=f(xy,y)$; (2) $u=f\left(\dfrac{y}{x},x^2y\right)$;

(3) $z=f(x+y^2)$; (4) $z=f(\sin x,\cos y)$.

11. 已知 $u=f(y-z,z-x,x-y)$, 且 f 具有连续偏导数, 证明:
$$\dfrac{\partial u}{\partial x}+\dfrac{\partial u}{\partial y}+\dfrac{\partial u}{\partial z}=0.$$

12. 设 $u=x\varphi(x+y)+y\phi(x+y)$, 其中函数 φ,ϕ 具有二阶连续导数, 验证:
$$\dfrac{\partial^2 u}{\partial x^2}-2\dfrac{\partial^2 u}{\partial x\partial y}+\dfrac{\partial^2 u}{\partial y^2}=0.$$

2.5 隐函数的求导法则

2.5.1 一个方程的情形

在一元函数微分学中,我们引入了隐函数的概念,并介绍了不经过显化而直接由方程

$F(x,y)=0$ 来求它所确定的隐函数的导数的方法. 本节将介绍隐函数的存在定理,并根据多元复合函数的求导法则导出隐函数的求导公式.

定理 1 设函数 $F(x,y)$ 在点 $P(x_0,y_0)$ 的某一邻域内具有连续的偏导数,且 $F_y(x_0,y_0)\neq0$,$F(x_0,y_0)=0$,则方程 $F(x,y)=0$ 在点 $P(x_0,y_0)$ 的某一邻域内恒能唯一确定一个连续且具有连续导数的函数 $y=f(x)$,它满足条件 $y_0=f(x_0)$,并有

$$\frac{\mathrm{d}y}{\mathrm{d}x}=-\frac{F_x}{F_y}. \tag{2.5.1}$$

式(2.5.1)就是隐函数的求导公式.

这个定理我们不做严格证明,下面仅对式(2.5.1)给出推导.

将方程 $F(x,y)=0$ 所确定的函数 $y=f(x)$ 代入该方程,得

$$F[x,f(x)]=0,$$

利用复合函数求导法则,在上述等式两端对 x 求导,得

$$\frac{\partial F}{\partial x}+\frac{\partial F}{\partial y}\cdot\frac{\mathrm{d}y}{\mathrm{d}x}=0,$$

由于 F_y 连续,且 $F_y(x_0,y_0)\neq0$,故存在 (x_0,y_0) 的一个邻域,在这个邻域内 $F_y\neq0$,所以

$$\frac{\mathrm{d}y}{\mathrm{d}x}=-\frac{F_x}{F_y}.$$

将上式两端视为 x 的函数,继续利用复合函数求导法则在上式两边求导,可求得隐函数的二阶导数

$$\frac{\mathrm{d}^2y}{\mathrm{d}x^2}=\frac{\partial}{\partial x}\left(-\frac{F_x}{F_y}\right)+\frac{\partial}{\partial y}\left(-\frac{F_x}{F_y}\right)\frac{\mathrm{d}y}{\mathrm{d}x}$$

$$=-\frac{F_{xx}F_y-F_{yx}F_x}{F_y^2}-\frac{F_{xy}F_y-F_{yy}F_x}{F_y^2}\left(-\frac{F_x}{F_y}\right)$$

$$=-\frac{F_{xx}F_y^2-2F_{xy}F_xF_y+F_{yy}F_x^2}{F_y^3}. \tag{2.5.2}$$

例 1 验证方程 $x^2+y^2-1=0$ 在点 $(0,1)$ 的某一邻域内能唯一确定一个有连续导数,且当 $x=0$ 时 $y=1$ 的隐函数 $y=f(x)$,求该函数的一阶和二阶导数在 $x=0$ 处的值.

解 设 $F(x,y)=x^2+y^2-1$,则

$$F_x=2x,\quad F_y=2y,\quad F_x(0,1)=0,\quad F_y(0,1)=2\neq0,$$

故根据定理 1 知,方程 $x^2+y^2-1=0$ 在点 $(0,1)$ 的某邻域内能唯一确定一个有连续导数,且当 $x=0$ 时 $y=1$ 的隐函数 $y=f(x)$.

下面再求该函数的一阶和二阶导数.

$$\frac{\mathrm{d}y}{\mathrm{d}x}=-\frac{F_x}{F_y}=-\frac{x}{y},\quad \frac{\mathrm{d}y}{\mathrm{d}x}\bigg|_{x=0}=0,$$

$$\frac{\mathrm{d}^2y}{\mathrm{d}x^2}=-\frac{y-xy'}{y^2}=-\frac{y-x\left(-\dfrac{x}{y}\right)}{y^2}=-\frac{1}{y^3},\quad \frac{\mathrm{d}^2y}{\mathrm{d}x^2}\bigg|_{x=0}=-1.$$

定理 1 也可以推广到多元函数. 既然一个二元方程可以确定一个一元隐函数,那么一个三元方程 $F(x,y,z)=0$ 就有可能确定一个二元隐函数. 此时我们有下面的定理.

定理 2 设函数 $F(x,y,z)$ 在点 $P(x_0,y_0,z_0)$ 的某一邻域内具有连续的偏导数,且

$$F(x_0,y_0,z_0)=0, \quad F_2(x_0,y_0,z_0)\neq 0,$$

则方程 $F(x,y,z)=0$ 在点 $P(x_0,y_0,z_0)$ 的某一邻域内恒能唯一确定一个连续且具有连续偏导数的函数 $z=f(x,y)$，它满足条件 $z_0=f(x_0,y_0)$，并有

$$\frac{\partial z}{\partial x}=-\frac{F_x}{F_z}, \quad \frac{\partial z}{\partial y}=-\frac{F_y}{F_z}. \tag{2.5.3}$$

下面仅给出隐函数求导公式(2.5.3)的推导.

将方程 $F(x,y,z)=0$ 所确定的函数 $z=f(x,y)$ 代入该方程，得

$$F[x,y,f(x,y)]=0,$$

利用复合函数求导法则，在上述等式两端分别对 x,y 求导，得

$$F_x+F_z\cdot\frac{\partial z}{\partial x}=0, \quad F_y+F_z\cdot\frac{\partial z}{\partial y}=0.$$

由于 F_z 连续，且 $F_z(x_0,y_0,z_0)\neq 0$，故存在点 (x_0,y_0,z_0) 的一个邻域，在这个邻域内 $F_z\neq 0$，所以

$$\frac{\partial z}{\partial x}=-\frac{F_x}{F_z}, \quad \frac{\partial z}{\partial y}=-\frac{F_y}{F_z}.$$

例 2 求由方程 $e^z=xyz-e$ 所确定的隐函数 $z=f(x,y)$ 的偏导数 $\frac{\partial z}{\partial x}$ 和 $\frac{\partial z}{\partial y}$.

解 令 $F(x,y,z)=e^z-xyz+e$，得

$$F_x=-yz, \quad F_y=-xz, \quad F_z=e^z-xy,$$

所以

$$\frac{\partial z}{\partial x}=-\frac{F_x}{F_z}=\frac{yz}{e^z-xy}, \quad \frac{\partial z}{\partial y}=-\frac{F_y}{F_z}=\frac{xz}{e^z-xy}.$$

注 求方程所确定的多元函数的偏导数也可以直接求偏导数. 对于例 2，可以在方程两边分别对 x,y 求偏导，求导过程中将 z 看作是 x,y 的函数，从而得到关于 $\frac{\partial z}{\partial x}$ 和 $\frac{\partial z}{\partial y}$ 的等式，从中可直接解出 $\frac{\partial z}{\partial x}$ 和 $\frac{\partial z}{\partial y}$.

例 3 设 $x^2+y^2+z^2-4z=0$，求 $\frac{\partial^2 z}{\partial x^2},\frac{\partial^2 z}{\partial x\partial y}$.

解 令 $F(x,y,z)=x^2+y^2+z^2-4z$，则

$$F_x=2x, \quad F_y=2y, \quad F_z=2z-4,$$

所以

$$\frac{\partial z}{\partial x}=-\frac{F_x}{F_z}=\frac{x}{2-z}, \quad \frac{\partial z}{\partial y}=-\frac{F_y}{F_z}=\frac{y}{2-z},$$

$$\frac{\partial^2 z}{\partial x^2}=\frac{\partial}{\partial x}\left(\frac{x}{2-z}\right)=\frac{(2-z)+x\frac{\partial z}{\partial x}}{(2-z)^2}=\frac{(2-z)+x\frac{x}{2-z}}{(2-z)^2}=\frac{(2-z)^2+x^2}{(2-z)^3},$$

$$\frac{\partial^2 z}{\partial x\partial y}=\frac{\partial}{\partial y}\left(\frac{x}{2-z}\right)=\frac{0-x\left(-\frac{\partial z}{\partial y}\right)}{(2-z)^2}=\frac{xy}{(2-z)^3}.$$

注 在实际应用中，求方程所确定的多元函数的偏导数时，若方程中含有抽象函数时，

利用求偏导或求微分的过程进行推导更为清楚.

例 4　设 $z=f(x+y+z,xyz)$,求 $\dfrac{\partial z}{\partial x},\dfrac{\partial x}{\partial y},\dfrac{\partial y}{\partial z}$.

解　令 $u=x+y+z,v=xyz$,则 $z=f(u,v)$.

方法一　利用复合函数求导法则.

把 z 看作是 x,y 的函数对 x 求偏导数,得

$$\frac{\partial z}{\partial x}=f_u\cdot\left(1+\frac{\partial z}{\partial x}\right)+f_v\cdot\left(yz+xy\frac{\partial z}{\partial x}\right),$$

所以

$$\frac{\partial z}{\partial x}=\frac{f_u+yzf_v}{1-f_u-xyf_v}.$$

把 x 看作是 z,y 的函数对 y 求偏导数,得

$$0=f_u\cdot\left(\frac{\partial x}{\partial y}+1\right)+f_v\cdot\left(xz+yz\frac{\partial x}{\partial y}\right),$$

所以

$$\frac{\partial x}{\partial y}=-\frac{f_u+xzf_v}{f_u+yzf_v}.$$

把 y 看作是 z,x 的函数对 z 求偏导数,得

$$1=f_u\cdot\left(\frac{\partial y}{\partial z}+1\right)+f_v\cdot\left(xz+xz\frac{\partial y}{\partial z}\right),$$

所以

$$\frac{\partial y}{\partial z}=\frac{1-f_u-xyf_v}{f_u+xzf_v}.$$

方法二　利用隐函数定理求导法则.

令 $F(x,y,z)=z-f(x+y+z,xyz)$,$F(x,y,z)$ 对 x,y,z 求偏导数得

$$F_x=-f_u-yzf_v,\quad F_y=-f_u-xzf_v,\quad F_z=1-f_u-xyf_v,$$

所以

$$\frac{\partial z}{\partial x}=-\frac{F_x}{F_z}=\frac{f_u+yzf_v}{1-f_u-xyf_v},\quad \frac{\partial x}{\partial y}=-\frac{F_y}{F_x}=-\frac{f_u+xzf_v}{f_u+yzf_v},$$

$$\frac{\partial y}{\partial z}=-\frac{F_z}{F_y}=\frac{1-f_u-xyf_v}{f_u+xzf_v}.$$

例 5　设 $F(x-y,y-z,z-x)=0$,其中 F 具有连续偏导数,且 $F_2'-F_3'\neq 0$,求证

$$\frac{\partial z}{\partial x}+\frac{\partial z}{\partial y}=1.$$

证　由题意知,方程确定函数 $z=z(x,y)$.在题设方程两边求微分,得

$$\mathrm{d}F(x-y,y-z,z-x)=0,$$

即有

$$F_1'\mathrm{d}(x-y)+F_2'\mathrm{d}(y-z)+F_3'\mathrm{d}(z-x)=0.$$

根据微分运算,得

$$F_1'(\mathrm{d}x-\mathrm{d}y)+F_2'(\mathrm{d}y-\mathrm{d}z)+F_3'(\mathrm{d}z-\mathrm{d}x)=0,$$

合并同类项,得

$$(F_1'-F_3')\mathrm{d}x+(F_2'-F_1')\mathrm{d}y=(F_2'-F_3')\mathrm{d}z,$$

两边同除以 $F_2'-F_3'$，得

$$\mathrm{d}z=\frac{F_1'-F_3'}{F_2'-F_3'}\mathrm{d}x+\frac{F_2'-F_1'}{F_2'-F_3'}\mathrm{d}y,$$

从而

$$\frac{\partial z}{\partial x}=\frac{F_1'-F_3'}{F_2'-F_3'}, \quad \frac{\partial z}{\partial y}=\frac{F_2'-F_1'}{F_2'-F_3'},$$

所以

$$\frac{\partial z}{\partial x}+\frac{\partial z}{\partial y}=1.$$

2.5.2 方程组的情形

下面我们将隐函数存在定理进一步推广到方程组的情形.

设方程组

$$\begin{cases} F(x,y,u,v)=0, \\ G(x,y,u,v)=0, \end{cases}$$

隐含函数组 $u=u(x,y),v=v(x,y)$，我们来推导函数 u,v 的偏导数的公式.

将 $u=u(x,y),v=v(x,y)$ 代入上述方程组中，得

$$\begin{cases} F(x,y,u(x,y),v(x,y))\equiv 0, \\ G(x,y,u(x,y),v(x,y))\equiv 0, \end{cases}$$

等式两边分别对 x 求偏导，得

$$\begin{cases} F_x+F_u\dfrac{\partial u}{\partial x}+F_v\dfrac{\partial v}{\partial x}=0, \\ G_x+G_u\dfrac{\partial u}{\partial x}+G_v\dfrac{\partial v}{\partial x}=0, \end{cases}$$

解此方程组，得

$$\frac{\partial u}{\partial x}=-\frac{\begin{vmatrix} F_x & F_v \\ G_x & G_v \end{vmatrix}}{\begin{vmatrix} F_u & F_v \\ G_u & G_v \end{vmatrix}}, \quad \frac{\partial v}{\partial x}=-\frac{\begin{vmatrix} F_u & F_x \\ G_u & G_x \end{vmatrix}}{\begin{vmatrix} F_u & F_v \\ G_u & G_v \end{vmatrix}}, \tag{2.5.4}$$

其中行列式 $\begin{vmatrix} F_u & F_v \\ G_u & G_v \end{vmatrix}$ 称为函数 F,G 的**雅可比行列式**，记为

$$J=\frac{\partial(F,G)}{\partial(u,v)}=\begin{vmatrix} F_u & F_v \\ G_u & G_v \end{vmatrix}.$$

利用这种记法，式(2.5.4)可写成

$$\frac{\partial u}{\partial x}=-\frac{1}{J}\frac{\partial(F,G)}{\partial(x,v)}, \quad \frac{\partial v}{\partial x}=-\frac{1}{J}\frac{\partial(F,G)}{\partial(u,x)}. \tag{2.5.5}$$

同理可得

$$\frac{\partial u}{\partial y}=-\frac{1}{J}\frac{\partial(F,G)}{\partial(y,v)}, \quad \frac{\partial v}{\partial y}=-\frac{1}{J}\frac{\partial(F,G)}{\partial(u,y)}. \tag{2.5.6}$$

在实际计算中,可以不必直接套用公式,而是依照推导上述公式的方法来求解.

定理 3 设函数 $F(x,y,u,v)$,$G(x,y,u,v)$ 在点 $P(x_0,y_0,u_0,v_0)$ 的某一邻域内有对各个变量的连续偏导数,又 $F(x_0,y_0,u_0,v_0)=0$,$G(x_0,y_0,u_0,v_0)=0$,且函数 F,G 的雅可比行列式 $\dfrac{\partial(F,G)}{\partial(u,v)}$ 在点 $P(x_0,y_0,u_0,v_0)$ 处不等于零,则方程组 $\begin{cases} F(x,y,u,v)=0, \\ G(x,y,u,v)=0 \end{cases}$ 在点 $P(x_0,y_0,u_0,v_0)$ 的某一邻域内恒能唯一确定一组连续且具有连续偏导数的函数 $u=u(x,y)$,$v=v(x,y)$,它们满足条件 $u_0=u(x_0,y_0)$,$v_0=v(x_0,y_0)$,其偏导数公式由式(2.5.5)和式(2.5.6)给出.

例 6 设 $\begin{cases} xu-yv=0, \\ yu+xv=1, \end{cases}$ 求 $\dfrac{\partial u}{\partial x},\dfrac{\partial v}{\partial x},\dfrac{\partial u}{\partial y},\dfrac{\partial v}{\partial y}$.

解 在题设方程组两边对 x 求偏导,得

$$\begin{cases} u+x\dfrac{\partial u}{\partial x}-y\dfrac{\partial v}{\partial x}=0, \\ y\dfrac{\partial u}{\partial x}+v+x\dfrac{\partial v}{\partial x}=0, \end{cases}$$

解方程组,得

$$\dfrac{\partial u}{\partial x}=-\dfrac{xu+yv}{x^2+y^2}, \quad \dfrac{\partial v}{\partial x}=\dfrac{yu-xv}{x^2+y^2}.$$

同理可得

$$\dfrac{\partial u}{\partial y}=\dfrac{xv-yu}{x^2+y^2}, \quad \dfrac{\partial v}{\partial y}=-\dfrac{xu+yv}{x^2+y^2}.$$

例 7 在坐标变换中我们常常要研究一种坐标 (x,y) 与另一种坐标 (u,v) 之间的关系. 设方程组

$$\begin{cases} x=x(u,v), \\ y=y(u,v) \end{cases} \tag{2.5.7}$$

可确定隐函数组 $u=u(x,y)$,$v=v(x,y)$,称其为方程组(2.5.7)的反方程组. 若 $x(u,v)$,$y(u,v)$,$u(x,y)$,$v(x,y)$ 具有连续的偏导数,试证明

$$\dfrac{\partial(u,v)}{\partial(x,y)} \cdot \dfrac{\partial(x,y)}{\partial(u,v)}=1.$$

证 将 $u=u(x,y)$,$v=v(x,y)$ 代入方程组(2.5.7)中,得

$$\begin{cases} x-x[u(x,y),v(x,y)] \equiv 0, \\ y-y[u(x,y),v(x,y)] \equiv 0. \end{cases}$$

在方程组两端分别对 x 和 y 求偏导,得

$$\begin{cases} 1-x'_u u'_x-x'_v v'_x=0, \\ 0-y'_u u'_x-y'_v v'_x=0, \end{cases} \quad 和 \quad \begin{cases} 0-x'_u u'_y-x'_v v'_y=0, \\ 1-y'_u u'_y-y'_v v'_y=0. \end{cases}$$

即

$$\begin{cases} x'_u u'_x+x'_v v'_x=1, \\ y'_u u'_x+y'_v v'_x=0, \end{cases} \quad 和 \quad \begin{cases} x'_u u'_y+x'_v v'_y=0, \\ y'_u u'_y+y'_v v'_y=1. \end{cases}$$

由
$$\begin{vmatrix} u'_x & v'_x \\ u'_y & v'_y \end{vmatrix} \cdot \begin{vmatrix} x'_u & y'_u \\ x'_v & y'_v \end{vmatrix} = \begin{vmatrix} x'_u u'_x + x'_v v'_x & y'_u u'_x + y'_v v'_x \\ x'_u u'_y + x'_v v'_y & y'_u u'_y + y'_v v'_y \end{vmatrix} = \begin{vmatrix} 1 & 0 \\ 0 & 1 \end{vmatrix} = 1,$$

知
$$\frac{\partial(u,v)}{\partial(x,y)} \cdot \frac{\partial(x,y)}{\partial(u,v)} = 1.$$

这个结果与一元函数的反函数的导数公式 $\dfrac{dy}{dx} \cdot \dfrac{dx}{dy} = 1$ 是类似的. 上述结果还可以推广到三维以上空间的坐标变换中去.

例如,若函数组 $x=x(u,v,w), y=y(u,v,w), z=z(u,v,w)$ 确定反函数组 $u=u(x,y,z), v=v(x,y,z), w=w(x,y,z)$,则在一定条件下,有

$$\frac{\partial(u,v,w)}{\partial(x,y,z)} \cdot \frac{\partial(x,y,z)}{\partial(u,v,w)} = 1.$$

习题 2-5

1. 设 $\sin xy + e^x - y^2 = 1$,求 $\dfrac{dy}{dx}$.

2. 已知 $\ln \sqrt{x^2 + y^2} = \arctan \dfrac{y}{x}$,求 $\dfrac{dy}{dx}$.

3. 设 $\dfrac{x}{z} = \ln \dfrac{z}{y}$,求 $\dfrac{\partial z}{\partial x}, \dfrac{\partial z}{\partial y}$.

4. 设函数 $z=z(x,y)$ 由方程 $f\left(\dfrac{y}{z}, \dfrac{z}{x}\right) = 0$ 所确定,其中 $f_v(u,v) \neq 0$,证明

$$x\frac{\partial z}{\partial x} + y\frac{\partial z}{\partial y} = z.$$

5. 设 $x^2 + y^2 + z^2 = yf\left(\dfrac{z}{y}\right)$,其中 f 可导,求 $\dfrac{\partial z}{\partial x}, \dfrac{\partial z}{\partial y}$.

6. 设 $x - az = f(y - bz)$,其中 a, b 是常数,证明: $a\dfrac{\partial z}{\partial x} + b\dfrac{\partial z}{\partial y} = 1$.

7. 设 $z^3 - 2xz + y = 0$,求 $\dfrac{\partial^2 z}{\partial x^2}, \dfrac{\partial^2 z}{\partial y^2}$.

8. 设 $z^5 - xz^4 + yz^3 = 1$,求 $\dfrac{\partial^2 z}{\partial x \partial y}\Big|_{(0,0)}$.

9. 设 $f(x,y,z) = x^3 y^2 z^2$,其中 $z=z(x,y)$ 由方程 $x^3 + y^3 + z^3 - 3xyz = 0$ 确定,求 $f_x(-1,0,1)$.

10. 设 $\begin{cases} x+y+z=0, \\ x^2+y^2+z^2=1, \end{cases}$ 求 $\dfrac{dy}{dx}, \dfrac{dz}{dx}$.

11. 设 $\begin{cases} x+y+z+z^2=0, \\ x+y^2+z+z^3=0, \end{cases}$ 求 $\dfrac{dz}{dx}, \dfrac{dy}{dx}$.

12. 设 $\begin{cases} x=e^u + u\sin v, \\ y=e^u - u\cos v, \end{cases}$ 求 $\dfrac{\partial u}{\partial x}, \dfrac{\partial v}{\partial x}, \dfrac{\partial u}{\partial y}, \dfrac{\partial v}{\partial y}$.

13. 设 $e^{x+y}=xy$，证明：$\dfrac{d^2 y}{dx^2}=-\dfrac{y\left[(x-1)^2+(y-1)^2\right]}{x^2(y-1)^3}$.

14. 设 $y=f(x,t)$，而 t 是由方程 $F(x,y,t)=0$ 确定的 x,y 的函数，求 $\dfrac{dy}{dx}$.

2.6　多元函数的极值

在实际问题中，我们会遇到大量求多元函数最大值和最小值的问题. 与一元函数的情形类似，多元函数的最大值、最小值与极大值、极小值有着密切的联系. 下面我们以二元函数为例来讨论多元函数的极值问题.

2.6.1　二元函数极值的概念

定义 1　设函数 $z=f(x,y)$ 在点 (x_0,y_0) 的某一邻域内有定义，对于该邻域内异于 (x_0,y_0) 的任意一点 (x,y)，如果
$$f(x,y)<f(x_0,y_0),$$
则称函数在 (x_0,y_0) 处有**极大值**；如果
$$f(x,y)>f(x_0,y_0),$$
则称函数在 (x_0,y_0) 处有**极小值**；极大值、极小值统称为**极值**. 使函数取得极值的点称为**极值点**.

例 1　函数 $z=2x^2+3y^2$ 在点 $(0,0)$ 处有极小值. 因为对于点 $(0,0)$ 的任一邻域内异于 $(0,0)$ 的点，函数值都为正，而在 $(0,0)$ 点的函数值为 0. 从几何上看，$z=2x^2+3y^2$ 表示开口向上的椭圆抛物面，点 $(0,0,0)$ 是它的顶点（图 2-6-1）.

例 2　函数 $z=-\sqrt{x^2+y^2}$ 在点 $(0,0)$ 处有极大值. 因为在点 $(0,0)$ 处的函数值为 0，而对于点 $(0,0)$ 的任一邻域内异于 $(0,0)$ 的点，函数值都为负. 从几何上看，点 $(0,0,0)$ 是位于 xOy 面下方的锥面 $z=-\sqrt{x^2+y^2}$ 的顶点（图 2-6-2）.

例 3　函数 $z=y^2-x^2$ 在点 $(0,0)$ 处无极值. 从几何上看，它表示双曲抛物面（马鞍面）（图 2-6-3）.

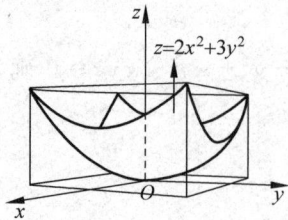

图　2-6-1

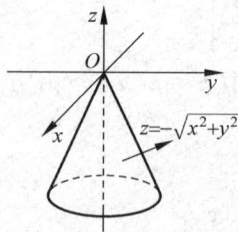

图　2-6-2

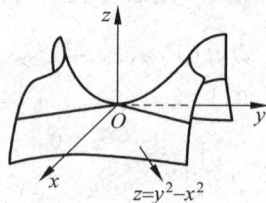

图　2-6-3

以上关于二元函数极值的概念，可推广到 n 元函数. 设 n 元函数 $u=f(P)$ 在点 P_0 的某一邻域内有定义，如果对于该邻域内异于 P_0 的任何点 P 都适合不等式
$$f(P)<f(P_0)(f(P)>f(P_0)),$$

则称函数 $u=f(P)$ 在点 P_0 处有极大值(极小值)$f(P_0)$.

与导数在一元函数极值研究中的作用一样,偏导数也是研究多元函数极值的主要手段.

如果二元函数 $z=f(x,y)$ 在点 (x_0,y_0) 处取得极值,那么固定 $y=y_0$,一元函数 $z=f(x,y_0)$ 在 $x=x_0$ 点处必取得相同的极值;同理,固定 $x=x_0$,$z=f(x_0,y)$ 在 $y=y_0$ 点处也取得相同的极值. 因此,由一元函数极值的必要条件,我们可以得到二元函数极值的必要条件.

定理 1(必要条件) 设函数 $z=f(x,y)$ 在点 (x_0,y_0) 处具有偏导数,且在点 (x_0,y_0) 处有极值,则它在该点的偏导数必然为零,即

$$f_x(x_0,y_0)=0, \quad f_y(x_0,y_0)=0.$$

类似地,如果三元函数 $z=f(x,y,z)$ 在点 $P(x_0,y_0,z_0)$ 处具有偏导数,则它在点 $P(x_0,y_0,z_0)$ 处有极值的必要条件为

$$f_x(x_0,y_0,z_0)=0, \quad f_y(x_0,y_0,z_0)=0, \quad f_z(x_0,y_0,z_0)=0.$$

与一元函数的情形类似,对于多元函数,凡是能使一阶偏导数同时为零的点称为函数的**驻点**.

根据定理 1,具有偏导数的函数的极值点必定是驻点. 但是函数的驻点不一定是极值点. 例如,点 $(0,0)$ 是函数 $z=y^2-x^2$ 的驻点,但函数在该点并无极值.

如何判定一个驻点是否为极值点?

定理 2(充分条件) 设函数 $z=f(x,y)$ 在点 (x_0,y_0) 的某邻域内有直到二阶的连续偏导数,又 $f_x(x_0,y_0)=0,f_y(x_0,y_0)=0.$ 令

$$f_{xx}(x_0,y_0)=A, \quad f_{xy}(x_0,y_0)=B, \quad f_{yy}(x_0,y_0)=C.$$

(1) 当 $AC-B^2>0$ 时,函数 $f(x,y)$ 在点 (x_0,y_0) 处有极值,且当 $A>0$ 时有极小值 $f(x_0,y_0)$;当 $A<0$ 时有极大值 $f(x_0,y_0)$.

(2) 当 $AC-B^2<0$ 时,函数 $f(x,y)$ 在点 (x_0,y_0) 处没有极值.

(3) 当 $AC-B^2=0$ 时,函数 $f(x,y)$ 在点 (x_0,y_0) 处可能有极值,也可能没有极值,需另作讨论.

证 略.

根据定理 1 与定理 2,如果函数 $f(x,y)$ 具有二阶连续偏导数,则求 $z=f(x,y)$ 的极值的一般步骤为:

(1) 解方程组 $f_x(x,y)=0,f_y(x,y)=0$,求出 $f(x,y)$ 的所有驻点.

(2) 求出函数 $f(x,y)$ 的二阶偏导数,依次确定各驻点处 A,B,C 的值,并根据 $AC-B^2$ 的正负号判定驻点是否为极值点.

(3) 求出函数 $f(x,y)$ 在极值点处的函数值,就得到 $f(x,y)$ 的全部极值.

例 4 求函数 $f(x,y)=x^3-y^3+3x^2+3y^2-9x$ 的极值.

解 解方程组

$$\begin{cases} f_x(x,y)=3x^2+6x-9=0, \\ f_y(x,y)=-3y^2+6y=0, \end{cases}$$

得驻点 $(1,0),(1,2),(-3,0),(-3,2)$.再求出二阶偏导数

$$f_{xx}(x,y)=6x+6, \quad f_{xy}(x,y)=0, \quad f_{yy}(x,y)=-6y+6.$$

在点 $(1,0)$ 处，$AC-B^2=12\times6>0$，又 $A>0$，故函数在该点处有极小值 $f(1,0)=-5$.

在点 $(1,2)$ 和 $(-3,0)$ 处，$AC-B^2=-12\times6<0$，故函数在这两点处没有极值.

在点 $(-3,2)$ 处，$AC-B^2=(-12)\times(-6)>0$，又 $A<0$，故函数在该点处有极大值 $f(-3,2)=31$.

注 在讨论一元函数的极值问题时，我们知道，函数的极值既可能在驻点处取得，也可能在导数不存在的点处取得. 同样，多元函数的极值也可能在个别偏导数不存在的点处取得. 例如，在例 2 中，函数 $z=-\sqrt{x^2+y^2}$ 在点 $(0,0)$ 处有极大值，但该函数在点 $(0,0)$ 处的偏导数不存在. 因此，在考虑函数的极值问题时，除了考虑函数的驻点外，还要考虑那些使偏导数不存在的点.

与一元函数类似，我们可以利用多元函数的极值来求多元函数的最大值和最小值. 在 2.1 节中已经指出，如果函数 $f(x,y)$ 在有界闭区域 D 上连续，则 $f(x,y)$ 在 D 上必定能取得最大值和最小值. 函数最大值点或最小值点必在函数的极值点或在 D 的边界点上. 因此，只需求出 $f(x,y)$ 在各驻点和不可导点的函数值及在边界上的最大值和最小值，然后加以比较即可.

我们假定函数 $f(x,y)$ 在 D 上连续、偏导数存在且驻点只有有限个，则求函数 $f(x,y)$ 在 D 上的最大值和最小值的一般步骤为：

（1）求函数 $f(x,y)$ 在 D 内所有驻点处的函数值；

（2）求函数 $f(x,y)$ 在 D 的边界上的最大值和最小值；

（3）将前两步得到的所有函数值进行比较，其中最大者即为最大值，最小者即为最小值.

例 5 求函数 $z=x^2+y^2$ 在圆域 $D=\{(x,y)\,|\,(x-\sqrt{2})^2+(y-\sqrt{2})^2\leqslant9\}$ 上的最大值和最小值.

解 先求函数 $z=x^2+y^2$ 在圆域 D 内的驻点. 由

$$\begin{cases}\dfrac{\partial z}{\partial x}=2x=0,\\[2mm]\dfrac{\partial z}{\partial y}=2y=0,\end{cases}$$

得驻点 $(0,0)$.

在圆周 $(x-\sqrt{2})^2+(y-\sqrt{2})^2=9$ 上，将圆周的参数方程

$$\begin{cases}x=\sqrt{2}+3\cos t,\\ y=\sqrt{2}+3\sin t,\end{cases}\qquad 0\leqslant t\leqslant2\pi$$

代入 $z=x^2+y^2$，得

$$z=(\sqrt{2}+3\cos t)^2+(\sqrt{2}+3\sin t)^2=13+6\sqrt{2}(\sin t+\cos t)=13+12\sin\left(t+\frac{\pi}{4}\right).$$

故在圆周 $(x-\sqrt{2})^2+(y-\sqrt{2})^2=9$ 上，$1\leqslant z\leqslant25$. 于是函数 $z=x^2+y^2$ 的最大值为 $z\left(\dfrac{5}{2}\sqrt{2},\dfrac{5}{2}\sqrt{2}\right)=25$，最小值为 $z(0,0)=0$.

这种求最大值最小值的方法，由于需要求 $f(x,y)$ 在 D 的边界上的最大值和最小值，往

往相当复杂,所以在通常遇到的实际问题中,如果根据问题的性质可以判断出函数 $f(x,y)$ 的最大值(最小值)一定在 D 的内部取得,而函数 $f(x,y)$ 在 D 内只有一个驻点,则可以肯定该驻点处的函数值就是函数 $f(x,y)$ 在 D 上的最大值(最小值).

例 6 某厂要用铁板做成一个体积为 2m^3 的有盖长方体水箱.问长、宽、高各取怎样的尺寸时,才能使用料最省.

解 设水箱的长为 x,宽为 y,则其高应为 $\dfrac{2}{xy}$(长、宽、高单位:m),于是此水箱所用材料的面积为

$$S = 2\left(xy + y \cdot \frac{2}{xy} + x \cdot \frac{2}{xy}\right) = 2\left(xy + \frac{2}{x} + \frac{2}{y}\right) \quad (x > 0, y > 0).$$

可见材料面积 S 是 x 和 y 的二元函数(目标函数).按题意,下面求这个函数的最小值点.解方程组

$$\frac{\partial S}{\partial x} = 2\left(y - \frac{2}{x^2}\right) = 0, \quad \frac{\partial S}{\partial y} = 2\left(x - \frac{2}{y^2}\right) = 0,$$

得唯一的驻点 $x = \sqrt[3]{2}$,$y = \sqrt[3]{2}$.

根据题意可以断定,水箱所用材料面积的最小值一定存在,并在区域 $D = \{(x,y) \mid x > 0, y > 0\}$ 内取得.又函数在 D 内只有唯一的驻点,因此该驻点即为所求最小值点.从而当水箱的长为 $\sqrt[3]{2}\,\text{m}$,宽为 $\sqrt[3]{2}\,\text{m}$,高为 $\sqrt[3]{2}\,\text{m}$ 时,水箱所用的材料最省.

注 本例的结论表明:体积一定的长方体中,立方体的表面积最小.

2.6.2 条件极值 拉格朗日乘数法

上面所讨论的极值问题,对于函数的自变量,除了限制在函数的定义域内以外,并无其他限制条件,这类极值称为**无条件极值**.但在实际问题中,常会遇到对函数的自变量还有附加条件的极值问题.

例如,求表面积为 a^2 而体积最大的长方体的体积问题.设长方体的长、宽、高分别为 x,y,z,则体积 $V = xyz$.因为长方体的表面积是定值,所以自变量 x, y, z 还需满足附加条件 $2(xy + yz + xz) = a^2$.像这样对自变量有附加条件的极值称为**条件极值**.

有些实际问题可将条件极值问题转化为无条件极值问题.例如上述问题可以从 $2(xy + yz + xz) = a^2$ 中解出变量 z 关于变量 x, y 的表达式,并将其代入体积 $V = xyz$ 的表达式中,即可将上述条件极值问题转化为无条件极值问题.但在更多的情况下,这样转化并不方便.下面,我们介绍求解一般条件极值问题的拉格朗日乘数法.

拉格朗日乘数法

在所给条件

$$G(x, y, z) = 0 \qquad\qquad (2.6.1)$$

下,求目标函数

$$u = f(x, y, z) \qquad\qquad (2.6.2)$$

的极值.

设 f 和 G 具有连续的偏导数,且 $G_z \neq 0$.由隐函数存在定理,方程(2.6.1)确定了一个隐函数 $z = z(x, y)$,且它的偏导数为

$$\frac{\partial z}{\partial x} = -\frac{G_x}{G_z}, \quad \frac{\partial z}{\partial y} = -\frac{G_y}{G_z},$$

于是所求条件极值问题可以化为求函数

$$u = f[x, y, z(x, y)] \tag{2.6.3}$$

的无条件极值问题.

设 (x_0, y_0) 为方程 $(2.6.3)$ 的极值点, $z_0 = z(x_0, y_0)$, 由必要条件知, 极值点 (x_0, y_0) 必须满足条件:

$$\frac{\partial u}{\partial x} = 0, \quad \frac{\partial u}{\partial y} = 0.$$

应用复合函数求导法则以及上式, 得

$$\begin{cases} \dfrac{\partial u}{\partial x} = f_x + f_z \dfrac{\partial z}{\partial x} = f_x - \dfrac{G_x}{G_z} f_z = 0, \\[3mm] \dfrac{\partial u}{\partial y} = f_y + f_z \dfrac{\partial z}{\partial y} = f_y - \dfrac{G_y}{G_z} f_z = 0, \end{cases}$$

即所求问题的解 (x_0, y_0, z_0) 必须满足关系式

$$\frac{f_x(x_0, y_0, z_0)}{G_x(x_0, y_0, z_0)} = \frac{f_y(x_0, y_0, z_0)}{G_y(x_0, y_0, z_0)} = \frac{f_z(x_0, y_0, z_0)}{G_z(x_0, y_0, z_0)}.$$

若将上式的公共比值记为 $-\lambda$, 则 (x_0, y_0, z_0) 必须满足:

$$\begin{cases} f_x + \lambda G_x = 0, \\ f_y + \lambda G_y = 0, \\ f_z + \lambda G_z = 0. \end{cases} \tag{2.6.4}$$

因此, (x_0, y_0, z_0) 除了应满足约束条件 $(2.6.1)$ 外, 还应满足方程组 $(2.6.4)$. 换句话说, 函数 $u = f(x, y, z)$ 在约束条件 $G(x, y, z) = 0$ 下的极值点 (x_0, y_0, z_0) 是方程组

$$\begin{cases} f_x + \lambda G_x = 0, \\ f_y + \lambda G_y = 0, \\ f_z + \lambda G_z = 0, \\ G(x, y, z) = 0 \end{cases} \tag{2.6.5}$$

的解. 容易看到, 方程组 $(2.6.5)$ 恰好是四个独立变量 x, y, z, λ 的函数

$$L(x, y, z, \lambda) = f(x, y, z) + \lambda G(x, y, z) \tag{2.6.6}$$

取到极值的必要条件. 这里引进的函数 $L(x, y, z, \lambda)$ 称为**拉格朗日函数**, 它将有约束条件的极值问题转化为无条件的极值问题. 通过解方程组 $(2.6.5)$, 得 x, y, z, λ, 然后再研究相应的 (x, y, z) 是否为问题的极值点, 这种方法即所谓的**拉格朗日乘数法**.

利用拉格朗日乘数法求函数 $u = f(x, y, z)$ 在条件 $G(x, y, z) = 0$ 下的极值的一般步骤为:

(1) 构造拉格朗日函数 $L(x, y, z, \lambda) = f(x, y, z) + \lambda G(x, y, z)$, 其中 λ 为某一常数;

(2) 求其对 x, y, z 的一阶偏导数, 令之为零, 并与 $G(x, y, z) = 0$ 联立成方程组

$$\begin{cases} L_x = f_x + \lambda G_x = 0, \\ L_y = f_y + \lambda G_y = 0, \\ L_z = f_z + \lambda G_z = 0, \\ G(x, y, z) = 0, \end{cases}$$

解出 x,y,z，即为所求条件极值的可能极值点.

注 拉格朗日乘数法只给出函数取极值的必要条件，因此，按照这种方法求出来的点是否为极值点，还需要加以讨论. 不过，在实际问题中，往往可以根据问题本身的性质来判定所求的点是不是极值点.

拉格朗日乘数法可推广到自变量多于两个而条件多于一个的情形. 例如，求函数 $u = f(x,y,z,t)$ 在条件 $\varphi(x,y,z,t)=0$，$\psi(x,y,z,t)=0$ 下的极值. 可构造拉格朗日函数

$$L(x,y,z,t,\lambda,\mu) = f(x,y,z,t) + \lambda\varphi(x,y,z,t) + \mu\psi(x,y,z,t),$$

其中 λ,μ 均为常数. 由 $L(x,y,z,t,\lambda,\mu)$ 关于变量 x,y,z,t 的偏导数为零的方程组，并联立条件中的两个方程解出 x,y,z,t，即得所求条件极值的可能极值点.

例 7 求表面积为 a^2 而体积最大的长方体的体积.

解 设长方体的长、宽、高分别为 x,y,z，则题设问题归结为在约束条件

$$\varphi(x,y,z) = 2xy + 2yz + 2xz - a^2 = 0$$

下，求函数 $V = xyz(x>0,y>0,z>0)$ 的最大值.

作拉格朗日函数

$$L(x,y,z,\lambda) = xyz + \lambda(2xy + 2yz + 2xz - a^2),$$

由方程组

$$\begin{cases} L_x = yz + 2\lambda(y+z) = 0, \\ L_y = xz + 2\lambda(x+z) = 0, \\ L_z = xy + 2\lambda(x+y) = 0, \\ 2xy + 2yz + 2xz - a^2 = 0, \end{cases}$$

解得唯一的可能极值点 $x = y = z = \dfrac{\sqrt{6}}{6}a$.

由问题本身的意义及驻点的唯一性可知，该点就是所求的最大值点. 即表面积为 a^2 的长方体中，以棱长为 $\dfrac{\sqrt{6}}{6}a$ 的立方体的体积最大，且最大体积为 $V = \dfrac{\sqrt{6}}{36}a^3$.

例 8 设销售收入 R（单位：万元）与花费在两种广告宣传上的费用 x,y（单位：万元）之间的关系为

$$R = \frac{200x}{x+5} + \frac{100y}{10+y},$$

利润额相当于五分之一的销售收入，并要扣除广告费用. 已知广告费用总预算金是 25 万元，试问如何分配两种广告费用可使利润最大.

解 设利润为 F，则

$$F = \frac{1}{5}R - x - y = \frac{40x}{x+5} + \frac{20y}{10+y} - x - y,$$

题设问题归结为求 F 在条件 $x+y=25$ 下的最大值.

作拉格朗日函数

$$L(x,y,z,\lambda) = \frac{40x}{x+5} + \frac{20y}{10+y} - x - y + \lambda(x+y-25),$$

由方程组

$$
\begin{cases}
L_x = \dfrac{200}{(x+5)^2} - 1 + \lambda = 0, \\[2mm]
L_y = \dfrac{200}{(y+10)^2} - 1 + \lambda = 0, \\[2mm]
x + y - 25 = 0,
\end{cases}
$$

解得唯一的可能极值点 $x=15, y=10$. 由问题本身的意义及驻点的唯一性可知,当投入两种广告的费用分别为 15 万元和 10 万元时,可使利润最大.

例 9 在旋转椭球面 $2x^2 + y^2 + z^2 = 1$ 上,求距离平面 $2x + y - z = 6$ 的最近点和最远点.

解 设 (x, y, z) 为旋转椭球面 $2x^2 + y^2 + z^2 = 1$ 上的任意一点,则该点到平面 $2x + y - z = 6$ 的距离为

$$
d = \frac{|2x + y - z - 6|}{\sqrt{6}}.
$$

原问题等价于求 $f(x, y, z) = 6d^2 = (2x + y - z - 6)^2$ 在条件 $2x^2 + y^2 + z^2 = 1$ 下的极值.

作拉格朗日函数

$$
L(x, y, z, \lambda) = (2x + y - z - 6)^2 + \lambda(2x^2 + y^2 + z^2 - 1),
$$

由方程组

$$
\begin{cases}
L_x = 4(2x + y - z - 6) + 4\lambda x = 0, \\[1mm]
L_y = 2(2x + y - z - 6) + 2\lambda y = 0, \\[1mm]
L_z = -2(2x + y - z - 6) + 2\lambda z = 0, \\[1mm]
2x^2 + y^2 + z^2 - 1 = 0,
\end{cases}
$$

解得驻点 $\left(\pm\dfrac{1}{2}, \pm\dfrac{1}{2}, \mp\dfrac{1}{2}\right)$. 此时相应的距离为

$$
d_1 = \frac{1}{\sqrt{6}}\left| 2 \cdot \frac{1}{2} + \frac{1}{2} - \left(-\frac{1}{2}\right) - 6 \right| = \frac{2}{3}\sqrt{6},
$$

$$
d_2 = \frac{1}{\sqrt{6}}\left| 2 \cdot \left(-\frac{1}{2}\right) + \left(-\frac{1}{2}\right) - \frac{1}{2} - 6 \right| = \frac{4}{3}\sqrt{6}.
$$

由于驻点只有两个,且最近点和最远点存在,故得最近点为 $\left(\dfrac{1}{2}, \dfrac{1}{2}, -\dfrac{1}{2}\right)$,最近距离为 $\dfrac{2}{3}\sqrt{6}$；最远点为 $\left(-\dfrac{1}{2}, -\dfrac{1}{2}, \dfrac{1}{2}\right)$,最远距离为 $\dfrac{4}{3}\sqrt{6}$.

2.6.3 最小二乘法

在自然科学和经济分析中,往往要用实验或调查得到的数据,建立各个量之间的相依变化关系. 这种关系用数学方程给出,称为**经验公式**. 建立经验公式的一个常用方法就是最小二乘法. 下面我们用两个变量有线性关系的情形来说明.

为了确定一对变量 x 与 y 的相依关系,我们对它们进行 n 次测量(实验或调查),得到 n 对数据:

$$
(x_1, y_1), (x_2, y_2), \cdots, (x_n, y_n),
$$

将这些数据看作直角坐标系 xOy 中的点 $A_1(x_1, y_1), A_2(x_2, y_2), \cdots, A_n(x_n, y_n)$,并把它们

画在坐标平面上,如图 2-6-4 所示.如果这些点几乎分布在一条直线上,我们就认为 x 与 y 之间存在着线性关系,设其方程为

$$y = ax + b,$$

其中 a 与 b 为待定参数.

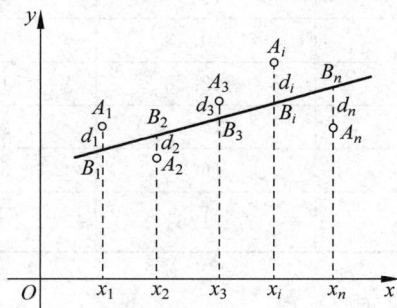

图　2-6-4

设在直线上与点 $A_i(i=1,2,\cdots,n)$ 横坐标相同的点为

$$B_1(x_1, ax_1+b), \quad B_2(x_2, ax_2+b), \quad \cdots, \quad B_n(x_n, ax_n+b).$$

A_i 与 $B_i(i=1,2,\cdots,n)$ 的距离

$$d_i = |ax_i + b - y_i|$$

称为实测值与理论值的误差. 现在要求一组数 a 与 b,使误差的平方和

$$S = \sum_{i=1}^{n}(ax_i + b - y_i)^2$$

最小,这种方法称为**最小二乘法**.

下面我们用求二元函数极值的方法,求 a 与 b 的值.

因为 S 是 a,b 的二元函数,所以由极值存在的必要条件应有

$$S_a' = 2\sum_{i=1}^{n}(ax_i + b - y_i)x_i = 0,$$

$$S_b' = 2\sum_{i=1}^{n}(ax_i + b - y_i) = 0.$$

将上式整理,得出关于 a,b 的方程组

$$\begin{cases} a\displaystyle\sum_{i=1}^{n}x_i^2 + b\sum_{i=1}^{n}x_i = \sum_{i=1}^{n}x_i y_i, \\ a\displaystyle\sum_{i=1}^{n}x_i + nb = \sum_{i=1}^{n}y_i. \end{cases} \tag{2.6.7}$$

式(2.6.7)称为最小二乘法标准方程组. 由它解出 a 与 b,再代入线性方程,即得所求的经验公式:

$$y = ax + b.$$

例 10　两个相依的量 x 与 y,y 由 x 确定,经过 6 次测试,得数据如下表:

x	8	10	12	14	16	18
y	8	10	10.43	12.78	14.4	16

试利用表中测试数据,建立变量 y 依赖于变量 x 的线性关系.

解　计算方程组(2.6.7)中有关系数,列表如下:

i	x_i	y_i	x_i^2	$x_i y_i$
1	8	8	64	64
2	10	10	100	100
3	12	10.43	144	125.16
4	14	12.78	196	178.92
5	16	14.4	256	230.4
6	18	16	324	288
$\sum$	78	71.61	1084	986.48

将表中数字代入方程组(2.6.7),得

$$\begin{cases} 1084a + 78b = 986.48, \\ 78a + 6b = 71.61. \end{cases}$$

解此方程组,得 $a = 0.7936, b = 1.6186$. 则变量 y 依赖于变量 x 的线性关系为

$$y = 0.7936x + 1.6186.$$

习题 2-6

1. 求函数 $f(x,y) = x^3 + y^3 - 3xy$ 的极值.

2. 求函数 $f(x,y) = (x^2 + y^2)^2 - 2(x^2 - y^2)$ 的极值.

3. 求函数 $f(x,y) = e^{2x}(x + y^2 + 2y)$ 的极值.

4. 求函数 $f(x,y) = \sin x + \cos y + \cos(x - y), 0 \leqslant x, y \leqslant \frac{\pi}{2}$ 的极值.

5. 求由方程 $x^2 + y^2 + z^2 - 2x + 2y - 4z - 10 = 0$ 确定的函数 $z = f(x,y)$ 的极值.

6. 欲围一个面积为 $60 m^2$ 的矩形场地,正面所用材料每米造价 10 元,其余三面每米造价 5 元,求场地的长、宽各为多少米时,所用材料费最少.

7. 将周长为 $2p$ 的矩形绕它的一边旋转构成一个圆柱体,问矩形的边长各为多少时,才能使圆柱体的体积最大.

8. 抛物面 $z = x^2 + y^2$ 被平面 $x + y + z = 1$ 截成一椭圆,求原点到此椭圆的最长与最短距离.

9. 某工厂生产两种产品 A 与 B,出售单价分别为 10 元与 9 元,生产 x 单位的产品 A 与生产 y 单位的产品 B 的总费用(单位:元)是

$$400 + 2x + 3y + 0.01(3x^2 + xy + 3y^2).$$

求取得最大利润时两种产品的产量.

10. 为了测定刀具的磨损速度,按每隔一小时测量一次刀具厚度的方式,得如下页表所示的实测数据:

顺序编号 i	0	1	2	3	4	5	6	7
时间 t_i/h	0	1	2	3	4	5	6	7
刀具厚度 y_i/mm	27	26.8	26.5	26.3	26.1	25.7	25.3	24.8

试根据这组实测数据,建立变量 y 和 t 之间的经验公式 $y=f(t)$.

总习题 2

1. 求函数 $z=\sqrt{(x^2+y^2-a^2)(2a^2-x^2-y^2)}$ $(a>0)$ 的定义域.

2. 求下列极限:

(1) $\lim\limits_{\substack{x\to\infty\\y\to\infty}}\left(1+\dfrac{1}{x}\right)^{\frac{x^2}{x+y}}$;
(2) $\lim\limits_{\substack{x\to\infty\\y\to\infty}}\dfrac{x+y}{x^2-xy+y^2}$.

3. 试判断极限 $\lim\limits_{\substack{x\to0\\y\to0}}\dfrac{x^2y}{x^4+y^2}$ 是否存在.

4. 讨论二元函数 $f(x,y)=\begin{cases}(x+y)\cos\dfrac{1}{x}, & x\neq0,\\ 0, & x=0\end{cases}$ 在点 $(0,0)$ 处的连续性.

5. 求下列函数的偏导数:

(1) $z=\displaystyle\int_0^{xy}\mathrm{e}^{-t^2}\,\mathrm{d}t$;
(2) $u=\arctan(x-y)^z$.

6. 设 $r=\sqrt{x^2+y^2+z^2}$,试证明 $\dfrac{\partial^2 r}{\partial x^2}+\dfrac{\partial^2 r}{\partial y^2}+\dfrac{\partial^2 r}{\partial z^2}=\dfrac{2}{r}$.

7. 求函数 $u=\arcsin\dfrac{z}{\sqrt{x^2+y^2}}$ 的全微分.

8. 求 $u(x,y,z)=x^y y^z z^x$ 的全微分.

9. 设 $z=(x^2+y^2)\mathrm{e}^{-\arctan\frac{y}{x}}$,求 $\mathrm{d}z,\dfrac{\partial^2 z}{\partial x\partial y}$.

10. 设 $f(x,y)=\begin{cases}\dfrac{x^2y}{x^2+y^2}, & x^2+y^2\neq0,\\ 0, & x^2+y^2=0,\end{cases}$ 求 $f_x(x,y)$ 及 $f_y(x,y)$.

11. 设 $f(x,y)=\begin{cases}\dfrac{\sqrt{|xy|}}{x^2+y^2}\sin(x^2+y^2), & x^2+y^2\neq0,\\ 0, & x^2+y^2=0,\end{cases}$ 讨论 $f(x,y)$ 在点 $(0,0)$ 处的可微性.

12. 设 $f(x,y)=\begin{cases}(x^2+y^2)\sin\dfrac{1}{x^2+y^2}, & x^2+y^2\neq0,\\ 0, & x^2+y^2=0,\end{cases}$ 问:在点 $(0,0)$ 处,

(1) 偏导数是否存在? (2) 偏导数是否连续? (3) 是否可微? 说明理由.

13. 设 $u=\dfrac{\mathrm{e}^{ax}(y-z)}{a^2+1}$, $y=a\sin x$, $z=\cos x$,求 $\dfrac{\mathrm{d}y}{\mathrm{d}x}$.

14. 设 $z=xy+xF(u)$，而 $u=\dfrac{y}{x}$，$F(u)$ 为可导函数，证明 $x\dfrac{\partial z}{\partial x}+y\dfrac{\partial z}{\partial y}=z+xy$.

15. 设 $z=f(u,x,y)$，$u=xe^{y}$，其中 f 具有连续的二阶偏导数，求 $\dfrac{\partial^2 z}{\partial x\partial y}$.

16. 设 $u=\dfrac{x+y}{x-y}(u\neq y)$，求 $\dfrac{\partial^{m+n}z}{\partial x^m\partial y^n}$（$m,n$ 为自然数）.

17. 设 $z=z(x,y)$ 为由方程 $xyz+\sqrt{x^2+y^2+z^2}=\sqrt{2}$ 所确定的隐函数，求 $\dfrac{\partial z}{\partial x}$ 和 $\dfrac{\partial z}{\partial y}$.

18. 设方程 $F\left(\dfrac{x}{z},\dfrac{y}{z}\right)=0$ 确定了函数 $z=z(x,y)$，求 $\dfrac{\partial z}{\partial x},\dfrac{\partial z}{\partial y}$.

19. 设 z 为由方程 $f(x+y,y+z)=0$ 所确定的函数，求 $\mathrm{d}z,\dfrac{\partial^2 z}{\partial x^2}$.

20. 设 $z^3-3xyz=a^3$，求 $\dfrac{\partial^2 z}{\partial x\partial y}$.

21. 设 $\begin{cases} z=x^2+y^2, \\ x^2+2y^2+3z^2=20, \end{cases}$ 求 $\dfrac{\mathrm{d}y}{\mathrm{d}x},\dfrac{\mathrm{d}z}{\mathrm{d}x}$.

22. 求函数 $f(x,y)=\ln(1+x^2+y^2)+1-\dfrac{x^3}{15}-\dfrac{y^3}{4}$ 的极值.

23. 将正数 a 分成三个正数 x,y,z，使 $f=x^m y^n z^p$ 最大，其中 m,n,p 均为已知数.

24. 某厂家生产的一种产品同时在两个市场销售，售价分别为 p_1 和 p_2，销售量分别为 q_1 和 q_2，需求函数分别为 $q_1=24-0.2p_1$ 和 $q_2=10-0.05p_2$，总成本函数为 $C=35+40(q_1+q_2)$. 试问：厂家如何确定商品在两个市场的售价，才能使获得的总利润最大？最大总利润为多少？

25. 某公司可通过电台及报纸两种方式做销售某种产品的广告. 根据统计资料，销售收入 R（单位：万元）与电台广告费用 x_1（单位：万元）及报纸广告费用 x_2（单位：万元）之间的关系有如下的经验公式：

$$R=15+14x_1+32x_2-8x_1x_2-2x_1^2-10x_2^2.$$

(1) 在广告费用不限的情况下，求最优广告策略；

(2) 若广告费用为 1.5 万元，求相应的最优广告策略.

二 重 积 分

本章我们把一元函数定积分的概念与思想推广到二元函数的二重积分上. 与一元函数定积分的概念类似, 二元函数积分的概念也依然是"特殊和式的极限", 并且也是从实践中抽象出来的; 不同的是: 定积分的被积函数是一元函数, 积分区间是一个区间; 而二重积分的被积函数是二元函数, 积分范围是平面区域. 本章主要学习二重积分的概念、算法和应用.

3.1 二重积分的概念与性质

3.1.1 二重积分的概念

例 1 曲顶柱体的体积

设有一立体的底是 xOy 面上的闭区域 D, 它的侧面是以 D 的边界曲线为准线, 而母线平行于 z 轴的柱面, 它的顶是曲面 $z=f(x,y)$, $f(x,y) \geqslant 0$, z 是 D 上的连续函数, 称这种立体为曲顶柱体 (图 3-1-1), 下面我们来讨论如何计算上述曲顶柱体的体积.

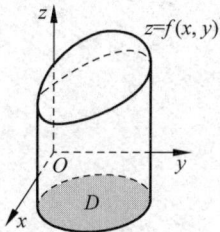

图 3-1-1

我们知道, 如果 $f(x,y)$ 是常数, 曲顶柱体就转化为平顶柱体, 它的体积可以用"体积＝底面积×高"来计算. 关于曲顶柱体, 当点 (x,y) 在区域 D 上变动时, 高度 $f(x,y)$ 是个变量, 因此它的体积不能直接用上式来计算. 在一元函数定积分中求曲边梯形面积的思想可以被我们借鉴, 用来解决目前的问题.

(1) 分割

首先, 用一组曲线网把 D 分成 n 个小闭区域:

$$\Delta\sigma_1, \Delta\sigma_2, \cdots, \Delta\sigma_n,$$

分别以这些小闭区域的边界曲线为准线, 作母线平行于 z 轴的柱面, 这些柱面把原来的曲顶柱体分为 n 个小曲顶柱体.

(2) 近似

当这些小闭区域的直径很小时, 由于 $f(x,y)$ 连续, 对同一个小闭区域来说, $f(x,y)$ 变化很小, 这时小曲顶柱体可近似看作平顶柱体. 在每个 $\Delta\sigma_i$ (这小闭区域的面积也记作 $\Delta\sigma_i$) 中任取一点 (ξ_i, η_i), 以 $f(\xi_i, \eta_i)$ 为高, 以 $\Delta\sigma_i$ 为底的平顶柱体 (图 3-1-2) 的体积为

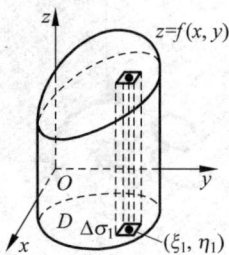

图　3-1-2

$$\Delta V_i = f(\xi_i, \eta_i)\Delta\sigma_i, \quad i = 1, 2, \cdots, n.$$

（3）求和

这 n 个平顶柱体体积之和为所求曲顶柱体的体积 V 的近似值

$$V \approx \sum_{i=1}^{n}\Delta V_i = \sum_{i=1}^{n}f(\xi_i, \eta_i)\Delta\sigma_i.$$

（4）取极限

当分割越来越细，令 n 个小闭区域的直径中的最大值（记作 λ）趋于零，取上述和式的极限，所得的极限便自然地成为曲顶柱体体积 V，即

$$V = \lim_{\lambda \to 0}\sum_{i=1}^{n}f(\xi_i, \eta_i)\Delta\sigma_i.$$

例 2　非均匀平面薄片的质量

设有一个平面薄片占有 xOy 面上的闭区域 D，它的点 (x, y) 处的面密度为 $\rho(x, y)$，这里 $\rho(x, y) > 0$，且在 D 上连续. 现在要计算该薄片的质量 M.

我们知道，如果薄片是均匀的，即面密度是常数，那么薄片的质量可以用公式"质量＝面密度×面积"来计算. 当面密度 $\rho(x, y)$ 是变量时，薄片的质量就不能直接用上式来计算. 但是可以用上面处理曲顶柱体体积问题的微元方法来解决这个问题.

（1）分割

用任意一组网线把区域 D 划分成 n 个小闭区域 $\Delta\sigma_i$，如图 3-1-3 所示，把薄片分成许多小块后，其面积仍用 $\Delta\sigma_i$ 表示.

（2）近似

在 $\Delta\sigma_i$ 上任取一点 (ξ_i, η_i)，由于 $\rho(x, y)$ 连续，当小闭区域 $\Delta\sigma_i$ 的直径很小，可将小薄片看作质量均匀的，其密度近似等于 $\rho(\xi_i, \eta_i)$，从而 $\Delta\sigma_i$ 对应的平面小薄片的质量近似等于

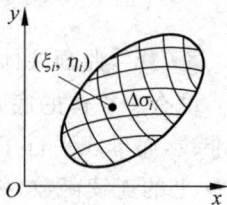

图　3-1-3

$$\rho(\xi_i, \eta_i)\Delta\sigma_i, \quad i = 1, 2, \cdots, n.$$

（3）求和

对 i 求和，得所求平面薄片质量的近似值为

$$M \approx \sum_{i=1}^{n}\rho(\xi_i, \eta_i)\Delta\sigma_i.$$

（4）取极限

平面薄片质量 M 的精确值

$$M = \lim_{\lambda \to 0}\sum_{i=1}^{n}\rho(\xi_i, \eta_i)\Delta\sigma_i,$$

其中 λ 为各小闭区域 $\Delta\sigma_i(i=1, 2, \cdots, n)$ 的直径最大值.

上面两个问题的实际意义虽然不同，但所求量都归结为同一形式的和的极限. 在物理、力学、几何和工程技术中，有许多物理量或几何量都可归结为同一形式的和的极限. 下面抽象出二重积分的定义.

定义 1　设 $f(x, y)$ 是有界闭区域 D 上的有界函数. 将闭区域 D 任意分成 n 个小闭区域 $\Delta\sigma_1, \Delta\sigma_2, \cdots, \Delta\sigma_n$，其中 $\Delta\sigma_i$ 表示第 i 个小闭区域，也表示它的面积. 在每个 $\Delta\sigma_i$ 上任取一

点 (ξ_i,η_i),作乘积 $f(\xi_i,\eta_i)\Delta\sigma_i$,并作和 $\sum\limits_{i=1}^{n}f(\xi_i,\eta_i)\Delta\sigma_i$. 如果当小闭区域的直径中的最大值 λ 趋于零时,和式的极限存在,则称此极限为函数 $f(x,y)$ 在闭区域 D 上的二重积分,记作 $\iint\limits_{D}f(x,y)\mathrm{d}\sigma$,即

$$\iint\limits_{D}f(x,y)\mathrm{d}\sigma=\lim_{\lambda\to0}\sum_{i=1}^{n}f(\xi_i,\eta_i)\Delta\sigma_i,$$

其中 $f(x,y)$ 称为被积函数,$f(x,y)\mathrm{d}\sigma$ 称为被积表达式,$\mathrm{d}\sigma$ 称为面积微元,x 与 y 称为积分变量,D 称为积分区域,$\sum\limits_{i=1}^{n}f(\xi_i,\eta_i)\Delta\sigma_i$ 称为积分和.

根据二重积分定义,例 1 中的曲顶柱体体积为 $V=\iint\limits_{D}f(x,y)\mathrm{d}\sigma$,其中 σ 表示积分区域 D 的面积;例 2 中的平面薄片质量为 $M=\iint\limits_{D}\rho(x,y)\mathrm{d}\sigma$.

二重积分的几何意义:一般地,$f(x,y)\geqslant0$,被积函数看作 (x,y) 处的竖坐标,所以二重积分的几何意义为曲顶柱体体积;若 $f(x,y)<0$,柱体位于 xOy 平面下方,二重积分值为负,其绝对值等于曲顶柱体体积;若 $f(x,y)$ 在区域 D 若干部分为正,其余为负,我们可以把 xOy 面上方体积取正,下方体积取负,$f(x,y)$ 在 D 上的二重积分就等于这些区域上柱体体积的代数和.

对二重积分的说明:

(1) 若二重积分 $\iint\limits_{D}f(x,y)\mathrm{d}\sigma$ 存在,称 $f(x,y)$ 在 D 上可积. 可以证明,若函数 $f(x,y)$ 在区域 D 上连续,则 $f(x,y)$ 为 D 上的可积函数. 若无特别说明,今后都假定被积函数 $f(x,y)$ 在积分区域 D 上连续.

(2) 根据定义,二重积分的存在与区域 D 的分割方法无关,因此在直角坐标系中通常取平行于两坐标轴的网线来划分 D,那么除了包含边界点的一些小闭区域外,其余的小闭区域都是矩形闭区域,设矩形闭区域 $\Delta\sigma_i$(闭区域 $\Delta\sigma_i$ 的面积也用 $\Delta\sigma_i$ 表示)的边长为 Δx_i 和 Δy_i,则 $\Delta\sigma_i=\Delta x_i\Delta y_i$,因此在直角坐标系中,有时也把面积元素 $\mathrm{d}\sigma$ 记作 $\mathrm{d}x\mathrm{d}y$,而把二重积分记作

$$\iint\limits_{D}f(x,y)\mathrm{d}x\mathrm{d}y,$$

其中 $\mathrm{d}x\mathrm{d}y$ 称为直角坐标系中的面积元素.

3.1.2 二重积分的性质

比较一元函数定积分与二重积分的定义可知,二重积分与定积分有类似的性质,我们不加证明的叙述如下:

性质 1 设 α,β 为常数,则被积函数的常数因子可以提到二重积分号的外面,即

$$\iint\limits_{D}[\alpha f(x,y)+\beta g(x,y)]\mathrm{d}\sigma=\alpha\iint\limits_{D}f(x,y)\mathrm{d}\sigma+\beta\iint\limits_{D}g(x,y)\mathrm{d}\sigma.$$

性质 1 说明二重积分满足线性运算.

性质 2 如果闭区域 D 被有限条曲线分为有限个部分闭区域,则在 D 上的二重积分等

于在各部分闭区域上的二重积分的和. 例如 D 分为两个闭区域 D_1 与 D_2, 则

$$\iint_D f(x,y)\mathrm{d}\sigma = \iint_{D_1} f(x,y)\mathrm{d}\sigma + \iint_{D_2} f(x,y)\mathrm{d}\sigma.$$

性质 2 表示二重积分对于积分区域具有可加性.

性质 3　如果在 D 上, $f(x,y)=1$, σ 为 D 的面积, 则

$$\iint_D 1 \cdot \mathrm{d}\sigma = \iint_D \mathrm{d}\sigma = \sigma.$$

性质 3 的几何意义是很明显的, 因为高为 1 的柱体的体积在数值上就等于柱体的底面积.

性质 4　若在 D 上 $f(x,y) \leqslant g(x,y)$, 则有不等式

$$\iint_D f(x,y)\mathrm{d}\sigma \leqslant \iint_D g(x,y)\mathrm{d}\sigma.$$

特殊地, 有不等式

$$\left| \iint_D f(x,y)\mathrm{d}\sigma \right| \leqslant \iint_D |f(x,y)| \mathrm{d}\sigma.$$

性质 5　设 M,m 分别是 $f(x,y)$ 在闭区域 D 上的最大值和最小值, σ 是 D 的面积, 则有

$$m\sigma \leqslant \iint_D f(x,y)\mathrm{d}\sigma \leqslant M\sigma.$$

此不等式称为二重积分的估值的不等式.

性质 6(二重积分的中值定理)　设函数 $f(x,y)$ 在闭区域 D 上连续, σ 是 D 的面积, 则在 D 上至少存在一点 (ξ,η) 使得下式成立:

$$\iint_D f(x,y)\mathrm{d}\sigma = f(\xi,\eta)\sigma.$$

性质 6 的几何意义为: 对于区域 D 上的曲顶柱体至少存在一个同底上的平顶柱体, 使得该平顶柱体体积等于曲顶柱体体积.

注　把性质 6 中的不等式同时除以 σ, 有 $\dfrac{1}{\sigma}\iint_D f(x,y)\mathrm{d}\sigma = f(\xi,\eta)$, 通常把数值 $\dfrac{1}{\sigma}\iint_D f(x,y)\mathrm{d}\sigma$ 称为 $f(x,y)$ 在闭区域 D 上的平均值.

例 3　根据二重积分的几何意义指出下列积分值, 其中

$$D_1: x^2+y^2 \leqslant R^2, \quad D_2: x+y \leqslant 1, x \geqslant 0, y \geqslant 0.$$

(1) $\displaystyle\iint_{D_1} \mathrm{d}\sigma$;　　　(2) $\displaystyle\iint_{D_1} \sqrt{R^2-x^2-y^2}\,\mathrm{d}\sigma$;　　　(3) $\displaystyle\iint_{D_2} (1-x-y)\mathrm{d}\sigma$.

解　(1) 该积分表示圆的面积, 即 $\displaystyle\iint_{D_1} \mathrm{d}\sigma = \pi R^2$;

(2) 该积分表示上半球体的体积, 即 $\displaystyle\iint_{D_1} \sqrt{R^2-x^2-y^2}\,\mathrm{d}\sigma = \frac{2}{3}\pi R^3$;

(3) 该积分表示四面体的体积, 即 $\displaystyle\iint_{D_2} (1-x-y)\mathrm{d}\sigma = \frac{1}{6}$.

习题 3-1

1. 设 $I_1 = \iint\limits_{D_1}(x^2+y^2)\mathrm{d}\sigma$，其中 $D_1 = \{(x,y)\,|-1\leqslant x\leqslant 1, -2\leqslant y\leqslant 2\}$，又 $I_2 = \iint\limits_{D_2}(x^2+y^2)\mathrm{d}\sigma$，$D_2 = \{(x,y)\,|\,0\leqslant x\leqslant 1, 0\leqslant y\leqslant 2\}$，试用二重积分的几何意义说明 I_1 与 I_2 的关系.

2. 利用二重积分定义证明：

(1) $\iint\limits_{D}\mathrm{d}\sigma = \sigma$；

(2) $\iint\limits_{D}kf(x,y)\mathrm{d}\sigma = k\iint\limits_{D}f(x,y)\mathrm{d}\sigma$；

(3) $\iint\limits_{D}f(x,y)\mathrm{d}\sigma = \iint\limits_{D_1}f(x,y)\mathrm{d}\sigma + \iint\limits_{D_2}f(x,y)\mathrm{d}\sigma$.

3. 根据二重积分性质比较下列积分大小：

(1) $\iint\limits_{D}(x+y)^2\mathrm{d}\sigma$ 与 $\iint\limits_{D}(x+y)^3\mathrm{d}\sigma$，其中积分区域 D 由 x 轴、y 轴与直线 $x+y=1$ 所围成；

(2) $\iint\limits_{D}(x+y)^2\mathrm{d}\sigma$ 与 $\iint\limits_{D}(x+y)^3\mathrm{d}\sigma$，其中积分区域 D 由圆周 $(x-2)^2+(y-1)^2=2$ 所围成；

(3) $\iint\limits_{D}\ln(x+y)\mathrm{d}\sigma$ 和 $\iint\limits_{D}\ln(x+y)^3\mathrm{d}\sigma$，其中 $D=\{(x,y)\,|3\leqslant x\leqslant 5, 0\leqslant y\leqslant 1\}$.

4. 利用二重积分的性质估计下列积分的值：

(1) $I = \iint\limits_{D}xy(x+y)\mathrm{d}\sigma$，其中 $D=\{(x,y)\,|\,0\leqslant x\leqslant 1, 0\leqslant y\leqslant 1\}$；

(2) $I = \iint\limits_{D}\sin^2 x\sin^2 y\mathrm{d}\sigma$，其中 $D=\{(x,y)\,|\,0\leqslant x\leqslant \pi, 0\leqslant y\leqslant \pi\}$；

(3) $I = \iint\limits_{D}(x+y+1)\mathrm{d}\sigma$，其中 $D=\{(x,y)\,|\,0\leqslant x\leqslant 1, 0\leqslant y\leqslant 2\}$；

(4) $I = \iint\limits_{D}(x^2+4y^2+9)\mathrm{d}\sigma$，其中 $D=\{(x,y)\,|\,x^2+y^2\leqslant 4\}$.

3.2 二重积分的计算(一)

按照二重积分的定义来计算二重积分，对少数特别简单的被积函数和积分区域来说是可行的，但对一般的函数和区域来说，这不是一种切实可行的方法. 本节和下一节介绍计算二重积分的方法，即把二重积分化为两次定积分来计算，称为二次积分.

3.2.1　利用直角坐标计算二重积分

在介绍二重积分前,先介绍平面区域 D 的类型,如图 3-2-1、图 3-2-2 中分别给出.

X-型区域:$\{(x,y)\,|\,a\leqslant x\leqslant b,\varphi_1(x)\leqslant y\leqslant\varphi_2(x)\}$,其中函数 $\varphi_1(x),\varphi_2(x)$ 在 $[a,b]$ 区间上连续,区域的特点是穿过 D 内部且平行于 y 轴的直线与 D 的边界相交不多于两点.

Y-型区域:$\{(x,y)\,|\,c\leqslant y\leqslant d,\psi_1(1)\leqslant x\leqslant\psi_2(y)\}$,其中函数 $\psi_1(x),\psi_2(x)$ 在 $[c,d]$ 区间上连续,区域的特点是穿过 D 内部且平行于 x 轴的直线与 D 的边界相交不多于两点.

下面用几何观点来讨论二重积分 $\iint\limits_{D}f(x,y)\mathrm{d}\sigma$ 的计算问题.假定 $f(x,y)\geqslant0$,且积分区域为 X-型区域:$\{(x,y)\,|\,a\leqslant x\leqslant b,\varphi_1(x)\leqslant y\leqslant\varphi_2(x)\}$.

按照二重积分的几何意义,$\iint\limits_{D}f(x,y)\mathrm{d}\sigma$ 的值等于以 D 为底,以曲面 $z=f(x,y)$ 为顶的曲顶柱体(图 3-2-3)的体积.下面我们应用计算"平行截面面积为已知的立体的体积"的方法,来计算这个曲顶柱体的体积.

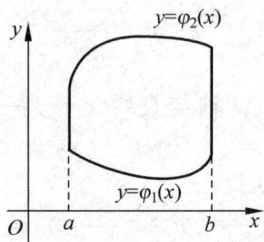
图　3-2-1

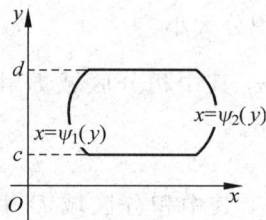
图　3-2-2

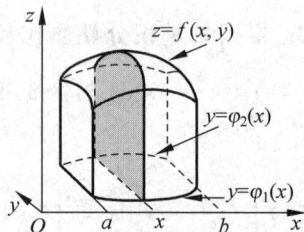
图　3-2-3

先计算截面面积.为此,在区间 $[a,b]$ 上任取一点 x,作平行于 yOz 面的平面,这平面截曲顶柱体所得截面是一个以区间 $[\varphi_1(x),\varphi_2(x)]$ 为底、曲线 $z=f(x,y)$ 为曲边的曲边梯形(图 3-2-3 中的阴影部分),所以此截面的面积为

$$A(x)=\int_{\varphi_1(x)}^{\varphi_2(x)}f(x,y)\mathrm{d}y.$$

于是,应用计算平行截面面积为已知的立体体积的方法,得曲顶柱体体积为

$$\iint\limits_{D}f(x,y)\mathrm{d}x\mathrm{d}y=\int_{a}^{b}A(x)\mathrm{d}x=\int_{a}^{b}\left[\int_{\varphi_1(x)}^{\varphi_2(x)}f(x,y)\mathrm{d}y\right]\mathrm{d}x. \tag{3.2.1}$$

上式右端称为先对 y 后对 x 的二次积分,习惯上其中的括号省略不计,而记为

$$\int_{a}^{b}\mathrm{d}x\int_{\varphi_1(x)}^{\varphi_2(x)}f(x,y)\mathrm{d}y.$$

因此公式(3.2.1)又写作

$$\iint\limits_{D}f(x,y)\mathrm{d}\sigma=\int_{a}^{b}\mathrm{d}x\int_{\varphi_1(x)}^{\varphi_2(x)}f(x,y)\mathrm{d}y. \tag{3.2.2}$$

注　在上面的讨论中假定了 $f(x,y)\geqslant0$,只是为几何上方便说明,事实上式(3.2.2)的成立不受这个条件限制.

类似地,如果积分区域 D 为 Y-型区域 $\{(x,y)\,|\,c\leqslant y\leqslant d,\psi_1(y)\leqslant x\leqslant\psi_2(y)\}$,则有

$$\iint_D f(x,y)\mathrm{d}\sigma = \int_c^d \mathrm{d}y \int_{\psi_1(x)}^{\psi_2(x)} f(x,y)\mathrm{d}x. \tag{3.2.3}$$

如果积分区域(图 3-2-4)的一部分,过 D 内部且平行于 y 轴的直线与 D 的边界相交多于两点,又有一部分,穿过 D 内部且平行于 x 轴的直线与 D 的边界相交多于两点,即 D 既不是 X-型区域,又不是 Y-型区域,对于这种情形,我们可以把 D 分成几部分,使每个部分是 X-型区域或 Y-型区域,在各个区域上使用公式,再根据二重积分可加性计算出所求值.

如果积分区域 D 既是 X-型又是 Y-型(图 3-2-5),既可以用 $a\leqslant x\leqslant b,\varphi_1(x)\leqslant y\leqslant \varphi_2(x)$ 表示,也可以用 $c\leqslant y\leqslant d,\psi_1(y)\leqslant x\leqslant \psi_2(y)$ 表示,则有

$$\iint_D f(x,y)\mathrm{d}\sigma = \int_a^b \mathrm{d}x \int_{\varphi_1(y)}^{\varphi_2(y)} f(x,y)\mathrm{d}y = \int_c^d \mathrm{d}y \int_{\psi_1(y)}^{\psi_2(y)} f(x,y)\mathrm{d}x.$$

计算二重积分的步骤:先画出积分区域,判断积分区域 D 的类型,写出区域 D 的不等式表达式;再确定积分次序,将二重积分化为二次积分.

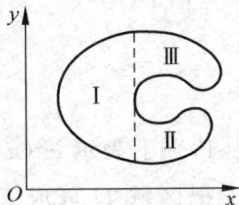 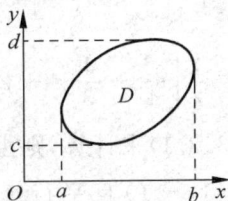

图 3-2-4   图 3-2-5

其中,如果积分区域是 X-型的,就在区间 $[a,b]$ 上任意取定一个 x 值(图 3-2-6),过该点作平行于 y 轴的直线,与区域 D 的边界交于点 $\varphi_1(x),\varphi_2(x)$,这时把 x 看作常数,把 $f(x,y)$ 只看作 y 的函数,先计算从 $\varphi_1(x)$ 到 $\varphi_2(x)$ 的定积分;然后把算得的结果(关于 x 的函数)再对 x 计算在区间 $[a,b]$ 上的定积分.

下面,通过具体例题进一步说明二重积分的计算.

例 1 计算 $\iint_D xy\mathrm{d}\sigma$,其中 D 是由直线 $y=1,x=2$ 及 $y=x$ 所围成的闭区域.

解 方法一 首先画出积分区域 $D.D$ 既是 X-型的,又是 Y-型的.把 D 看作 X-型的(图 3-2-7),D 上的点的横坐标的变动范围是区间 $[1,2]$.

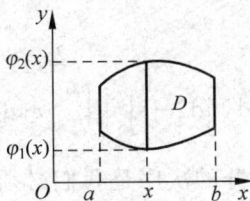 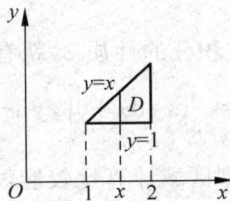

图 3-2-6   图 3-2-7

在区间 $[1,2]$ 上任意取定一个 x 值,D 上以这个 x 值为横坐标的点在一段直线上,这段直线平行于 y 轴,该线段上点的纵坐标从 $y=1$ 变到 $y=x$.利用公式(3.2.1)得

$$\iint_D xy\mathrm{d}\sigma = \int_1^2 \left[\int_1^x xy\mathrm{d}y\right]\mathrm{d}x = \int_1^2 \left[x\cdot\frac{y^2}{2}\right]_1^x \mathrm{d}x = \int_1^2 \left[\frac{x^3}{2}-\frac{x}{2}\right]\mathrm{d}x = \left[\frac{x^4}{8}-\frac{x^2}{4}\right]_1^2 = \frac{9}{8}.$$

方法二　将积分区域看作 Y-型的（图 3-2-8），积分区域为 $1 \leqslant y \leqslant 2, y \leqslant x \leqslant 2$，所以

$$\iint\limits_D xy \mathrm{d}\sigma = \int_1^2 \left[\int_y^2 xy \mathrm{d}x \right] \mathrm{d}y = \int_1^2 \left[y \cdot \frac{x^2}{2} \right]_y^2 \mathrm{d}y$$

$$= \int_1^2 \left[2y - \frac{y^3}{2} \right] \mathrm{d}y = \left[y^2 - \frac{y^4}{8} \right]_1^2 = \frac{9}{8}.$$

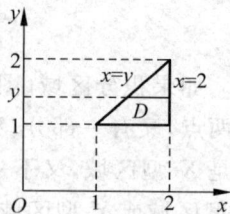

图　3-2-8

例 2　计算 $\iint\limits_D xy \mathrm{d}\sigma$，其中 D 是由抛物线 $y^2 = x$ 及直线 $y = x - 2$ 所围成的闭区域.

解　画出积分区域 D（图 3-2-9）. D 既是 X-型的，又是 Y-型的. 若将区域视为 Y-型的，则区域 D 的积分限为 $-1 \leqslant y \leqslant 2, y^2 \leqslant x \leqslant y + 2$，利用公式（3.2.3），得

$$\iint\limits_D xy \mathrm{d}\sigma = \int_{-1}^2 \left[\int_{y^2}^{y+2} xy \mathrm{d}x \right] \mathrm{d}y = \int_{-1}^2 \left[\frac{x^2}{2} y \right]_{y^2}^{y+2} \mathrm{d}y = \int_{-1}^2 \left[y(y+2)^2 - y^5 \right] \mathrm{d}y$$

$$= \frac{1}{2} \left[\frac{y^4}{4} + \frac{4}{3} y^3 + 2y^2 - \frac{y^6}{6} \right]_{-1}^2 = 5\frac{5}{8}.$$

若利用公式（3.2.1）来计算，则由于在区间 $[0,1]$ 及 $[1,4]$ 上表示 $\varphi_1(x)$ 的式子不同，所以要用经过交点 $(1, -1)$ 且平行于 y 轴的直线 $x = 1$ 把区域 D 分成 D_1 和 D_2 两部分（图 3-2-10），其中：

$$D_1 = \{(x,y) \mid -\sqrt{x} \leqslant y \leqslant \sqrt{x}, 0 \leqslant x \leqslant 1\},$$

$$D_2 = \{(x,y) \mid x - 2 \leqslant y \leqslant \sqrt{x}, 1 \leqslant x \leqslant 4\}.$$

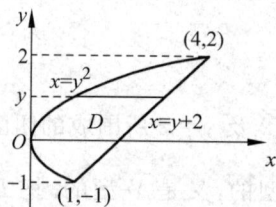

图　3-2-9

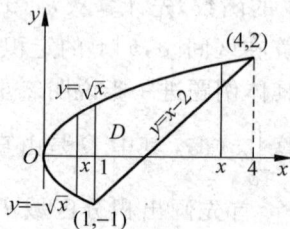

图　3-2-10

因此，根据二重积分的性质 2，就有

$$\iint\limits_D xy \mathrm{d}\sigma = \iint\limits_{D_1} xy \mathrm{d}\sigma + \iint\limits_{D_2} xy \mathrm{d}\sigma = \int_0^1 \left[\int_{-\sqrt{x}}^{\sqrt{x}} xy \mathrm{d}y \right] \mathrm{d}x + \int_1^4 \left[\int_{x-2}^{\sqrt{x}} xy \mathrm{d}y \right] \mathrm{d}x.$$

很显然，这里用 X-型区域计算比较麻烦，可见选择积分的次序是我们必须考虑的问题，为了计算简便，要考虑到积分区域的形状和被积函数的特点合理进行计算.

积分次序的选择原则：

（1）第一原则——函数优先原则：必须保证各层积分的原函数能够求出；

（2）第二原则——区域优先原则：若积分区域是 X-型（或 Y-型）则先对 y（或 x）积分；

（3）第三原则——最少分块原则：若积分区域既是 X-型又是 Y-型且满足第一原则时，要使积分分块最少.

例 3 求两个底圆半径都等于 R 的直交圆柱面所围成的立体的体积.

解 设这两个圆柱面的方程分别为

$$x^2 + y^2 = R^2, \quad x^2 + z^2 = R^2,$$

利用立体关于坐标平面的对称性,只要算出它在第一卦限部分(图 3-2-11(a))的体积 V_1,然后再乘以 8 即可.

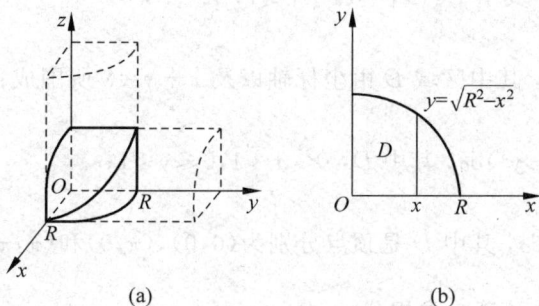

图 3-2-11

所求立体在第一卦限部分可以看成是一个曲顶柱体(图 3-2-11(b)),它的底为

$$D = \{(x, y) \mid 0 \leqslant y \leqslant \sqrt{R^2 - x^2}, 0 \leqslant x \leqslant R\},$$

它的顶是柱面 $z = \sqrt{R^2 - x^2}$. 于是

$$V = \iint\limits_{D} \sqrt{R^2 - x^2} \, d\sigma = \int_0^R \left[\int_0^{\sqrt{R^2 - x^2}} \sqrt{R^2 - x^2} \, dy \right] dx$$

$$= \int_0^R \sqrt{R^2 - x^2} \, y \Big|_0^{\sqrt{R^2 - x^2}} dx = \int_0^R (R^2 - x^2) \, dx = \frac{2}{3} R^3.$$

从而所求立体体积为 $V = 8V_1 = \dfrac{16R^3}{3}$.

例 4 交换二次积分 $\int_0^1 dx \int_{x^2}^x f(x, y) dy$ 的次序.

解 根据题设写出二次积分的积分限: $0 \leqslant x \leqslant 1, x^2 \leqslant y \leqslant x$,画出积分区域 D 的图形(图 3-2-12).

重新确定积分限: $0 \leqslant y \leqslant 1, y \leqslant x \leqslant \sqrt{y}$,所以

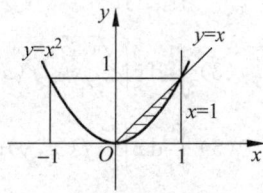

图 3-2-12

$$\int_0^1 dx \int_{x^2}^x f(x, y) dy = \int_0^1 dy \int_y^{\sqrt{y}} f(x, y) dx.$$

例 5 计算 $\iint\limits_{D} x^2 y^2 dx dy$,其中区域 D:$|x| + |y| \leqslant 1$.

解 积分区域图如图 3-2-13 所示,因为 D 关于 x 轴和 y 轴对称,且 $f(x, y) = x^2 y^2$ 关于 x 或 y 均为偶函数,所以题设积分等于在积分区域 D_1 上的积分的 4 倍.

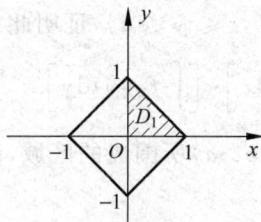

图 3-2-13

$$\iint\limits_{D} x^2 y^2 dx dy = 4 \iint\limits_{D_1} x^2 y^2 dx dy = 4 \int_0^1 dx \int_0^{1-x} x^2 y^2 dy$$

$$= \frac{4}{3} \int_0^1 x^2 (1 - x)^3 dx = \frac{1}{45}.$$

习题 3-2

1. 计算：

(1) $\iint\limits_{D}(x^2+y^2)\mathrm{d}\sigma$，其中 D：$|x|\leqslant 1$，$|y|\leqslant 1$；

(2) $\iint\limits_{D}(3x+2y)\mathrm{d}\sigma$，其中区域 D 由坐标轴以及 $x+y=2$ 所围成；

(3) $\iint\limits_{D}(x^3+3x^2y+y^3)\mathrm{d}\sigma$，其中 D：$0\leqslant x\leqslant 1$，$0\leqslant y\leqslant 1$；

(4) $\iint\limits_{D}x\cos(x+y)\mathrm{d}\sigma$，其中 D 是顶点分别为 $(0,0)$，$(\pi,0)$ 和 (π,π) 的三角形区域.

2. 画出积分区域并计算二重积分：

(1) $\iint\limits_{D}x\sqrt{y}\,\mathrm{d}\sigma$，其中 D 是由 $y=x^2$，$y=\sqrt{x}$ 所围成的闭区域；

(2) $\iint\limits_{D}xy^2\mathrm{d}\sigma$，其中 D 是由圆周 $x^2+y^2=4$ 及 y 轴所围成的右半区域；

(3) $\iint\limits_{D}\mathrm{e}^{x+y}\mathrm{d}\sigma$，其中 D：$|x|+|y|\leqslant 1$；

(4) $\iint\limits_{D}(x^2+y^2-x)\mathrm{d}\sigma$，其中 D 是由 $y=2$，$y=x$ 及 $y=2x$ 所围成的区域；

3. 改变下列二次积分的次序：

(1) $\int_0^1\mathrm{d}y\int_0^y f(x,y)\mathrm{d}x$；   (2) $\int_0^2\mathrm{d}y\int_{y^2}^{2y}f(x,y)\mathrm{d}x$；

(3) $\int_0^1\mathrm{d}y\int_{-\sqrt{1-y^2}}^{\sqrt{1-y^2}}f(x,y)\mathrm{d}x$；   (4) $\int_1^2\mathrm{d}x\int_{2-x}^{\sqrt{2x-x^2}}f(x,y)\mathrm{d}y$；

(5) $\int_1^e\mathrm{d}x\int_0^{\ln x}f(x,y)\mathrm{d}y$；   (6) $\int_1^\pi\mathrm{d}x\int_{-\sin\frac{x}{2}}^{\sin x}f(x,y)\mathrm{d}y$.

4. 证明：$\int_0^1\mathrm{d}y\int_0^{\sqrt{y}}\mathrm{e}^y f(x,y)\mathrm{d}x=\int_0^1(\mathrm{e}-\mathrm{e}^{x^2})f(x)\mathrm{d}x$.

5. 如果二重积分 $\iint\limits_{D}f(x,y)\mathrm{d}x\mathrm{d}y$ 的被积函数 $f(x,y)$ 是两个函数 $f_1(x)$ 及 $f_2(y)$ 的乘积，即 $f(x,y)=f_1(x)\cdot f_2(y)$，积分区域 $D=\{(x,y)\mid a\leqslant x\leqslant b,c\leqslant y\leqslant d\}$，证明此二重积分恰为两个定积分的乘积：$\iint\limits_{D}f_1(x)\cdot f_2(y)\mathrm{d}x\mathrm{d}y=\left[\int_a^b f_1(x)\mathrm{d}x\right]\cdot\left[\int_a^b f_2(y)\mathrm{d}y\right]$.

6. 设 $f(x,y)$ 在 D 上连续，其中 D 是由直线 $y=x$，$y=a$，$x=b(b>a)$ 所围成的区域，证明：$\int_a^b\mathrm{d}x\int_a^x f(x,y)\mathrm{d}y=\int_a^b\mathrm{d}x\int_y^b f(x,y)\mathrm{d}y$.

7. 计算由平面 $x=0$，$y=0$，$x+y=1$ 所围成的柱面被平面 $z=0$ 及抛物面 $x^2+y^2=6-z$

所截得的立体体积.

8. 求由曲面 $z=x^2+2y^2$，$z=6-2x^2-y^2$ 所围成的立体体积.

3.3 二重积分的计算(二)

3.3.1 在极坐标系下计算二重积分

有些二重积分，积分区域 D 的边界曲线用极坐标方程表示比较方便，比如圆形或者扇形区域的边界等，而且此时被积函数用极坐标表达比较简单，这时，我们就可以考虑利用极坐标计算二重积分 $\iint\limits_{D} f(x,y)\mathrm{d}\sigma$. 按二重积分的定义——特殊和式的极限，我们来研究这个和式的极限在极坐标系中的形式.

假定从极点 O 出发且穿过闭区域 D 内部的射线与 D 的边界曲线相交不多于两点. 我们用以极点为中心的一族同心圆：$r=$ 常数，以及从极点出发的一族射线：$\theta=$ 常数，把 D 分成 n 个小闭区域（图 3-3-1）.

设其中一个小闭区域 $\Delta\sigma$（$\Delta\sigma$ 同时也表示该小闭区域的面积）由半径为 $r,r+\Delta r$ 的同心圆和极角分别为 $\theta,\theta+\Delta\theta$ 的射线所决定. 则

$$\Delta\sigma = \frac{1}{2}(r+\Delta r)^2 \cdot \Delta\theta - \frac{1}{2}r^2 \cdot \Delta\theta = \frac{r+(r+\Delta r)}{2} \cdot \Delta r \cdot \Delta\theta \approx r \cdot \Delta r \cdot \Delta\theta.$$

于是，根据微元法可以得到极坐标系下的面积微元 $\mathrm{d}\sigma=r\mathrm{d}r\mathrm{d}\theta$. 同时注意到直角坐标与极坐标的转换关系：$x=r\cos\theta,y=r\sin\theta$，从而得到直角坐标与极坐标之间的转换公式：

$$\iint\limits_{D} f(x,y)\mathrm{d}x\mathrm{d}y = \iint\limits_{D} f(r\cos\theta,r\sin\theta)r\mathrm{d}r\mathrm{d}\theta. \tag{3.3.1}$$

极坐标系中的二重积分，同样可以化为二次积分来计算. 下面就分几种情况讨论具体计算方法，其中假定被积函数在指定积分区域上均为连续的.

(1) 积分区域 D 介于两条射线 $\theta=\alpha,\theta=\beta$ 之间，而对于 D 内任意一点 (r,θ)，其极径总是介于 $r=\varphi_1(\theta),r=\varphi_2(\theta)$ 之间（图 3-3-2），积分区域可用不等式 $\varphi_1(\theta)\leqslant r\leqslant\varphi_2(\theta),\alpha\leqslant\theta\leqslant\beta$ 表示.

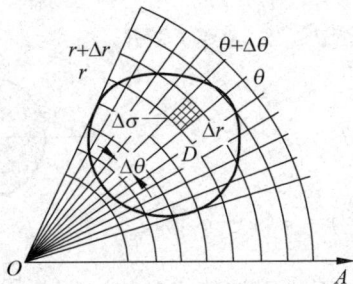

图 3-3-1

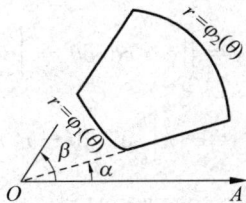

图 3-3-2

具体计算时可先从极点出发在区间$[\alpha,\beta]$上任意作一条极角为θ的射线,则穿入点从$\varphi_1(\theta)$变到穿出点$\varphi_2(\theta)$,分别定为内层积分的下限与上限,得

$$\iint\limits_D f(x,y)\mathrm{d}x\mathrm{d}y = \iint\limits_D f(r\cos\theta,r\sin\theta)r\mathrm{d}r\mathrm{d}\theta = \int_\alpha^\beta \left[\int_{\varphi_1(\theta)}^{\varphi_2(\theta)} f(r\cos\theta,r\sin\theta)r\mathrm{d}r\right]\mathrm{d}\theta \qquad (3.3.2)$$

（2）如果积分区域D是如图3-3-3所示的曲边扇形,那么可以把它看作第一种情形中当$\varphi_1(\theta)=0,\varphi_1(\theta)=\varphi(\theta)$时的特例.

这时区域D可以用不等式$\alpha\leqslant\theta\leqslant\beta,0\leqslant r\leqslant\varphi(\theta)$来表示,从而

$$\iint\limits_D f(x,y)\mathrm{d}x\mathrm{d}y = \int_\alpha^\beta \mathrm{d}\theta \int_0^{\varphi(\theta)} f(r\cos\theta,r\sin\theta)r\mathrm{d}r.$$

（3）如果积分区域D如图3-3-4所示,极点在D的内部,那么可以把它看作图3-3-3中$\alpha=0,\beta=2\pi$时的情况.

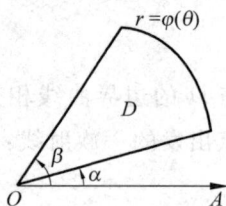

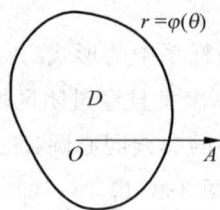

图　3-3-3　　　　　　　　　　　　　图　3-3-4

这时闭区域D可以用不等式$0\leqslant\theta\leqslant2\pi,0\leqslant r\leqslant\varphi(\theta)$来表示,则

$$\iint\limits_D f(x,y)\mathrm{d}x\mathrm{d}y = \int_0^{2\pi} \mathrm{d}\theta \int_0^{\varphi(\theta)} f(r\cos\theta,r\sin\theta)r\mathrm{d}r.$$

由二重积分的性质3,闭区域D面积σ在极坐标系下可以表示为

$$\sigma = \iint\limits_D \mathrm{d}\sigma = \iint\limits_D r\mathrm{d}r\mathrm{d}\theta.$$

如果闭区域D如图3-3-3所示,则有

$$\sigma = \iint\limits_D r\mathrm{d}r\mathrm{d}\theta = \int_\alpha^\beta \mathrm{d}\theta \int_0^{\varphi(\theta)} r\mathrm{d}r = \frac{1}{2}\int_\alpha^\beta \varphi^2(\theta)\mathrm{d}\theta.$$

下面,通过具体实例来说明极坐标系下二重积分的计算.

例 1　计算$\iint\limits_D \mathrm{e}^{-x^2-y^2}\mathrm{d}x\mathrm{d}y$,其中$D$是由中心在原点、半径为$R$的圆周所围成的闭区域（图3-3-5）.

解　在极坐标系中,闭区域D可表示为$0\leqslant\theta\leqslant2\pi,0\leqslant r\leqslant R$,于是,

$$\iint\limits_D \mathrm{e}^{-x^2-y^2}\mathrm{d}x\mathrm{d}y = \iint\limits_D \mathrm{e}^{-r^2}r\mathrm{d}r\mathrm{d}\theta = \int_0^{2\pi}\left[\int_0^R \mathrm{e}^{-r^2}r\mathrm{d}r\right]\mathrm{d}\theta$$

$$= -\pi\int_0^R \mathrm{e}^{-r^2}\mathrm{d}(-r^2) = -\pi\left(\mathrm{e}^{-r^2}\Big|_0^R\right) = \pi(1-\mathrm{e}^{-R^2}).$$

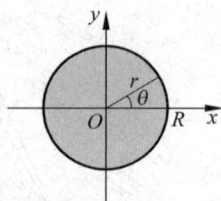

图　3-3-5

本题如果用直角坐标计算,由于积分$\int \mathrm{e}^{-x^2}\mathrm{d}x$不能用初等函数来表示,所以算不出来.

例 2 计算 $\displaystyle\iint_D \frac{\sin(\pi\sqrt{x^2+y^2})}{\sqrt{x^2+y^2}}\mathrm{d}x\mathrm{d}y$，其中积分区域是由 $1\leqslant x^2+y^2\leqslant 4$ 所确定的圆环.

解 积分区域如图 3-3-6 所示，被积区域、被积函数都关于原点对称，所以只需计算所求积分在第一象限 D_1 上的值再乘以 4 即可，在极坐标系下，$D_1：1\leqslant r\leqslant 2,0\leqslant\theta\leqslant\pi/2$，所以，

$$\iint_D \frac{\sin(\pi\sqrt{x^2+y^2})}{\sqrt{x^2+y^2}}\mathrm{d}x\mathrm{d}y = 4\iint_{D_1} \frac{\sin(\pi\sqrt{x^2+y^2})}{\sqrt{x^2+y^2}}\mathrm{d}x\mathrm{d}y$$

$$= 4\int_0^{\pi/2}\mathrm{d}\theta\int_1^2 \frac{\sin\pi r}{r}r\mathrm{d}r = -4.$$

例 3 计算 $\displaystyle\iint_D \frac{y^2}{x^2}\mathrm{d}x\mathrm{d}y$，其中 D 是由曲线 $x^2+y^2=2x$ 所围成的平面区域.

解 积分区域 D 如图 3-3-7 所示，其边界曲线 $x^2+y^2=2x$ 的极坐标方程为 $r=2\cos\theta$，于是积分区域 $D：-\dfrac{\pi}{2}\leqslant\theta\leqslant\dfrac{\pi}{2},0\leqslant r\leqslant 2\cos\theta$.

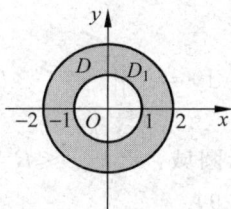

图 3-3-6

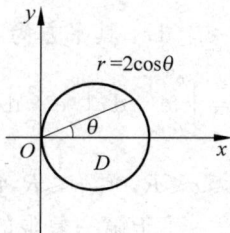

图 3-3-7

所以，

$$\iint_D \frac{y^2}{x^2}\mathrm{d}x\mathrm{d}y = \int_{-\frac{\pi}{2}}^{\frac{\pi}{2}}\mathrm{d}\theta\int_0^{2\cos\theta} \frac{\sin^2\theta}{\cos^2\theta}r\mathrm{d}r = \int_{-\frac{\pi}{2}}^{\frac{\pi}{2}}2\sin^2\theta\mathrm{d}\theta = \pi.$$

例 4 求球体 $x^2+y^2+z^2\leqslant 4a^2$ 被圆柱面 $x^2+y^2=2ax(a>0)$ 所截得的(含在圆柱面内的部分)立体的体积(图 3-3-8).

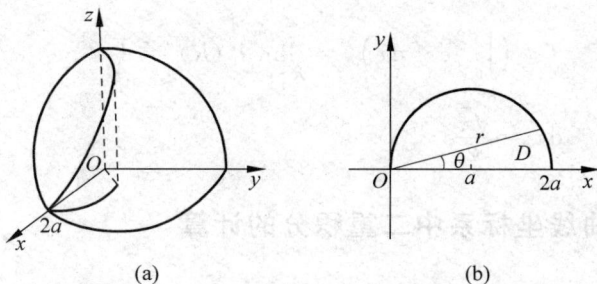

(a)

(b)

图 3-3-8

解 由于立体关于 xOy 面和 zOx 面对称,故所求立体体积 V 等于该立体在第一卦限部分 V_1 的 4 倍.再注意到 V_1 是以曲面 $z = \sqrt{4a^2 - x^2 - y^2}$ 为顶,以区域 D 为底的曲顶柱体,其中区域 D 为半圆周 $y = \sqrt{2ax - x^2}$ 及 x 轴所围成的闭区域,所以它在极坐标系下的积分限为

$$0 \leqslant r \leqslant 2a\cos\theta, \quad 0 \leqslant \theta \leqslant \pi/2.$$

于是

$$V = 4\iint\limits_{D} \sqrt{4a^2 - x^2 - y^2}\, \mathrm{d}x\mathrm{d}y$$

$$= 4\iint\limits_{D} \sqrt{4a^2 - r^2}\, r\mathrm{d}r\mathrm{d}\theta = 4\int_0^{\frac{\pi}{2}} \left[\int_0^{2a\cos\theta} \sqrt{4a^2 - r^2}\, r\mathrm{d}r\right]\mathrm{d}\theta$$

$$= \frac{32}{3}a^3 \int_0^{\frac{\pi}{2}} (1 - \sin^3\theta)\mathrm{d}\theta = \frac{32}{3}a^3 \left(\frac{\pi}{2} - \frac{2}{3}\right).$$

例 5 计算概率积分 $\displaystyle\int_0^{+\infty} \mathrm{e}^{-x^2}\, \mathrm{d}x$.

解 这是一个广义积分,由于 e^{-x^2} 的原函数不能用初等函数表示,因此利用广义积分无法计算,现在用二重积分来计算,其思想与广义积分一样.

设 $I(R) = \displaystyle\int_0^R \mathrm{e}^{-x^2}\, \mathrm{d}x$,其平方为

$$I^2(R) = \int_0^R \mathrm{e}^{-x^2}\, \mathrm{d}x \int_0^R \mathrm{e}^{-x^2}\, \mathrm{d}x = \int_0^R \mathrm{e}^{-x^2}\, \mathrm{d}x \int_0^R \mathrm{e}^{-y^2}\, \mathrm{d}y = \iint\limits_{\substack{0 \leqslant x \leqslant R \\ 0 \leqslant y \leqslant R}} \mathrm{e}^{-(x^2+y^2)}\, \mathrm{d}x\mathrm{d}y.$$

记区域 D:$0 \leqslant x \leqslant R, 0 \leqslant y \leqslant R$,设 D_1, D_2 分别表示圆域:$x^2 + y^2 \leqslant R^2$,$x^2 + y^2 \leqslant 2R^2$ 位于第一象限的两个扇形(图 3-3-9).

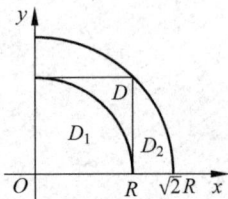

由于

$$\iint\limits_{D_1} \mathrm{e}^{-(x^2+y^2)}\, \mathrm{d}\sigma \leqslant I^2(R) \leqslant \iint\limits_{D_2} \mathrm{e}^{-(x^2+y^2)}\, \mathrm{d}\sigma,$$

由例 1 的计算结果可知:

$$\frac{\pi}{4}(1 - \mathrm{e}^{-R^2}) \leqslant I^2(R) \leqslant \frac{\pi}{4}(1 - \mathrm{e}^{-2R^2}).$$

图 3-3-9

当 $R \to +\infty$ 时,上式两端都以 $\dfrac{\pi}{4}$ 为极限,由夹逼定理知:

$$\left(\int_0^{+\infty} \mathrm{e}^{-x^2}\, \mathrm{d}x\right)^2 = \lim_{R \to +\infty} I^2(R) = \frac{\pi}{4}.$$

因此,$I = \dfrac{\sqrt{\pi}}{2}$,即 $\displaystyle\int_0^{+\infty} \mathrm{e}^{-x^2}\, \mathrm{d}x = \frac{\sqrt{\pi}}{2}$.

3.3.2 一般曲线坐标系中二重积分的计算

在实际问题中,仅用直角坐标和极坐标来计算二重积分是不够的,我们来看看一般曲线坐标系下的二重积分计算.

设函数 $f(x, y)$ 在 xOy 平面上的闭区域上连续,变换 $x = x(u, v)$,$y = y(u, v)$,将 uOv

平面上的闭区域 D'——对应地变成 xOy 平面上的闭区域 D,其中函数 $x = x(u, v), y = y(u, v)$ 在 D' 上有一阶连续偏导数,且在 D' 上雅可比行列式

$$\frac{\partial(x, y)}{\partial(u, v)} = \begin{vmatrix} \dfrac{\partial x}{\partial u} & \dfrac{\partial x}{\partial v} \\ \dfrac{\partial y}{\partial u} & \dfrac{\partial y}{\partial v} \end{vmatrix} \neq 0,$$

则有

$$\iint\limits_{D} f(x, y) \mathrm{d}\sigma = \iint\limits_{D'} f[x(u, v), y(u, v)] \left| \frac{\partial(x, y)}{\partial(u, v)} \right| \mathrm{d}u \mathrm{d}v.$$

这个公式称为二重积分的一般换元公式. 其中记号 $\mathrm{d}\sigma = \begin{vmatrix} \dfrac{\partial x}{\partial u} & \dfrac{\partial x}{\partial v} \\ \dfrac{\partial y}{\partial u} & \dfrac{\partial y}{\partial v} \end{vmatrix} \mathrm{d}u \mathrm{d}v$ 表示曲线坐标系下

的面积微元.

证明 略.

利用上述公式,我们验证极坐标系下的变换公式:$x = r\cos\theta, y = r\sin\theta$.

因为 $\dfrac{\partial(x, y)}{\partial(r, \theta)} = \begin{vmatrix} \cos\theta & -r\sin\theta \\ \sin\theta & r\cos\theta \end{vmatrix} = r$,所以,

$$\iint\limits_{D} f(x, y) \mathrm{d}\sigma = \iint\limits_{D'} f(r\cos\theta, r\sin\theta) r \mathrm{d}r \mathrm{d}\theta.$$

一般地,如果区域 D 用某种曲线坐标表示能使得积分更简单,就可以利用一般换元公式化简积分的计算.

例 6 求椭球体 $\dfrac{x^2}{a^2} + \dfrac{y^2}{b^2} + \dfrac{z^2}{c^2} \leqslant 1$ 的体积.

解 由对称性知,所求体积为

$$V = 8 \iint\limits_{D} c \sqrt{1 - \frac{x^2}{a^2} - \frac{y^2}{b^2}} \mathrm{d}\sigma,$$

其中积分区域 D:$\dfrac{x^2}{a^2} + \dfrac{y^2}{b^2} \leqslant 1, x \geqslant 0, y \geqslant 0$.

令 $x = ar\cos\theta, y = br\sin\theta$,称其为广义坐标变换,则积分限为

$$0 \leqslant \theta \leqslant \frac{\pi}{2}, \quad 0 \leqslant r \leqslant 1.$$

又 $J = \dfrac{\partial(x, y)}{\partial(r, \theta)} = \begin{vmatrix} a\cos\theta & -ar\sin\theta \\ b\sin\theta & br\cos\theta \end{vmatrix} = abr$,于是

$$V = 8abc \int_0^{\pi/2} \mathrm{d}\theta \int_0^1 \sqrt{1 - r^2} \, r \mathrm{d}r = 8abc \frac{\pi}{2} \left(-\frac{1}{2} \right) \int_0^1 \sqrt{1 - r^2} \, \mathrm{d}(1 - r^2) = \frac{4}{3} \pi abc.$$

特别的,当 $a = b = c$ 时,得到球体的体积为 $\dfrac{4}{3} \pi a^3$.

习题 3-3

1. 把 $\iint\limits_{D} f(x,y)\mathrm{d}x\mathrm{d}y$ 化为极坐标形式的二次积分, 其中积分区域 D 为:

(1) $x^2+y^2 \leqslant a^2\,(a>0)$; (2) $a^2 \leqslant x^2+y^2 \leqslant b^2\,(0<a<b)$;

(3) $x^2+y^2 \leqslant 2x$; (4) $0 \leqslant y \leqslant 1-x, 0 \leqslant x \leqslant 1$.

2. 化下列二次积分为极坐标形式的二次积分:

(1) $\displaystyle\int_0^1 \mathrm{d}x \int_0^1 f(x,y)\mathrm{d}y$; (2) $\displaystyle\int_1^2 \mathrm{d}x \int_x^{\sqrt{3}x} f(x,y)\mathrm{d}y$;

(3) $\displaystyle\int_0^1 \mathrm{d}x \int_{1-x}^{\sqrt{1-x^2}} f(x,y)\mathrm{d}y$; (4) $\displaystyle\int_0^1 \mathrm{d}x \int_0^{x^2} f(x,y)\mathrm{d}y$.

3. 化下列积分为极坐标形式并计算积分值:

(1) $\displaystyle\int_0^{2a} \mathrm{d}x \int_0^{\sqrt{2ax-x^2}} (x^2+y^2)\mathrm{d}y$; (2) $\displaystyle\int_0^a \mathrm{d}x \int_0^x \sqrt{x^2+y^2}\,\mathrm{d}y$;

(3) $\displaystyle\int_0^1 \mathrm{d}x \int_{x^2}^{x} (x^2+y^2)^{-\frac{1}{2}}\mathrm{d}y$; (4) $\displaystyle\int_0^a \mathrm{d}y \int_0^{\sqrt{a^2-y^2}} (x^2+y^2)\mathrm{d}x$.

4. 利用极坐标计算:

(1) $\iint\limits_{D} \mathrm{e}^{x^2+y^2} \mathrm{d}\sigma$, 其中 D 是由 $x^2+y^2=4$ 所围成的闭区域;

(2) $\iint\limits_{D} \ln(1+x^2+y^2) \mathrm{d}\sigma$, 其中 D 是由圆周 $x^2+y^2=1$ 及坐标轴所围成的在第一象限内的闭区域;

(3) $\iint\limits_{D} \arctan\dfrac{y}{x} \mathrm{d}\sigma$, 其中 D 是由 $x^2+y^2=4, x^2+y^2=1$ 及直线 $y=0, y=x$ 所围成的在第一象限内的闭区域.

5. 选用适当坐标计算下列各题:

(1) $\iint\limits_{D} \dfrac{x^2}{y^2} \mathrm{d}\sigma$, 其中 D 是由 $x=2, y=x, xy=1$ 所围成的闭区域;

(2) $\iint\limits_{D} \sqrt{\dfrac{1-x^2-y^2}{1+x^2+y^2}} \mathrm{d}\sigma$, 其中 D 是由圆周 $x^2+y^2=1$ 及坐标轴所围成的在第一象限的闭区域;

(3) $\iint\limits_{D} (x^2+y^2) \mathrm{d}\sigma$, 其中 D 是由直线 $y=x, y=x+a, y=3a\,(a>0)$ 所围成的闭区域;

(4) $\iint\limits_{D} \sqrt{x^2+y^2} \mathrm{d}\sigma$, 其中 D 是圆环形闭区域: $a^2 \leqslant x^2+y^2 \leqslant b^2$.

*6. 做适当变量代换证明等式: $\iint\limits_{D} f(x+y)\mathrm{d}x\mathrm{d}y = \displaystyle\int_{-1}^1 f(u)\mathrm{d}u$, 其中闭区域 D: $|x|+|y| \leqslant 1$.

3.4　二重积分的应用

我们可以利用二重积分求立体的体积,还可以利用二重积分求曲面面积和平面区域质心.

3.4.1　曲面面积

设曲面 Σ 的方程为

$$\Sigma: z = f(x,y),(x,y) \in D,$$

则计算曲面 Σ 的面积 A 的公式为

$$A = \iint\limits_{D} \sqrt{1+f_x^2+f_y^2}\,\mathrm{d}\sigma.$$

例 1　计算半径为 R 的球面面积.

解　设球面方程为 $x^2+y^2+z^2=R^2$,取其在第一卦限的部分,方程为 $z=\sqrt{R^2-x^2-y^2}$,有 $\dfrac{\partial z}{\partial x}=-\dfrac{x}{\sqrt{R^2-x^2-y^2}}$,$\dfrac{\partial z}{\partial y}=-\dfrac{y}{\sqrt{R^2-x^2-y^2}}$,所以 $\sqrt{1+f_x^2+f_y^2}=\dfrac{R}{\sqrt{R^2-x^2-y^2}}$,则面积为

$$A = 8\iint\limits_{D} \sqrt{1+f_x^2+f_y^2}\,\mathrm{d}\sigma = 8\iint\limits_{D} \frac{R}{\sqrt{R^2-x^2-y^2}}\,\mathrm{d}x\mathrm{d}y$$

$$= 8\int_0^{\frac{\pi}{2}}\mathrm{d}\theta\int_0^R \frac{Rr}{\sqrt{R^2-r^2}}\,\mathrm{d}r = 4\pi R^2.$$

例 2　求双曲抛物面 $z=xy$ 被柱面 $x^2+y^2=R^2$ 所截取的曲面面积.

解　截取的曲面在 xOy 平面上的投影为 $D: x^2+y^2 \leqslant R^2$,对于双曲抛物面 $z=xy$ 有 $\dfrac{\partial z}{\partial x}=y$,$\dfrac{\partial z}{\partial y}=x$,所以

$$A = \iint\limits_{D} \sqrt{1+\left(\frac{\partial z}{\partial x}\right)^2+\left(\frac{\partial z}{\partial y}\right)^2}\,\mathrm{d}x\mathrm{d}y = \iint\limits_{D} \sqrt{1+x^2+y^2}\,\mathrm{d}x\mathrm{d}y$$

$$= \int_0^{2\pi}\mathrm{d}\theta\int_0^R \sqrt{1+r^2}\cdot r\mathrm{d}r = \frac{2}{3}\pi\left[(1+R)^{\frac{3}{2}}-1\right].$$

3.4.2　质心

设有平面区域 D,则 D 的质心坐标 $(\bar{x},\bar{y})$ 可由下列公式计算:

$$\bar{x} = \frac{\iint\limits_{D} x\,\mathrm{d}\sigma}{\iint\limits_{D}\mathrm{d}\sigma} = \frac{\iint\limits_{D} x\,\mathrm{d}\sigma}{A(D)}, \quad \bar{y} = \frac{\iint\limits_{D} y\,\mathrm{d}\sigma}{\iint\limits_{D}\mathrm{d}\sigma} = \frac{\iint\limits_{D} y\,\mathrm{d}\sigma}{A(D)}.$$

其中 $A(D)$ 表示区域 D 的面积.

例 3 计算由直线 $y=x, y=2x$ 及 $y=1$ 所围成的三角形的质心坐标.

解 将三角形区域用不等式表示为

$$D: \begin{cases} 0 \leqslant y \leqslant 1, \\ \dfrac{y}{2} \leqslant x \leqslant y, \end{cases}$$

$$\iint_D d\sigma = \int_0^1 dy \int_{\frac{y}{2}}^y dx = \frac{1}{2} \int_0^1 y\, dy = \frac{1}{4};$$

$$\iint_D x\, d\sigma = \int_0^1 dy \int_{\frac{y}{2}}^y x\, dx = \frac{3}{8} \int_0^1 y^2\, dy = \frac{1}{8};$$

$$\iint_D y\, d\sigma = \int_0^1 y\, dy \int_{\frac{y}{2}}^y dx = \frac{1}{2} \int_0^1 y^2\, dy = \frac{1}{6}.$$

则

$$\bar{x} = \frac{\iint_D x\, d\sigma}{\iint_D d\sigma} = \frac{\frac{1}{8}}{\frac{1}{4}} = \frac{1}{2}, \quad \bar{y} = \frac{\iint_D y\, d\sigma}{\iint_D d\sigma} = \frac{\frac{1}{6}}{\frac{1}{4}} = \frac{2}{3}.$$

习题 3-4

1. 求下列曲面的面积:

(1) 锥面 $z=\sqrt{x^2+y^2}$ 被柱面 $z^2=2x$ 截得的部分;

(2) 曲面 $z=1-x^2-y^2$ 的 $z\geqslant 0$ 的部分;

(3) 旋转抛物面 $z=\dfrac{1}{2}(x^2+y^2)$ 被圆柱面 $x^2+y^2=1$ 截下的部分;

(4) 球面 $x^2+y^2+z^2=R^2$ 被柱面所截去的部分.

2. 求下列平面区域的质心:

(1) $D=\{(x,y) \mid x^2+y^2 \leqslant R^2, x\geqslant 0, y\geqslant 0\}$;

(2) 半圆环域 $D=\{(r,\varphi) \mid 1\leqslant r\leqslant 2, 0\leqslant \varphi\leqslant \pi\}$;

(3) 抛物线 $y=\sqrt{2px}$, 直线 $x=p$ 及 x 轴所围成的区域;

(4) $D: x \leqslant x^2+y^2 \leqslant 2x$.

总习题 3

1. 填空题

(1) 积分 $\displaystyle\int_0^2 dx \int_x^2 e^{-y^2}\, dy$ 的值是 _____.

(2) 若 D 是由 $x+y=1$ 和两坐标轴围成的三角形区域, 且 $\displaystyle\iint_D f(x)\, dx\, dy = \int_0^1 \varphi(x)\, dx$, 则 $\varphi(x)=$ _____.

(3) 交换积分次序：$\int_{-1}^{0}\mathrm{d}x\int_{x}^{0}f(x,y)\mathrm{d}y=$ _____；$\int_{0}^{1}\mathrm{d}y\int_{y^{2}}^{2-y}f(x,y)\mathrm{d}x=$ _____.

(4) 若 D：$\dfrac{(x-2)^{2}}{a^{2}}+\dfrac{(y+3)^{2}}{b^{2}}\leqslant1$，则 $\iint\limits_{D}2\mathrm{d}x\mathrm{d}y=$ _____.

(5) 设 D：$x^{2}+y^{2}\leqslant4$，则 $\iint\limits_{D}(x+y+1)\mathrm{d}\sigma=$ _____.

(6) $\iint\limits_{x^{2}+y^{2}\leqslant R^{2}}\left(\dfrac{x^{2}}{a^{2}}+\dfrac{y^{2}}{b^{2}}\right)\mathrm{d}x\mathrm{d}y=$ _____.

2. 计算二重积分：

(1) $\iint\limits_{D}(1+x)\sin y\mathrm{d}\sigma$，其中 D 是顶点分别为 $(0,0),(1,0),(1,2)$ 和 $(0,1)$ 的梯形闭区域；

(2) $\iint\limits_{D}(x^{2}-y^{2})\mathrm{d}\sigma$，其中 $D=\{(x,y)\mid0\leqslant y\leqslant\sin x,0\leqslant x\leqslant\pi\}$；

(3) $\iint\limits_{D}\sqrt{R^{2}-x^{2}-y^{2}}\mathrm{d}\sigma$，其中 D 是圆周 $x^{2}+y^{2}=Rx$ 所围成的闭区域；

(4) $\iint\limits_{D}(y^{2}+3x-6y+9)\mathrm{d}\sigma$，其中 $D=\{(x,y)\mid x^{2}+y^{2}\leqslant R^{2}\}$.

3. 交换二次积分的次序：

(1) $\int_{0}^{4}\mathrm{d}y\int_{-\sqrt{4-y}}^{\frac{1}{2}(y-4)}f(x,y)\mathrm{d}x$；

(2) $\int_{0}^{1}\mathrm{d}y\int_{0}^{2y}f(x,y)\mathrm{d}x+\int_{1}^{3}\mathrm{d}y\int_{0}^{3-y}f(x,y)\mathrm{d}x$；

(3) $\int_{0}^{1}\mathrm{d}x\int_{\sqrt{x}}^{1+\sqrt{1-x^{2}}}f(x,y)\mathrm{d}y$.

4. 证明：$\int_{0}^{a}\mathrm{d}y\int_{0}^{y}\mathrm{e}^{m(a-x)}f(x)\mathrm{d}x=\int_{0}^{a}(a-x)\mathrm{e}^{m(a-x)}f(x)\mathrm{d}x$.

5. 把积分 $\iint\limits_{D}f(x,y)\mathrm{d}x\mathrm{d}y$ 表示为极坐标形式的二次积分，其中积分区域 $D=\{(x,y)\mid x^{2}\leqslant y\leqslant1,-1\leqslant x\leqslant1\}$.

6. 设 f 是连续函数，区域 D 是由 $y=x^{3},y=1$ 及 $x=-1$ 所围成的区域，计算二重积分 $I=\iint\limits_{D}x[1+yf(x^{2}+y^{2})]\mathrm{d}x\mathrm{d}y$.

无 穷 级 数

第 4 章

无穷级数与微分、积分一样是微积分的一个重要组成部分,它是表示函数、研究函数的性质以及进行数值计算的一种工具,是微积分在理论研究和实际应用中的一个强有力的数学工具.无穷级数在近似计算、数值逼近、函数的展开与数值计算、求解微分方程等方面都有着重要的作用.研究无穷级数及其和,可以说是研究数列及其极限的另一种形式,而且在这方面表现出巨大的优越性.本章首先给出无穷级数的基本概念和性质,然后讨论常数项级数和幂级数以及函数展开成幂级数的方法.

4.1 常数项级数的概念和性质

4.1.1 常数项级数的概念

人们认识事物在数量方面的特性,往往有一个由近似到精确的过程.在这种认识过程中,会遇到由有限个数量相加到无穷多个数量相加的问题.

例如,计算半径为 R 的圆面积 S,做法如下:作圆的内接正六边形,算出这六边形的面积 u_1,它是圆面积 S 的一个粗糙的近似值.为了比较准确地计算出 S 的值,我们以这个正六边形的每一边为底分别作一个顶点在圆周上的等腰三角形(图 4-1-1),算出这六个等腰三角形的面积之和 u_2,那么 u_1+u_2(即内接正十二边形的面积)就是 S 的一个较好的近似值.同样地,在这正十二边形的每一边上分别作一个顶点在圆周上的等腰三角形,算出这十二个等腰三角形的面积之和 u_3,那么 $u_1+u_2+u_3$(即内接正二十四边形的面积)是 S 的一个更好的近似值.如此继续下去,内接正 3×2^n 边形的面积就逐步逼近圆面积:

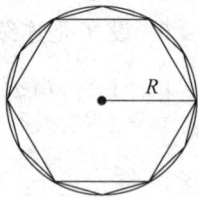

图 4-1-1

$$S\approx u_1,\quad S\approx u_1+u_2,\quad S\approx u_1+u_2+u_3,\quad\cdots,\quad S\approx u_1+u_2+\cdots+u_n.$$

如果内接正多边形的边数无限增多,即 n 无限增大,则和 $u_1+u_2+u_3+\cdots+u_n$ 的极限就是所要求的圆面积 S.这时和式中的项数无限增多,于是出现了无穷多个数量依次相加的数学式子.这种按照一定顺序的无穷多个数的和,就是无穷级数.

定义 1 设有数列

$$u_1, u_2, \cdots, u_n, \cdots$$

它的所有项的和

$$u_1 + u_2 + \cdots + u_n + \cdots$$

简记为 $\sum\limits_{n=1}^{\infty} u_n$，即

$$\sum_{n=1}^{\infty} u_n = u_1 + u_2 + \cdots + u_n + \cdots, \tag{4.1.1}$$

称为（常数项）**无穷级数**，简称（常数项）**级数**. 式中每一个数称为该常数项级数的一个项，例如，u_1 称为第 1 项，u_2 称为第 2 项. 其中第 n 项 u_n 称为级数的**通项**或**一般项**.

级数（4.1.1）前 n 项的和

$$S_n = u_1 + u_2 + \cdots + u_n = \sum_{i=1}^{n} u_i \tag{4.1.2}$$

称为级数（4.1.1）的**部分和**. 当 n 依次取 $1, 2, 3, \cdots$ 时，由部分和可以构成一个新的数列

$$S_1, S_2, \cdots, S_n, \cdots$$

其中

$$S_1 = u_1, \quad S_2 = u_1 + u_2, \quad S_3 = u_1 + u_2 + u_3, \quad \cdots,$$

$$S_n = u_1 + u_2 + \cdots + u_n = \sum_{i=1}^{n} u_i, \quad \cdots$$

称为**部分和数列**. 根据部分和数列 $\{S_n\}$ 是否收敛，给出下面定义.

定义 2 当 $n \to \infty$ 时，如果数列 $\{S_n\}$ 的极限存在，即

$$\lim_{n \to \infty} S_n = S \ (S \text{ 是有限常数}),$$

则称级数（4.1.1）收敛，S 称为这级数的和，记作

$$S = \sum_{n=1}^{\infty} u_n = u_1 + u_2 + \cdots + u_n + \cdots. \tag{4.1.3}$$

当 $n \to \infty$ 时，如果数列 $\{S_n\}$ 的极限不存在，则称级数（4.1.1）**发散**（发散的级数没有和）.

当级数收敛时，其和 S 与部分和 S_n 的差

$$R_n = S - S_n = u_{n+1} + u_{n+2} + \cdots, \tag{4.1.4}$$

称为级数的**余项**.

由于 $\lim\limits_{n \to \infty} R_n = \lim\limits_{n \to \infty}(S - S_n) = S - \lim\limits_{n \to \infty} S_n = S - S = 0$，因此当 n 较大时，可用 S_n 近似代替 S，而误差为 $|R_n|$.

例 1 讨论级数 $\sum\limits_{n=1}^{\infty} \dfrac{1}{n(n+1)}$ 的敛散性.

解 显然，部分和为

$$S_n = \sum_{k=1}^{n} \frac{1}{k(k+1)} = \frac{1}{1 \times 2} + \frac{1}{2 \times 3} + \cdots + \frac{1}{n \cdot (n+1)}$$

$$= \left(1 - \frac{1}{2}\right) + \left(\frac{1}{2} - \frac{1}{3}\right) + \cdots + \left(\frac{1}{n} - \frac{1}{n+1}\right) = 1 - \frac{1}{n+1},$$

从而有

$$\lim_{n \to \infty} S_n = \lim_{n \to \infty} \left(1 - \frac{1}{n+1} \right) = 1,$$

所以级数 $\displaystyle\sum_{n=1}^{\infty} \frac{1}{n(n+1)}$ 收敛,并且和为 1.

例 2　讨论级数 $\displaystyle\sum_{n=1}^{\infty} \ln\left(1 + \frac{1}{n} \right)$ 的敛散性.

解　由于通项 $u_n = \ln\left(1 + \frac{1}{n} \right) = \ln(n+1) - \ln n$,因此部分和为

$$S_n = \sum_{k=1}^{n} \ln\left(1 + \frac{1}{k} \right) = (\ln 2 - \ln 1) + (\ln 3 - \ln 2) + \cdots + [\ln(n+1) - \ln n]$$
$$= \ln(n+1),$$

从而有

$$\lim_{n \to \infty} S_n = \lim_{n \to \infty} \ln(n+1) = +\infty,$$

所以级数 $\displaystyle\sum_{n=1}^{\infty} \ln\left(1 + \frac{1}{n} \right)$ 发散.

例 3　证明几何级数(等比级数)

$$\sum_{n=1}^{\infty} aq^{n-1} = a + aq + aq^2 + \cdots + aq^{n-1} + \cdots (a \neq 0, q \text{ 为公比})$$

当 $|q| < 1$ 时,收敛;当 $|q| \geqslant 1$ 时,发散.

证　(1) 当 $|q| \neq 1$ 时,部分和

$$S_n = a + aq + aq^2 + \cdots + aq^{n-1} = \frac{a(1-q^n)}{1-q}.$$

若 $|q| < 1$,则

$$\lim_{n \to \infty} S_n = \lim_{n \to \infty} \left(\frac{a}{1-q} - \frac{aq^n}{1-q} \right) = \lim_{n \to \infty} \frac{a}{1-q} - \lim_{n \to \infty} \frac{aq^n}{1-q}$$
$$= \lim_{n \to \infty} \frac{a}{1-q} - \frac{a}{1-q} \lim_{n \to \infty} q^n = \frac{q}{1-q},$$

这时级数收敛,和 $S = \dfrac{a}{1-q}$.

若 $|q| > 1$,则

$$\lim_{n \to \infty} S_n = \lim_{n \to \infty} \left(\frac{a}{1-q} - \frac{aq^n}{1-q} \right) = \lim_{n \to \infty} \frac{a}{1-q} - \frac{a}{1-q} \lim_{n \to \infty} q^n = \infty,$$

这时级数发散.

(2) 当 $q = 1$ 时,$S_n = na$,从而 $\displaystyle\lim_{n \to \infty} S_n = \lim_{n \to \infty} na = \infty$,这时级数发散.

(3) 当 $q = -1$ 时,级数成为

$$a - a + a - a + \cdots + a - a + \cdots,$$
$$S_n = \begin{cases} 0, & n \text{ 为偶数}, \\ a, & n \text{ 为奇数}. \end{cases}$$

从而 $\displaystyle\lim_{n \to \infty} S_n$ 不存在,这时级数发散.

综上所述,几何级数(等比级数) $\displaystyle\sum_{n=1}^{\infty} aq^{n-1} = a + aq + aq^2 + \cdots + aq^{n-1} + \cdots$,当 $|q| < 1$

时,级数收敛,当 $|q| \geqslant 1$ 时,级数发散.

例 4 判别级数 $\sum\limits_{n=1}^{\infty} \dfrac{1}{2^{n-1}}$ 的敛散性.

解 因为级数

$$\sum_{n=1}^{\infty} \frac{1}{2^{n-1}} = 1 + \frac{1}{2} + \frac{1}{4} + \frac{1}{8} + \cdots + \frac{1}{2^{n-1}} + \cdots$$

是等比级数,且 $q = \dfrac{1}{2}$,满足 $|q| = \dfrac{1}{2} < 1$,所以该级数收敛,其和为

$$S = \frac{a}{1-q} = \frac{1}{1 - \dfrac{1}{2}} = 2.$$

例 5 证明调和级数

$$\sum_{n=1}^{\infty} \frac{1}{n} = 1 + \frac{1}{2} + \frac{1}{3} + \cdots + \frac{1}{n} + \cdots$$

发散.

证 因为 $y = \ln x$ 在 $[n, n+1]$ 上连续,$(n, n+1)$ 内可导,由拉格朗日中值定理,得

$$\ln(n+1) - \ln n = \frac{1}{\xi}, \quad \xi \in (n, n+1),$$

所以 $\dfrac{1}{n} > \dfrac{1}{\xi}$,即 $\dfrac{1}{n} > \ln(n+1) - \ln n$. 因此,

$$S_n = 1 + \frac{1}{2} + \frac{1}{3} + \cdots + \frac{1}{n} > (\ln 2 - \ln 1) + (\ln 3 - \ln 2) + \cdots + (\ln(n+1) - \ln n)$$
$$= \ln(n+1),$$

于是 $\lim\limits_{n \to \infty} S_n = \infty$,故调和级数发散.

4.1.2 常数项级数的基本性质

根据无穷级数收敛、发散以及求和的概念,可以得出收敛级数的几个基本性质.

性质 1 如果级数

$$\sum_{n=1}^{\infty} u_n = u_1 + u_2 + \cdots + u_n + \cdots$$

与级数

$$\sum_{n=1}^{\infty} v_n = v_1 + v_2 + \cdots + v_n + \cdots$$

都收敛,且和分别为 S 和 σ,则级数

$$\sum_{n=1}^{\infty} (u_n \pm v_n) = (u_1 \pm v_1) + (u_2 \pm v_2) + \cdots + (u_n \pm v_n) + \cdots$$

也收敛,且和为 $S \pm \sigma$.

证 设

$$S_n = u_1 + u_2 + \cdots + u_n,$$

则 $\lim\limits_{n \to \infty} S_n = S.$

$$\sigma_n = v_1 + v_2 + \cdots + v_n,$$

则 $\lim\limits_{n \to \infty} \sigma_n = \sigma.$

又

$$M_n = (u_1 \pm v_1) + (u_2 \pm v_2) + \cdots + (u_n \pm v_n)$$
$$= (u_1 + u_2 + \cdots + u_n) \pm (v_1 + v_2 + \cdots + v_n)$$
$$= S_n \pm \sigma_n,$$

因此

$$\lim_{n \to \infty} M_n = \lim_{n \to \infty} (S_n \pm \sigma_n) = \lim_{n \to \infty} S_n \pm \lim_{n \to \infty} \sigma_n = S \pm \sigma.$$

所以

$$\sum_{n=1}^{\infty} (u_n \pm v_n) = S \pm \sigma = \sum_{n=1}^{\infty} u_n \pm \sum_{n=1}^{\infty} v_n.$$

性质 1 也可以表述为:**两个收敛级数可以逐项相加与逐项相减.**

例 6 判断级数

$$\left(\frac{1}{2} + \frac{1}{3}\right) + \left(\frac{1}{4} + \frac{1}{9}\right) + \left(\frac{1}{8} + \frac{1}{27}\right) + \cdots$$

的敛散性.

解 因为级数

$$\frac{1}{2} + \frac{1}{4} + \frac{1}{8} + \cdots + \frac{1}{2^n} + \cdots$$

是公比 $q = \frac{1}{2}$ 的等比级数,满足 $|q| < 1$ 所以收敛.

又

$$\frac{1}{3} + \frac{1}{9} + \frac{1}{27} + \cdots + \frac{1}{3^n} + \cdots$$

是公比 $q = \frac{1}{3}$ 的等比级数,满足 $|q| < 1$ 所以收敛.

故由性质 1 知,所求级数 $\left(\frac{1}{2} + \frac{1}{3}\right) + \left(\frac{1}{4} + \frac{1}{9}\right) + \left(\frac{1}{8} + \frac{1}{27}\right) + \cdots$ 收敛.

性质 2 如果级数

$$\sum_{n=1}^{\infty} u_n = u_1 + u_2 + \cdots + u_n + \cdots$$

收敛,且和为 S,则它的每一项都乘以一个常数 k 后,所得的级数

$$\sum_{n=1}^{\infty} k u_n = k u_1 + k u_2 + \cdots + k u_n + \cdots$$

也收敛,且其和为 kS.

证 设级数

$$\sum_{n=1}^{\infty} u_n = u_1 + u_2 + \cdots + u_n + \cdots$$

的前 n 项和

$$S_n = u_1 + u_2 + \cdots + u_n,$$

则 $\lim_{n\to\infty}S_n=S.$

设级数

$$\sum_{n=1}^{\infty}ku_n=ku_1+ku_2+\cdots+ku_n+\cdots$$

的前 n 项和

$$K_n=ku_1+ku_2+\cdots+ku_n=k(u_1+u_2+\cdots+u_n)=kS_n,$$

因此,

$$\lim_{n\to\infty}K_n=\lim_{n\to\infty}kS_n=k\lim_{n\to\infty}S_n=kS.$$

故

$$\sum_{n=1}^{\infty}ku_n=kS=k\sum_{n=1}^{\infty}u_n.$$

由以上可见,当 $k\neq0$ 时,如果 $\lim_{n\to\infty}S_n$ 不存在,则 $\lim_{n\to\infty}K_n$ 也不存在,所以有结论:级数的每一项都乘以一个不为零的常数 k 后,其敛散性不变.

例 7 判断级数

$$\sum_{n-1}^{\infty}\frac{7}{n}=7+\frac{7}{2}+\frac{7}{3}+\frac{7}{4}+\cdots+\frac{7}{n}+\cdots$$

的敛散性.

解 因为调和级数 $\sum_{n-1}^{\infty}\frac{1}{n}$ 发散,所以由性质2,各项都乘以7,即级数 $\sum_{n-1}^{\infty}\frac{7}{n}=7+\frac{7}{2}+\frac{7}{3}+\frac{7}{4}+\cdots+\frac{7}{n}+\cdots$ 也发散.

性质 3 在级数中去掉、加上或改变有限项,不会改变级数的敛散性.

证 这里只证明"改变级数前面有限项,不会改变级数的敛散性",其他两种情况类似可证.

设级数

$$\sum_{n=1}^{\infty}u_n=u_1+u_2+\cdots+u_k+u_{k+1}+\cdots+u_n+\cdots, \tag{4.1.5}$$

改变它的前 k 项,得到一个新级数

$$v_1+v_2+\cdots+v_k+u_{k+1}+\cdots+u_n+\cdots. \tag{4.1.6}$$

设级数(4.1.5)的前 n 项和为 A_n,则

$$A_n=u_1+u_2+\cdots+u_k+u_{k+1}+\cdots+u_n,$$

又设 $u_1+u_2+\cdots+u_k=a$,则

$$A_n=a+u_{k+1}+\cdots+u_n.$$

设级数(4.1.6)的前 n 项和为 B_n,则

$$B_n=v_1+v_2+\cdots+v_k+u_{k+1}+\cdots+u_n,$$

又设 $v_1+v_2+\cdots+v_k=b$,则

$$B_n=b+u_{k+1}+\cdots+u_n=b+A_n-a,$$

$$\lim_{n\to\infty}B_n=\lim_{n\to\infty}A_n-a+b.$$

因为 $\lim_{n\to\infty}B_n$ 与 $\lim_{n\to\infty}A_n$ 同时存在或同时不存在,所以级数(4.1.5)与(4.1.6)同时收敛或

同时发散.

例 8　判断级数

$$\frac{1}{2}+\frac{1}{3}+\cdots+\frac{1}{n+1}+\cdots$$

和级数

$$5+\frac{1}{2}+\frac{1}{4}+\frac{1}{8}+\cdots+\frac{1}{2^n}+\cdots$$

的敛散性.

解　因为调和级数 $\sum\limits_{n=1}^{\infty}\cdot\frac{1}{n}$ 发散,那么,在前面去掉一项,所得级数

$$\frac{1}{2}+\frac{1}{3}+\cdots+\frac{1}{n+1}+\cdots$$

也发散.

又 $\frac{1}{2}+\frac{1}{4}+\frac{1}{8}+\cdots+\frac{1}{2^n}+\cdots$ 是公比 $q=\frac{1}{2}$ 的等比级数,满足 $|q|<1$,所以收敛.

在前面增加一项,所得级数 $5+\frac{1}{2}+\frac{1}{4}+\frac{1}{8}+\cdots+\frac{1}{2^n}+\cdots$ 也收敛.

性质 4　如果一个级数收敛,则加括号后所得的级数也收敛,且和不变.

证　设级数 $\sum\limits_{n=1}^{\infty}u_n=S$,其前 n 项和为 S_n,对此级数的项任意加括号后,所得级数为 $(u_1+\cdots+u_{n_1})+(u_{n_1+1}+\cdots+u_{n_2})+\cdots+(u_{n_{k-1}+1}+\cdots+u_{n_k})+\cdots$.

它的前 k 项和为 A_k,即

$$A_1=(u_1+\cdots+u_{n_1})=S_{n_1},$$

$$A_2=(u_1+\cdots+u_{n_1})+(u_{n_1+1}+\cdots+u_{n_2})=S_{n_2},$$

$$\vdots$$

$$A_k=(u_1+\cdots+u_{n_1})+(u_{n_1+1}+\cdots+u_{n_2})+\cdots+(u_{n_{k-1}+1}+\cdots+u_{n_k})=S_{n_k},$$

$$\vdots$$

易见,数列 $\{A_k\}$ 是数列 $\{S_n\}$ 的子数列,因为数列 $\{S_n\}$ 收敛,所以数列 $\{A_k\}$ 也收敛,且 $\lim\limits_{k\to\infty}A_k=\lim\limits_{n\to\infty}S_n$. 即如果一个级数收敛,则加括号后所成的级数也收敛,且和不变.

注　(1) 该命题的逆否命题也成立,即加括号后的级数发散,则原级数也发散.

(2) 该命题的逆命题不成立,即加括号后的级数收敛,但是原级数不一定收敛.

习题 4-1

1. 写出下列级数的一般项:

(1) $1+\frac{1}{3}+\frac{1}{5}+\frac{1}{7}+\cdots$;

(2) $\frac{2}{1}-\frac{3}{2}+\frac{4}{3}-\frac{5}{4}+\frac{6}{5}-\frac{7}{6}+\cdots$;

(3) $\frac{x^2}{3}-\frac{x^3}{5}+\frac{x^4}{7}-\frac{x^5}{9}+\cdots$;

(4) $\frac{2}{2}x+\frac{2^2}{5}x^2+\frac{2^3}{10}x^3+\frac{2^4}{17}x^4+\cdots$.

2. 用定义判别下列级数的敛散性:

(1) $\displaystyle\sum_{n=1}^{\infty} \frac{1}{n(n+1)}$;

(2) $\displaystyle\sum_{n=1}^{\infty} (\sqrt{n+1} - \sqrt{n})$;

(3) $\displaystyle\sum_{n=1}^{\infty} \frac{2}{3^n}$;

(4) $\displaystyle\sum_{n=1}^{\infty} \ln\left(1 + \frac{1}{n}\right)$.

3. 判别下列级数的敛散性:

(1) $\displaystyle\sum_{n=1}^{\infty} (-1)^{n-1} \frac{5^n}{7^n}$;

(2) $\displaystyle\sum_{n=1}^{\infty} \frac{2n-1}{2n}$;

(3) $\displaystyle\sum_{n=1}^{\infty} \frac{5}{2n}$;

(4) $\displaystyle\sum_{n=1}^{\infty} \left(\frac{5}{8^n} + \frac{1}{3^n}\right)$;

(5) $3 + \sqrt{3} + \sqrt[3]{3} + \sqrt[4]{3} + \cdots + \sqrt[n]{3} + \cdots$;

(6) $\displaystyle\sum_{n=1}^{\infty} \left(\frac{1}{2^n} + \frac{1}{10^n}\right)$;

(7) $\displaystyle\sum_{n=1}^{\infty} \frac{1}{\left(1 + \frac{1}{n}\right)^n}$;

(8) $\displaystyle\sum_{n=1}^{\infty} \cos\frac{\pi}{n}$.

4. 求级数 $\displaystyle\sum_{n=1}^{\infty} \frac{1}{n(n+1)(n+2)}$ 的和.

5. 设级数的前 n 项和为 $S_n = \dfrac{1}{n+1} + \cdots + \dfrac{1}{n+n}$,求级数的一般项 a_n 及和 S.

6. 设 $\{S_n\}$ 为级数 $\displaystyle\sum_{n=1}^{\infty} u_n$ 的部分和数列.

(1) 写出 $\{S_{2n}\}$ 和 $\{S_{2n+1}\}$ 的关系;

(2) 写出 $\{S_{2n}\}$,$\{S_{2n+1}\}$ 与 $\{S_n\}$ 的关系;

(3) 已知 $\displaystyle\lim_{n\to\infty} S_{2n} = S$ 且 $\displaystyle\lim_{n\to\infty} u_n = 0$,证明:级数 $\displaystyle\sum_{n=1}^{\infty} u_n$ 收敛.

7. 试问:(1)一个收敛级数与一个发散级数逐项相加所组成的级数一定发散;(2)两个发散级数逐项相加所组成的级数可能收敛.这两种说法正确吗? 为什么?

8. 已知级数 $\displaystyle\sum_{n=1}^{\infty} \frac{\pi^{2n}}{(2n)!}$ 收敛,求 $\displaystyle\lim_{n\to\infty} \frac{\pi^{2n}}{(2n)!}$.

9. 已知级数 $\displaystyle\sum_{n=1}^{\infty} (-1)^n a_n = 2$,$\displaystyle\sum_{n=1}^{\infty} a_{2n-1} = 5$,求级数 $\displaystyle\sum_{n=1}^{\infty} a_n$ 的和.

4.2 正项级数的判别法

4.2.1 正项级数的概念

一般的常数项级数,它的各项可以是正数、负数,或者零.各项都非负的级数称为**正项级数**.这种级数特别重要,许多级数的收敛性问题可归结为正项级数的收敛问题.

定义 1 如果级数

$$\sum_{n=1}^{\infty} u_n = u_1 + u_2 + \cdots + u_n + \cdots$$

满足条件 $u_n \geqslant 0 (n=1,2,3,\cdots)$，则称级数 $\sum\limits_{n=1}^{\infty} u_n$ 为正项级数.

因为正项级数的一般项 $u_n \geqslant 0$，所以正项级数的部分和数列 $\{S_n\}$ 是单调增加数列，即
$$S_1 \leqslant S_2 \leqslant S_3 \leqslant \cdots \leqslant S_{n-1} \leqslant S_n \leqslant \cdots$$

由数列极限存在的准则知，如果单调增加数列有上界，则它收敛；否则发散. 于是，有以下定理.

定理 1　(1) 正项级数 $\sum\limits_{n=1}^{\infty} u_n$ 收敛的充分必要条件是它的部分和数列 $\{S_n\}$ 有界.

(2) 正项级数 $\sum\limits_{n=1}^{\infty} u_n$ 发散的充分必要条件是 $\lim\limits_{n \to \infty} S_n = +\infty$.

例 1　判断级数 $\sum\limits_{n=1}^{\infty} \dfrac{1}{2^n + 3^n}$ 的敛散性.

解　显然级数 $\sum\limits_{n=1}^{\infty} \dfrac{1}{2^n + 3^n}$ 是正项级数，由于

$$S_n = \sum_{k=1}^{n} \frac{1}{2^k + 3^k} < \sum_{k=1}^{n} \frac{1}{2^k} = \frac{1}{2} \cdot \frac{1 - \dfrac{1}{2^n}}{1 - \dfrac{1}{2}} = 1 - \frac{1}{2^n} < 1, \quad n = 1,2,3,\cdots,$$

因此由定理 1 知级数 $\sum\limits_{n=1}^{\infty} \dfrac{1}{2^n + 3^n}$ 收敛.

例 2　判定 p-级数

$$\sum_{n=1}^{\infty} \frac{1}{n^p} = 1 + \frac{1}{2^p} + \frac{1}{3^p} + \cdots + \frac{1}{n^p} + \cdots$$

的敛散性.

解　显然 p-级数为正项级数.

当 $p \leqslant 1$ 时，因为 $\dfrac{1}{n^p} \geqslant \dfrac{1}{n}$，即

$$S_n = 1 + \frac{1}{2^p} + \frac{1}{3^p} + \cdots + \frac{1}{n^p} \geqslant 1 + \frac{1}{2} + \frac{1}{3} + \cdots + \frac{1}{n},$$

又因为调和级数 $\sum\limits_{n=1}^{\infty} \dfrac{1}{n} = 1 + \dfrac{1}{2} + \dfrac{1}{3} + \cdots + \dfrac{1}{n} + \cdots$ 是正项级数且发散，于是

$$\lim_{n \to \infty} \left(1 + \frac{1}{2} + \frac{1}{3} + \cdots + \frac{1}{n} \right) = +\infty,$$

从而 $\lim\limits_{n \to \infty} S_n = +\infty$. 故当 $p \leqslant 1$ 时，p-级数发散.

当 $p > 1$ 时，因为当 $k - 1 \leqslant x \leqslant k$ 时，有 $\dfrac{1}{k^p} \leqslant \dfrac{1}{x^p}$，所以

$$\frac{1}{k^p} = \int_{k-1}^{k} \frac{1}{k^p} \mathrm{d}x \leqslant \int_{k-1}^{k} \frac{1}{x^p} \mathrm{d}x, \quad k = 2,3,\cdots,$$

从而 p-级数的部分和

$$S_n = 1 + \sum_{k=2}^{n} \frac{1}{k^p} \leqslant 1 + \sum_{k=2}^{n} \int_{k-1}^{k} \frac{1}{x^p} \mathrm{d}x = 1 + \int_{1}^{n} \frac{1}{x^p} \mathrm{d}x$$

$$= 1 + \frac{1}{p-1} \left(1 - \frac{1}{n^{p-1}} \right) < 1 + \frac{1}{p-1}, \quad k = 2,3,\cdots.$$

这表明数列 $\{S_n\}$ 有界.

综上,当 $p \leqslant 1$ 时,p-级数发散;当 $p > 1$ 时,p-级数收敛.

4.2.2 正项级数敛散性的判别法

由正项级数敛散性的充分必要条件可以推出一系列判别正项级数敛散性的方法.

1. 比较判别法

定理 2(比较判别法) 如果级数 $\sum\limits_{n=1}^{\infty} u_n$ 与 $\sum\limits_{n=1}^{\infty} v_n$ 都是正项级数,且 $u_n \leqslant v_n$($n=1,2,3,\cdots$),那么

(1) 若级数 $\sum\limits_{n=1}^{\infty} v_n$ 收敛,则级数 $\sum\limits_{n=1}^{\infty} u_n$ 收敛;

(2) 若级数 $\sum\limits_{n=1}^{\infty} u_n$ 发散,则级数 $\sum\limits_{n=1}^{\infty} v_n$ 发散.

证 设级数 $\sum\limits_{n=1}^{\infty} u_n$ 和 $\sum\limits_{n=1}^{\infty} v_n$ 的部分和分别是 A_n,B_n,即
$$A_n = u_1 + u_2 + \cdots + u_n,$$
$$B_n = v_1 + v_2 + \cdots + v_n,$$
因为 $u_n \leqslant v_n$,所以 $A_n \leqslant B_n$.

(1) 若级数 $\sum\limits_{n=1}^{\infty} v_n$ 收敛,则它的部分和数列 $\{B_n\}$ 有界,从而级数 $\sum\limits_{n=1}^{\infty} u_n$ 的部分和数列 $\{A_n\}$ 有界,于是级数 $\sum\limits_{n=1}^{\infty} u_n$ 收敛.

(2) 若级数 $\sum\limits_{n=1}^{\infty} u_n$ 发散,用反证法,设级数 $\sum\limits_{n=1}^{\infty} v_n$ 收敛,由(1)得级数 $\sum\limits_{n=1}^{\infty} u_n$ 收敛,与条件矛盾,故若级数 $\sum\limits_{n=1}^{\infty} u_n$ 发散,则级数 $\sum\limits_{n=1}^{\infty} v_n$ 发散.

定理 2 要求两个正项级数的每一对应项之间都应该满足一种大小关系. 由于级数的每一项都乘以一个不为零的常数后,其敛散性不变;且去掉前面有限项,不会改变级数的敛散性,可得到下面的结论.

推论 如果级数 $\sum\limits_{n=1}^{\infty} u_n$ 与 $\sum\limits_{n=1}^{\infty} v_n$ 都是正项级数,且 $u_n \leqslant k v_n$(从某一项起),那么

(1) 若级数 $\sum\limits_{n=1}^{\infty} v_n$ 收敛,则级数 $\sum\limits_{n=1}^{\infty} u_n$ 收敛:

(2) 若级数 $\sum\limits_{n=1}^{\infty} u_n$ 发散. 则级数 $\sum\limits_{n=1}^{\infty} v_n$ 发散.

例 3 判别下列级数的敛散性:

(1) $\sum\limits_{n=1}^{\infty} \dfrac{1}{n^n} = 1 + \dfrac{1}{2^2} + \dfrac{1}{3^3} + \cdots + \dfrac{1}{n^n} + \cdots$;

(2) $\sum\limits_{n=1}^{\infty} \dfrac{1}{(n+1)^2} = \dfrac{1}{2^2} + \dfrac{1}{3^2} + \cdots + \dfrac{1}{(n+1)^2} + \cdots$;

(3) $\sum\limits_{n=1}^{\infty} \dfrac{1}{\sqrt{n(n+1)}}$;

(4) $\sum\limits_{n=1}^{\infty} \dfrac{2n+1}{(n+1)^2(n+2)^2}$.

解　(1) 因为 $\dfrac{1}{n^n} \leqslant \dfrac{1}{2^n}(n \geqslant 2)$,且级数 $\sum\limits_{n=1}^{\infty} \dfrac{1}{2^n} = 1 + \dfrac{1}{2^2} + \dfrac{1}{2^3} + \cdots + \dfrac{1}{2^n} + \cdots$ 是公比 $q = \dfrac{1}{2}$

的等比级数,所以收敛,和 $S = \dfrac{a}{1-q} = \dfrac{1}{1 - \dfrac{1}{2}} = 2$,所以级数 $\sum\limits_{n=1}^{\infty} \dfrac{1}{n^n}$ 收敛.

(2) 因为 $\dfrac{1}{(n+1)^2} \leqslant \dfrac{1}{n^2}$,又因为 $\sum\limits_{n=1}^{\infty} \dfrac{1}{n^2}$ 收敛(是 $p=2$ 的 p- 级数),所以 $\sum\limits_{n=1}^{\infty} \dfrac{1}{(n+1)^2}$

收敛.

(3) 因为 $\dfrac{1}{\sqrt{n(n+1)}} > \dfrac{1}{n+1}$,级数 $\sum\limits_{n=1}^{\infty} \dfrac{1}{n+1}$ 发散,所以级数 $\sum\limits_{n=1}^{\infty} \dfrac{1}{\sqrt{n(n+1)}}$ 发散.

(4) 因为

$$\dfrac{2n+1}{(n+1)^2(n+2)^2} < \dfrac{2n+2}{(n+1)^2(n+2)^2} < \dfrac{2}{(n+1)^3} < \dfrac{2}{n^3},$$

级数 $\sum\limits_{n=1}^{\infty} \dfrac{1}{n^3}$ 收敛,所以,级数 $\sum\limits_{n=1}^{\infty} \dfrac{2n+1}{(n+1)^2(n+2)^2}$ 收敛.

下面给出比较判别法的极限形式.

定理 3（**比较判别法的极限形式**）　如果级数 $\sum\limits_{n=1}^{\infty} u_n$ 与 $\sum\limits_{n=1}^{\infty} v_n$ 都是正项级数,且

$\lim\limits_{n \to \infty} \dfrac{u_n}{v_n} = l$,则

(1) 当 $0 < l < +\infty$ 时,$\sum\limits_{n=1}^{\infty} u_n$ 与 $\sum\limits_{n=1}^{\infty} v_n$ 有相同的敛散性;

(2) 当 $l=0$ 时,若 $\sum\limits_{n=1}^{\infty} v_n$ 收敛,则 $\sum\limits_{n=1}^{\infty} u_n$ 收敛;若 $\sum\limits_{n=1}^{\infty} u_n$ 发散,则 $\sum\limits_{n=1}^{\infty} v_n$ 发散;

(3) 当 $l=+\infty$ 时,若 $\sum\limits_{n=1}^{\infty} u_n$ 收敛,则 $\sum\limits_{n=1}^{\infty} v_n$ 收敛;若 $\sum\limits_{n=1}^{\infty} v_n$ 发散,则 $\sum\limits_{n=1}^{\infty} u_n$ 发散.

证　(1) 当 $0 < l < +\infty$ 时,由 $\lim\limits_{n \to \infty} \dfrac{u_n}{v_n} = l$,对于 $\varepsilon = \dfrac{l}{2}$,存在正整数 N,当 $n > N$ 时,有

$\left| \dfrac{u_n}{v_n} - l \right| < \varepsilon = \dfrac{l}{2}$,即 $\dfrac{l}{2} < \dfrac{u_n}{v_n} < \dfrac{3l}{2}$,所以 $\dfrac{l}{2} v_n < u_n < \dfrac{3l}{2} v_n$,由比较判别法的推论知 $\sum\limits_{n=1}^{\infty} u_n$ 与

$\sum\limits_{n=1}^{\infty} v_n$ 有相同的敛散性.

(2) 当 $l=0$ 时,对于 $\varepsilon = 1$,存在正整数 N,当 $n > N$ 时,有 $\left| \dfrac{u_n}{v_n} \right| < \varepsilon = 1$,即 $u_n < v_n$,由比

较判别法知：若 $\sum\limits_{n=1}^{\infty} v_n$ 收敛,则 $\sum\limits_{n=1}^{\infty} u_n$ 收敛;若 $\sum\limits_{n=1}^{\infty} u_n$ 发散,则 $\sum\limits_{n=1}^{\infty} v_n$ 发散.

(3) 当 $l=+\infty$ 时,由 $\lim\limits_{n \to \infty} \dfrac{u_n}{v_n} = +\infty$,有 $\lim\limits_{n \to \infty} \dfrac{v_n}{u_n} = 0$,则由(2)可知结论成立.

例 4 判别下列级数的敛散性:

(1) $\sum\limits_{n=1}^{\infty}\ln\left(1+\dfrac{1}{n^2}\right)$;

(2) $\sum\limits_{n=1}^{\infty}\dfrac{n+1}{n^2+5n+2}$;

(3) $\sum\limits_{n=1}^{\infty}\dfrac{1}{2^n-n}$;

(4) $\sum\limits_{n=1}^{\infty}\dfrac{\ln n}{n^{\frac{5}{4}}}$.

解 (1) 因为

$$\lim_{n\to\infty}\frac{\ln\left(1+\dfrac{1}{n^2}\right)}{\dfrac{1}{n^2}}=\lim_{n\to\infty}\ln\left(1+\frac{1}{n^2}\right)^{n^2}=\ln\lim_{n\to\infty}\left(1+\frac{1}{n^2}\right)^{n^2}=\ln e=1,$$

且级数 $\sum\limits_{n=1}^{\infty}\dfrac{1}{n^2}$ 收敛(是 $p=2$ 的 p- 级数),所以,级数 $\sum\limits_{n=1}^{\infty}\ln\left(1+\dfrac{1}{n^2}\right)$ 收敛.

(2) 因为

$$\lim_{n\to\infty}\frac{\dfrac{n+1}{n^2+5n+2}}{\dfrac{1}{n}}=\lim_{n\to\infty}\frac{n^2+n}{n^2+5n+2}=1,$$

且级数 $\sum\limits_{n=1}^{\infty}\dfrac{1}{n}$ 发散,所以,级数 $\sum\limits_{n=1}^{\infty}\dfrac{n+1}{n^2+5n+2}$ 发散.

(3) 因为

$$\lim_{n\to\infty}\frac{\dfrac{1}{2^n-n}}{\dfrac{1}{2^n}}=\lim_{n\to\infty}\frac{2^n}{2^n-n}=1,$$

且级数 $\sum\limits_{n=1}^{\infty}\dfrac{1}{2^n}$ 收敛,所以级数 $\sum\limits_{n=1}^{\infty}\dfrac{1}{2^n-n}$ 收敛.

(4) 因为

$$\lim_{n\to\infty}\frac{\dfrac{\ln n}{n^{\frac{5}{4}}}}{\dfrac{1}{n^{\frac{9}{8}}}}=\lim_{n\to\infty}\frac{\ln n}{n^{\frac{1}{8}}}=0,$$

且级数 $\sum\limits_{n=1}^{\infty}\dfrac{1}{n^{\frac{9}{8}}}$ 收敛,所以级数 $\sum\limits_{n=1}^{\infty}\dfrac{\ln n}{n^{\frac{5}{4}}}$ 收敛.

使用比较判别法或其极限形式,都需要找一个已知敛散性的级数来进行比较,这多少有些困难,下面的比值判别法利用级数自身特点进行判断,使用起来相对方便些.

2. 比值判别法

定理 4(比值判别法) 如果级数 $\sum\limits_{n=1}^{\infty}u_n$ 是正项级数,且 $\lim\limits_{n\to\infty}\dfrac{u_{n+1}}{u_n}=\rho$,那么

(1) 当 $\rho<1$ 时,级数收敛;

(2) 当 $\rho>1$(或 $\rho=+\infty$)时,级数发散;

(3) 当 $\rho=1$ 时,级数可能收敛也可能发散,即本判别法失效.

证　当 ρ 为有限数时,对任意的 $\varepsilon>0$,存在正整数 N,当 $n>N$ 时,有 $\left|\dfrac{u_{n+1}}{u_n}-\rho\right|<\varepsilon$,即

$$\rho-\varepsilon<\frac{u_{n+1}}{u_n}<\rho+\varepsilon.$$

(1) 当 $\rho<1$ 时,取 $0<\varepsilon<1-\rho$,则 $\rho+\varepsilon<1$,记 $r=\rho+\varepsilon<1$,则当 $n>N$ 时,由上述不等式有 $\dfrac{u_{n+1}}{u_n}<\rho+\varepsilon=r$. 因此,

$$u_{N+2}<ru_{N+1},$$
$$u_{N+3}<ru_{N+2}<r^2u_{N+1},$$
$$u_{N+4}<ru_{N+3}<r^3u_{N+1},$$
$$\vdots$$
$$u_{N+m}<ru_{N+m-1}<r^2u_{N+m-2}<\cdots<r^{m-1}u_{N+1},$$
$$\vdots$$

而级数 $\displaystyle\sum_{m=1}^{\infty}r^{m-1}u_{N+1}$ 收敛(公比为 r 的几何级数且 $|r|<1$),由比较判别法知,级数 $\displaystyle\sum_{m=1}^{\infty}u_{N+m}=\displaystyle\sum_{n=N+1}^{\infty}u_n$ 收敛,故级数 $\displaystyle\sum_{n=1}^{\infty}u_n$ 收敛.

(2) 当 $\rho>1$ 时,取 $0<\varepsilon<\rho-1$,使 $r=\rho-\varepsilon>1$,则当 $n>N$ 时,$\dfrac{u_{n+1}}{u_n}>r$,即 $u_{n+1}>ru_n>u_n$,即当 $n>N$ 时,级数 $\displaystyle\sum_{n=1}^{\infty}u_n$ 的一般项逐渐增大,从而 $\lim\limits_{n\to\infty}u_n\neq0$,因此级数 $\displaystyle\sum_{n=1}^{\infty}u_n$ 发散.

当 $\rho=+\infty$ 时,$\lim\limits_{n\to\infty}\dfrac{u_{n+1}}{u_n}=+\infty$,取 $M>1$,存在正整数 N,当 $n>N$ 时,有 $\dfrac{u_{n+1}}{u_n}>M>1$,即 $u_{n+1}>u_n$,即当 $n>N$ 时,级数 $\displaystyle\sum_{n=1}^{\infty}u_n$ 的一般项逐渐增大,从而 $\lim\limits_{n\to\infty}u_n\neq0$,因此级数 $\displaystyle\sum_{n=1}^{\infty}u_n$ 发散.

(3) 当 $\rho=1$ 时,本判别法失效.

例如,对于级数 $\displaystyle\sum_{n=1}^{\infty}\dfrac{1}{n}$,有

$$\lim_{n\to\infty}\frac{u_{n+1}}{u_n}=\lim_{n\to\infty}\frac{\dfrac{1}{n+1}}{\dfrac{1}{n}}=\lim_{n\to\infty}\frac{n}{n+1}=1,$$

对于级数 $\displaystyle\sum_{n=1}^{\infty}\dfrac{1}{n^2}$,有

$$\lim_{n\to\infty}\frac{u_{n+1}}{u_n}=\lim_{n\to\infty}\frac{\dfrac{1}{(n+1)^2}}{\dfrac{1}{n^2}}=\lim_{n\to\infty}\frac{n^2}{(n+1)^2}=1,$$

而级数 $\displaystyle\sum_{n=1}^{\infty}\dfrac{1}{n}$ 发散(调和级数),级数 $\displaystyle\sum_{n=1}^{\infty}\dfrac{1}{n^2}$ 收敛(p-级数). 因此,在 $\rho=1$ 时就要用其他判别法进行判断.

例 5 判别下列级数的敛散性:

(1) $\displaystyle\sum_{n=1}^{\infty} \frac{1}{n!}$;　　　　　(2) $\displaystyle\sum_{n=1}^{\infty} \frac{2^n}{n^{50}}$;　　　　　(3) $\displaystyle\sum_{n=1}^{\infty} \frac{3n-2}{n^n}$;

(4) $\displaystyle\sum_{n=1}^{\infty} \frac{a^n n!}{n^n}(a>0)$;　　(5) $\displaystyle\sum_{n=1}^{\infty} \frac{n\cos^2 \frac{n}{3}\pi}{2^n}$.

解 (1) 因为

$$\lim_{n\to\infty} \frac{u_{n+1}}{u_n} = \lim_{n\to\infty} \frac{\frac{1}{(n+1)!}}{\frac{1}{n!}} = \lim_{n\to\infty} \frac{1}{n+1} = 0 < 1,$$

所以级数 $\displaystyle\sum_{n=1}^{\infty} \frac{1}{n!}$ 收敛.

(2) 因为

$$\lim_{n\to\infty} \frac{u_{n+1}}{u_n} = \lim_{n\to\infty} \frac{\frac{2^{n+1}}{(n+1)^{50}}}{\frac{2^n}{n^{50}}} = 2\lim_{n\to\infty} \left(\frac{n}{n+1}\right)^{50} = 2 > 1,$$

所以级数 $\displaystyle\sum_{n=1}^{\infty} \frac{2^n}{n^{50}}$ 发散.

(3) 因为

$$\lim_{n\to\infty} \frac{u_{n+1}}{u_n} = \lim_{n\to\infty} \frac{\frac{3(n+1)-2}{2^{n+1}}}{\frac{3n-2}{2^n}} = \frac{1}{2}\lim_{n\to\infty} \frac{3n+1}{3n-2} = \frac{1}{2} < 1,$$

所以级数 $\displaystyle\sum_{n=1}^{\infty} \frac{3n-2}{2^n}$ 收敛.

(4) 因为

$$\lim_{n\to\infty} \frac{u_{n+1}}{u_n} = \lim_{n\to\infty} \frac{\frac{a^{n+1}(n+1)!}{(n+1)^{n+1}}}{\frac{a^n n!}{n^n}} = a\lim_{n\to\infty} \left(\frac{n}{n+1}\right)^n = a\lim_{n\to\infty} \frac{1}{\left(1+\frac{1}{n}\right)^n} = \frac{a}{e},$$

于是,当 $a<e$ 时,$\displaystyle\lim_{n\to\infty} \frac{u_{n+1}}{u_n} = \frac{a}{e} < 1$,级数收敛;当 $a>e$ 时,$\displaystyle\lim_{n\to\infty} \frac{u_{n+1}}{u_n} = \frac{a}{e} > 1$,级数发散;当 $a=e$ 时,$\displaystyle\lim_{n\to\infty} \frac{u_{n+1}}{u_n} = \frac{a}{e} = 1$,判别法失效,但由于 $\left(1+\frac{1}{n}\right)^n$ 是随 n 的增大而单调趋于 e 的,即 $\left(1+\frac{1}{n}\right)^n < e$,故 $\frac{u_{n+1}}{u_n} > 1$,从而级数的一般项是单调增加的,即 $\displaystyle\lim_{n\to\infty} u_n \neq 0$,因此级数发散.

故当 $a<e$ 时级数收敛,当 $a\geq e$ 时级数发散.

(5) 因为 $\cos^2 \frac{n}{3}\pi \leq 1$,所以 $\frac{n\cos^2 \frac{n}{3}\pi}{2^n} \leq \frac{n}{2^n}$.

对于级数 $\displaystyle\sum_{n=1}^{\infty} \frac{n}{2^n}$,由于

$$\lim_{n\to\infty}\frac{u_{n+1}}{u_n}=\lim_{n\to\infty}\frac{\dfrac{n+1}{2^{n+1}}}{\dfrac{n}{2^n}}=\lim_{n\to\infty}\frac{n+1}{2n}=\frac{1}{2}<1,$$

根据比值判别法知,级数 $\displaystyle\sum_{n=1}^{\infty}\frac{n}{2^n}$ 收敛,再根据比较判别法,级数 $\displaystyle\sum_{n=1}^{\infty}\frac{n\cos^2\frac{n}{3}\pi}{2^n}$ 收敛.

3. 根值判别法

定理 5（根值判别法）　如果级数 $\displaystyle\sum_{n=1}^{\infty}u_n$ 是正项级数,且 $\lim\limits_{n\to\infty}\sqrt[n]{u_n}=\rho$ 那么

（1）当 $\rho<1$ 时,级数收敛;

（2）当 $\rho>1$（或 $\rho=+\infty$）时,级数发散;

（3）当 $\rho=1$ 时,级数可能收敛也可能发散,即本判别法失效.

证　当 ρ 为有限数时,对任意的 $\varepsilon>0$,存在正整数 N,当 $n>N$ 时,有 $|\sqrt[n]{u_n}-\rho|<\varepsilon$,即

$$\rho-\varepsilon<\sqrt[n]{u_n}<\rho+\varepsilon.$$

（1）当 $\rho<1$ 时,取 $0<\varepsilon<1-\rho$,令 $r=\rho+\varepsilon<1$,则当 $n>N$ 时,有 $\sqrt[n]{u_n}<r$,即

$$u_n<r^n,$$

因为级数 $\displaystyle\sum_{n=1}^{\infty}r^n$ 收敛,所以由比较判别法知,级数 $\displaystyle\sum_{n=1}^{\infty}u_n$ 收敛.

（2）当 $\rho>1$ 时,取 $0<\varepsilon<\rho-1$,使 $r=\rho-\varepsilon>1$,则当 $n>N$ 时,$\sqrt[n]{u_n}>r$,即 $u_n>r^n$.

当 $n>N$ 时,级数 $\displaystyle\sum_{n=1}^{\infty}u_n$ 的一般项逐渐增大,从而 $\lim\limits_{n\to\infty}u_n\neq0$,由级数的性质知级数 $\displaystyle\sum_{n=1}^{\infty}u_n$ 发散.

（3）当 $\rho=1$ 时,本判别法失效.

例如,对于级数 $\displaystyle\sum_{n=1}^{\infty}\frac{1}{n}$,有

$$\lim_{n\to\infty}\sqrt[n]{u_n}=\lim_{n\to\infty}\sqrt[n]{\frac{1}{n}}=\lim_{x\to+\infty}\left(\frac{1}{x}\right)^{\frac{1}{x}}=\lim_{x\to+\infty}e^{\ln\left(\frac{1}{x}\right)\frac{1}{x}}$$

$$=e^{\lim\limits_{x\to+\infty}\frac{1}{x}\ln\frac{1}{x}}=e^{\lim\limits_{x\to+\infty}\frac{\ln\frac{1}{x}}{x}}=e^{\lim\limits_{x\to+\infty}x\left(-\frac{1}{x^2}\right)}=1.$$

对于级数 $\displaystyle\sum_{n=1}^{\infty}\frac{1}{n^2}$,有

$$\lim_{n\to\infty}\sqrt[n]{u_n}=\lim_{n\to\infty}\sqrt[n]{\frac{1}{n^2}}=\lim_{x\to+\infty}\left(\frac{1}{x^2}\right)^{\frac{1}{x}}=\lim_{x\to+\infty}e^{\ln\left(\frac{1}{x^2}\right)\frac{1}{x}}$$

$$=e^{\lim\limits_{x\to+\infty}\frac{2}{x}\ln\left(\frac{1}{x}\right)}=e^{2\lim\limits_{x\to+\infty}\frac{\ln\left(\frac{1}{x}\right)}{x}}=e^{2\lim\limits_{x\to+\infty}x\left(-\frac{1}{x^2}\right)}=1.$$

而级数 $\displaystyle\sum_{n=1}^{\infty}\frac{1}{n}$ 发散（调和级数）,级数 $\displaystyle\sum_{n=1}^{\infty}\frac{1}{n^2}$ 收敛（p-级数）.因此,在 $\rho=1$ 时就要用其他判别法进行判断.

例 6　判别下列级数的敛散性:

（1）$\displaystyle\sum_{n=1}^{\infty}\frac{1}{n^n}$;　　（2）$\displaystyle\sum_{n=1}^{\infty}\left(\frac{n}{2n+1}\right)^n$;　　（3）$\displaystyle\sum_{n=1}^{\infty}\frac{2+(-1)^n}{3^n}$;　　（4）$\displaystyle\sum_{n=1}^{\infty}2^{-n-(-1)^n}$.

解 (1) 因为

$$\lim_{n\to\infty} \sqrt[n]{u_n} = \lim_{n\to\infty} \sqrt[n]{\frac{1}{n^n}} = \lim_{n\to+\infty} \frac{1}{n} = 0 < 1,$$

所以,级数 $\displaystyle\sum_{n=1}^{\infty} \frac{1}{n^n}$ 收敛.

(2) 因为

$$\lim_{n\to\infty} \sqrt[n]{u_n} = \lim_{n\to\infty} \sqrt[n]{\left(\frac{n}{2n+1}\right)^n} = \lim_{n\to+\infty} \frac{n}{2n+1} = \frac{1}{2} < 1,$$

所以,级数 $\displaystyle\lim_{n\to\infty}\left(\frac{n}{2n+1}\right)^n$ 收敛.

(3) 因为

$$\lim_{n\to\infty} \sqrt[n]{u_n} = \lim_{n\to\infty} \sqrt[n]{\frac{2+(-1)^n}{3^n}} = \frac{1}{3} < 1,$$

所以,级数 $\displaystyle\sum_{n=1}^{\infty} \frac{2+(-1)^n}{3^n}$ 收敛.

(4) 因为

$$\lim_{n\to\infty} \sqrt[n]{u_n} = \lim_{n\to\infty} \sqrt[n]{2^{-n-(-1)^n}} = \lim_{n\to+\infty} 2^{\frac{-n-(-1)^n}{n}} = \frac{1}{2} < 1,$$

所以,级数 $\displaystyle\sum_{n=1}^{\infty} 2^{-n-(-1)^n}$ 收敛.

例 7 判别级数 $\displaystyle\sum_{n=1}^{\infty} \frac{5}{n(3n+4)}$ 的敛散性.

解 因为

$$\lim_{n\to\infty} \frac{u_{n+1}}{u_n} = \lim_{n\to\infty} \frac{\dfrac{5}{(n+1)[3(n+1)+4]}}{\dfrac{5}{n(3n+4)}} = \lim_{n\to\infty} \frac{n(3n+4)}{(n+1)(3n+7)} = 1,$$

从而比值判别法失效,必须用其他的方法来判断该级数的敛散性. 由于

$$\lim_{n\to\infty} \frac{\dfrac{5}{n(3n+4)}}{\dfrac{1}{n^2}} = \lim_{n\to\infty} \frac{5n^2}{n(3n+4)} = \frac{5}{3},$$

而级数 $\displaystyle\sum_{n=1}^{\infty} \frac{1}{n^2}$ 收敛,故由比较判别法知级数 $\displaystyle\sum_{n=1}^{\infty} \frac{5}{n(3n+4)}$ 收敛.

习题 4-2

1. 用比较判别法或其极限形式判别下列级数的敛散性:

(1) $\displaystyle\sum_{n=1}^{\infty} \frac{1}{2n-1}$;

(2) $\displaystyle\sum_{n=1}^{\infty} \frac{1}{n^2+1}$;

(3) $\displaystyle\sum_{n=1}^{\infty} \frac{n+1}{n^2+3}$;

(4) $\displaystyle\sum_{n=1}^{\infty} \frac{1}{\ln(n+1)}$;

$(5)\ \sum\limits_{n=1}^{\infty}\dfrac{1}{n\sqrt{n+1}}$;

$(6)\ \sum\limits_{n=1}^{\infty}\ln\left(1+\dfrac{1}{n}\right)$;

$(7)\ \sum\limits_{n=1}^{\infty}\dfrac{n^{n-1}}{(n+1)^{n+1}}$;

$(8)\ \sum\limits_{n=1}^{\infty}\dfrac{1}{1+a^{n}}(a>0)$.

2. 用比值判别法判别下列级数的敛散性:

$(1)\ \sum\limits_{n=1}^{\infty}\dfrac{(n!)^{2}}{(2n)!}$;

$(2)\ \sum\limits_{n=1}^{\infty}\dfrac{2n-1}{2^{n}}$;

$(3)\ \sum\limits_{n=1}^{\infty}\dfrac{5^{n}}{n\cdot 2^{n}}$;

$(4)\ \sum\limits_{n=1}^{\infty}\dfrac{2^{n}}{n(n+1)}$.

3. 用根值判别法判别下列级数的敛散性:

$(1)\ \sum\limits_{n=1}^{\infty}\left(\dfrac{n}{5n+1}\right)^{n}$;

$(2)\ \sum\limits_{n=1}^{\infty}\dfrac{2^{n}}{n(n+1)}$;

$(3)\ \sum\limits_{n=1}^{\infty}\dfrac{1}{[\ln(n+1)]^{n}}$;

$(4)\ \sum\limits_{n=1}^{\infty}\left(\dfrac{n}{5n+1}\right)^{2n-1}$.

4. 用适当的方法判别下列级数的敛散性:

$(1)\ \sum\limits_{n=1}^{\infty}n\left(\dfrac{3}{4}\right)^{n}$;

$(2)\ \sum\limits_{n=1}^{\infty}\dfrac{n^{4}}{n!}$;

$(3)\ \sum\limits_{n=1}^{\infty}\dfrac{n+1}{n(n+3)}$;

$(4)\ \sum\limits_{n=1}^{\infty}2^{n}\sin\dfrac{\pi}{3^{n}}$;

$(5)\ \sum\limits_{n=1}^{\infty}\sqrt{\dfrac{n+1}{n}}$;

$(6)\ \sum\limits_{n=1}^{\infty}\left(\dfrac{n}{n+1}\right)^{n^{2}}$;

$(7)\ \sum\limits_{n=1}^{\infty}\dfrac{\ln n}{n^{2}}$;

$(8)\ \sum\limits_{n=1}^{\infty}\dfrac{1}{\sqrt{n}\ln n}$.

5. 判定级数 $\sum\limits_{n=1}^{\infty}\left(\dfrac{b}{a_{n}}\right)^{n}$ 的敛散性,其中 $\lim\limits_{n\to\infty}a_{n}=a$,且 a,a_{n},b 均为正数.

6. 设正项级数 $\sum\limits_{n=1}^{\infty}u_{n}$ 收敛,证明级数 $\sum\limits_{n=1}^{\infty}u_{n}^{2}$ 也收敛.

4.3　交错级数

4.2 节讨论了正项级数敛散性的判别方法,本节将进一步讨论任意项级数敛散性的判别方法.这里所谓的"任意项级数"指级数的各项不受限制,即可以是正数、负数、零.本节里我们讨论一般常数项级数敛散性的判别方法.先讨论一种特殊的级数——交错级数,再讨论任意项级数敛散性的判别方法.

4.3.1　交错级数定义

定义 1　若 $u_{n}>0(n=1,2,\cdots)$,则级数

$$\sum_{n=1}^{\infty}(-1)^{n-1}u_{n}=u_{1}-u_{2}+u_{3}-u_{4}+\cdots+(-1)^{n-1}u_{n}+\cdots,$$

或
$$\sum_{n=1}^{\infty}(-1)^n u_n = -u_1 + u_2 - u_3 + u_4 + \cdots + (-1)^n u_n + \cdots,$$

称为**交错级数**.

定理 1（**莱布尼茨判别法**） 若交错级数 $\sum\limits_{n=1}^{\infty}(-1)^{n-1}u_n$ 满足条件：

(1) 数列 $\{u_n\}$ 单调递减，即 $u_n \geqslant u_{n+1}(n=1,2,3\cdots)$，

(2) $\lim\limits_{n\to\infty}u_n = 0$，

则交错级数收敛，其和 $S \leqslant u_1$，且其余项 R_n 的绝对值 $|R_n| \leqslant u_{n+1}$.

证 设交错级数的部分和为 S_n，把它的前 $2n$ 项和表示成下面两种形式：
$$S_{2n} = (u_1 - u_2) + (u_3 - u_4) + \cdots + (u_{2n-1} - u_{2n}),$$

或
$$S_{2n} = u_1 - (u_2 - u_3) - (u_4 - u_5) - \cdots - (u_{2n-2} - u_{2n-1}) - u_{2n},$$

因为 $u_n \geqslant u_{n+1}(n=1,2,\cdots)$，所以两式中，所有括号内的差都非负. 由第一种形式知，数列 $\{S_n\}$ 是单调增加的，由第二种形式知，$S_{2n} \leqslant u_1$，即数列 $\{S_n\}$ 有界，由单调有界数列必有极限的准则，可得
$$\lim_{n\to\infty}S_{2n} = S \leqslant u_1.$$

再由 $S_{2n+1} = S_{2n} + u_{2n+1}$ 及条件 $\lim\limits_{n\to\infty}u_n = 0$ 得
$$\lim_{n\to\infty}S_{2n+1} = \lim_{n\to\infty}S_{2n} + \lim_{n\to\infty}u_{2n+1} = S + 0 = S,$$

所以 $\lim\limits_{n\to\infty}S_n = S$，于是交错级数 $\sum\limits_{n=1}^{\infty}(-1)^{n-1}u_n$ 收敛.

不难看出，误差
$$|R_n| = u_{n+1} - u_{n+2} + u_{n+3} - u_{n+4} + \cdots$$

也是一个交错级数，并且满足收敛条件，所以其和小于等于级数的第一项，即 $|R_n| \leqslant u_{n+1}$.

例 1 判定级数
$$\sum_{n=1}^{\infty}(-1)^{n-1}\frac{1}{\sqrt{n}}$$

的敛散性.

解 因为 $u_n = \frac{1}{\sqrt{n}} > \frac{1}{\sqrt{n+1}} = u_{n+1}$，且 $\lim\limits_{n\to\infty}u_n = \lim\limits_{n\to\infty}\frac{1}{\sqrt{n}} = 0$，所以，由莱布尼茨判别法知，级

数 $\sum\limits_{n=1}^{\infty}(-1)^{n-1}\frac{1}{\sqrt{n}}$ 收敛，且和 $S < 1$.

例 2 判定级数
$$\sum_{n=1}^{\infty}(-1)^{n-1}\frac{n}{10^n}$$

的敛散性.

解 因为 $\dfrac{u_{n+1}}{u_n} = \dfrac{\dfrac{n+1}{10^{n+1}}}{\dfrac{n}{10^n}} = \dfrac{n+1}{10^n} < 1$，所以 $u_n \geqslant u_{n+1}(n=1,2,\cdots)$. 又由于

$$\lim_{x \to \infty} \frac{x}{10^x} = \lim_{x \to \infty} \frac{1}{10^x \ln 10} = 0,$$

因此 $\lim\limits_{n \to \infty} u_n = \lim\limits_{n \to \infty} \dfrac{n}{10^n} = 0$. 所以,由莱布尼茨判别法知,级数 $\sum\limits_{n=1}^{\infty} (-1)^{n-1} \dfrac{n}{10^n}$ 收敛.

例 3 判定级数

$$\sum_{n=1}^{\infty} (-1)^{n-1} \frac{2n-1}{n^2}$$

的敛散性.

解 $\lim\limits_{n \to \infty} u_n = \lim\limits_{n \to \infty} \dfrac{2n-1}{n^2} = 0.$

设 $f(x) = \dfrac{2x-1}{x^2}$,则 $f'(x) = \dfrac{2(1-x)}{x^3}$,当 $x \geqslant 1$ 时,$f'(x) \leqslant 0$,所以在 $(1, +\infty)$ 上,$f(x)$ 单调减少,于是 $f(n) > f(n+1)$,即 $u_n \geqslant u_{n+1}$ $(n = 1, 2, \cdots)$. 故由莱布尼茨判别法知,级数 $\sum\limits_{n=1}^{\infty} (-1)^{n-1} \dfrac{2n-1}{n^2}$ 收敛,且和 $S < 1$.

4.3.2 绝对收敛与条件收敛

定义 2 假设级数 $\sum\limits_{n=1}^{\infty} u_n = u_1 + u_2 + \cdots + u_n + \cdots$ 是任意项级数,即其中 u_n 可以是正数、负数、零. 对这个级数各项取绝对值后,得到下面的正项级数:

$$\sum_{n=1}^{\infty} |u_n| = |u_1| + |u_2| + \cdots + |u_n| + \cdots,$$

称为级数 $\sum\limits_{n=1}^{\infty} u_n$ 的**绝对值级数**.

定理 2 如果任意项级数的绝对值级数 $\sum\limits_{n=1}^{\infty} |u_n|$ 收敛,则任意项级数 $\sum\limits_{n=1}^{\infty} u_n$ 收敛.

证 因为 $0 \leqslant u_n + |u_n| \leqslant 2|u_n|$,且级数 $\sum\limits_{n=1}^{\infty} 2|u_n|$ 收敛,故由比较判别法知级数 $\sum\limits_{n=1}^{\infty} (u_n + |u_n|)$ 收敛,又 $\sum\limits_{n=1}^{\infty} u_n = \sum\limits_{n=1}^{\infty} [(u_n + |u_n|) - |u_n|]$,所以,级数 $\sum\limits_{n=1}^{\infty} u_n$ 收敛.

这样,我们可以把部分任意项级数的敛散性判别问题转化为对正项级数进行敛散性的判别.

定义 3 设 $\sum\limits_{n=1}^{\infty} u_n$ 为任意项级数,则

(1) 如果级数 $\sum\limits_{n=1}^{\infty} |u_n|$ 收敛,则级数 $\sum\limits_{n=1}^{\infty} u_n$ 一定收敛,则称级数 $\sum\limits_{n=1}^{\infty} u_n$ **绝对收敛**;

(2) 如果级数 $\sum\limits_{n=1}^{\infty} |u_n|$ 发散,且级数 $\sum\limits_{n=1}^{\infty} u_n$ 收敛,则称级数 $\sum\limits_{n=1}^{\infty} u_n$ **条件收敛**.

注 判别一个非正项级数 $\sum\limits_{n=1}^{\infty} u_n$ 的敛散性可按以下的步骤进行:

第一步：首先判断 $\lim\limits_{n\to\infty} u_n$ 是否为零，如果 $\lim\limits_{n\to\infty} u_n \neq 0$，则级数 $\sum\limits_{n=1}^{\infty} u_n$ 发散，如果 $\lim\limits_{n\to\infty} u_n = 0$，进入第二步；

第二步：判断 $\sum\limits_{n=1}^{\infty} |u_n|$ 是否收敛，此时可用正项级数的各种判别法判定，如果级数 $\sum\limits_{n=1}^{\infty} |u_n|$ 收敛，则级数 $\sum\limits_{n=1}^{\infty} u_n$ 绝对收敛，否则进入第三步；

第三步：利用级数的性质以及莱布尼茨判别法判定级数 $\sum\limits_{n=1}^{\infty} u_n$ 条件收敛，否则称级数 $\sum\limits_{n=1}^{\infty} u_n$ 发散.

例 4 试证级数 $\sum\limits_{n=1}^{\infty} \dfrac{\sin n}{n^2}$ 绝对收敛.

证 因为 $|u_n| = \left| \dfrac{\sin n}{n^2} \right| \leqslant \dfrac{1}{n^2}$，且 $\sum\limits_{n=1}^{\infty} \dfrac{1}{n^2}$ 收敛（$p=2$ 的 p- 级数），根据比较判别法，$\sum\limits_{n=1}^{\infty} \left| \dfrac{\sin n}{n^2} \right|$ 收敛，于是 $\sum\limits_{n=1}^{\infty} \dfrac{\sin n}{n^2}$ 绝对收敛.

例 5 判断级数

$$\sum_{n=1}^{\infty} (-1)^{n-1} \frac{1}{n}$$

的敛散性.

解 显然，交错级数 $\sum\limits_{n=1}^{\infty} (-1)^{n-1} \dfrac{1}{n}$ 收敛，而级数 $\sum\limits_{n=1}^{\infty} \dfrac{1}{n}$ 发散，所以 $\sum\limits_{n=1}^{\infty} (-1)^{n-1} \dfrac{1}{n}$ 条件收敛.

例 6 判断级数

$$\sum_{n=1}^{\infty} (-1)^n \frac{2^n}{n^{10}}$$

的敛散性.

解 因为

$$\lim_{n\to\infty} \frac{|u_{n+1}|}{|u_n|} = \lim_{n\to\infty} \frac{2^{n+1}}{(n+1)^{10}} \cdot \frac{n^{10}}{2^n} = 2 \lim_{n\to\infty} \left[\frac{n}{n+1} \right]^{10} = 2 > 1,$$

由比值判别法，$\sum\limits_{n=1}^{\infty} \left| (-1)^n \dfrac{2^n}{n^{10}} \right|$ 发散，从而 $\sum\limits_{n=1}^{\infty} (-1)^n \dfrac{2^n}{n^{10}}$ 非绝对收敛，

又因为 $\lim\limits_{n\to\infty} \dfrac{|u_{n+1}|}{|u_n|} = 2 > 1$，所以当 n 充分大时，$|u_{n+1}| > |u_n|$，故 $\lim\limits_{n\to\infty} u_n \neq 0$，从而 $\sum\limits_{n=1}^{\infty} (-1)^n \dfrac{2^n}{n^{10}}$ 发散.

例 7 判断级数

$$\sum_{n=1}^{\infty} (-1)^n \frac{1}{2^n} \left(1 + \frac{1}{n} \right)^{n^2}$$

的敛散性.

解 因为

$$\lim_{n \to \infty} \sqrt[n]{|u_n|} = \lim_{n \to \infty} \frac{1}{2}\left(1 + \frac{1}{n}\right)^n = \frac{1}{2}e > 1,$$

所以 $\lim_{n \to \infty} u_n \neq 0$,故 $\sum_{n=1}^{\infty} (-1)^n \frac{1}{2^n}\left(1 + \frac{1}{n}\right)^{n^2}$ 发散.

4.3.3 绝对收敛级数的性质

绝对收敛级数有许多性质是条件收敛级数所不具备的,下面只给出结论,证明略.

定理 3 如果级数 $\sum_{n=1}^{\infty} u_n$ 绝对收敛,则可以随意改变级数项的次序,改变次序后的新级数依然绝对收敛,并且和不变.

定理 4 如果级数 $\sum_{n=1}^{\infty} u_n$ 条件收敛,则可以通过改变级数项的次序,使改变次序后的项所构成的新级数 $\sum_{n=1}^{\infty} u'_n$ 收敛于预先给定的任意常数.

定义 4 级数 $\sum_{n=1}^{\infty} u_n$ 与 $\sum_{n=1}^{\infty} v_n$ 的柯西乘积 $\left(\sum_{n=1}^{\infty} u_n\right) \cdot \left(\sum_{n=1}^{\infty} v_n\right) = \sum_{n=1}^{\infty} \sum_{k=1}^{n} u_k \cdot v_{n-k}.$

定理 5 如果级数 $\sum_{n=1}^{\infty} u_n$ 和 $\sum_{n=1}^{\infty} v_n$ 都绝对收敛,他们的和分别为 S 和 σ,则

$$\left(\sum_{n=1}^{\infty} u_n\right) \cdot \left(\sum_{n=1}^{\infty} v_n\right) = \sum_{n=1}^{\infty} \sum_{k=1}^{n} u_k \cdot v_{n-k} = S \cdot \sigma.$$

习题 4-3

1. 判别下列级数的敛散性. 若收敛,是条件收敛还是绝对收敛?

(1) $\sum_{n=1}^{\infty} (-1)^{n-1} \frac{1}{\sqrt{n}}$;

(2) $\sum_{n=1}^{\infty} (-1)^n \frac{1}{(2n+1)^2}$;

(3) $\sum_{n=1}^{\infty} \frac{\sin na}{(n+1)^2}$;

(4) $\sum_{n=1}^{\infty} (-1)^{n-1} \sin \frac{1}{n^2}$;

(5) $\sum_{n=1}^{\infty} (-1)^{n+1} \frac{1}{\ln(n+1)}$;

(6) $\sum_{n=1}^{\infty} r^n \cos(n\pi) (0 < r < 1).$

2. 讨论级数 $\sum_{n=1}^{\infty} (-1)^n \frac{1}{na^n} (a > 0)$ 的敛散性. 若收敛,说明是条件收敛还是绝对收敛?

3. 讨论级数 $\sum_{n=1}^{\infty} (-1)^n \frac{1}{n^p}$ 的敛散性. 若收敛,说明是条件收敛还是绝对收敛?

4. 已知级数 $\sum_{n=1}^{\infty} u_n^2$ 收敛,证明级数 $\sum_{n=1}^{\infty} \frac{u_n}{n}$ 绝对收敛.

5. 讨论级数 $\sum_{n=1}^{\infty} \sin(\pi \sqrt{n^2 + 1})$ 的敛散性. 若收敛,说明是条件收敛还是绝对收敛?

4.4 幂级数

当常数项级数中的常数项被函数替代时,常数项级数就变成所谓的函数项级数.应用最广泛的函数项级数是幂级数,本节从函数项级数出发主要讨论幂级数的概念与性质.

4.4.1 函数项级数的概念

定义 1　如果给定一个定义在区间 I 上的函数列

$$u_1(x), u_2(x), \cdots, u_n(x), \cdots, \tag{4.4.1}$$

则

$$\sum_{n=1}^{\infty} u_n(x) = u_1(x) + u_2(x) + \cdots + u_n(x) + \cdots \tag{4.4.2}$$

称为定义在区间 I 上的**函数项无穷级数**,简称**函数项级数**.

称 $S_n(x) = \sum_{k=1}^{n} u_k(x)(x \in I, n = 1, 2, 3, \cdots)$ 为函数项级数(4.4.1)的**部分和函数序列**.

对于每一个确定的值 $x_0 \in I$,函数项级数(4.4.1)就成为常数项级数

$$\sum_{n=1}^{\infty} u_n(x_0) = u_1(x_0) + u_2(x_0) + \cdots + u_n(x_0) + \cdots. \tag{4.4.3}$$

级数(4.4.3)可能收敛也可能发散.如果级数(4.4.3)收敛,称点 x_0 是函数项级数(4.4.1)的**收敛点**;如果级数(4.4.3)发散,称点 x_0 是函数项级数(4.4.1)的**发散点**.函数项级数(4.4.1)的所有收敛点的全体称为它的**收敛域**,所有发散点的全体称为它的**发散域**.

对应于收敛域内的任意一个数 x,函数项级数成为一个收敛的常数项级数,因而有确定的和 S.这样,在收敛域上,函数项级数的和是 x 的函数 $S(x)$.通常称 $S(x)$ 为函数项级数的**和函数**,和函数的定义域就是级数的收敛域,并写成

$$S(x) = u_1(x) + u_2(x) + \cdots + u_n(x) + \cdots.$$

把函数项级数(4.4.1)的前 n 项的部分和记作 $S_n(x)$,则在收敛域上有

$$\lim_{n \to \infty} S_n(x) = S(x).$$

称 $R_n(x) = S(x) - S_n(x)$ 为函数项级数的余项(当然只有 x 在收敛域上 $R_n(x)$ 才有意义),于是有 $\lim_{n \to \infty} R_n(x) = 0$.

例 1　讨论几何级数 $\sum_{n=1}^{\infty} x^{n-1} = 1 + x + x^2 + \cdots + x^{n-1} + \cdots$ 的敛散性.

解　由几何级数的敛散性知,当 $|x| \geqslant 1$ 时,级数发散;

当 $|x| < 1$ 时,级数收敛,此时其部分和函数序列为 $S_n(x) = \dfrac{1 - x^n}{1 - x}$,从而

$$S(x) = \lim_{n \to \infty} S_n(x) = \lim_{n \to \infty} \frac{1 - x^n}{1 - x} = \frac{1}{1 - x},$$

因此,几何级数 $\sum_{n=1}^{\infty} x^{n-1} = 1 + x + x^2 + \cdots + x^{n-1} + \cdots$ 在 $(-1, 1)$ 上收敛于和函数 $S(x) = \dfrac{1}{1-x}$,即

$$\sum_{n=1}^{\infty} x^{n-1} = 1 + x + x^2 + \cdots + x^{n-1} + \cdots = \frac{1}{1-x}, \quad x \in (-1, 1).$$

例 2　讨论函数项级数 $\sum_{n=1}^{\infty}(x^n - x^{n-1})$ 的敛散性,并求级数 $\sum_{n=1}^{\infty}(x^n - x^{n-1})$ 在收敛域上的和函数 $S(x)$.

解　因为级数 $\sum_{n=1}^{\infty}(x^n - x^{n-1})$ 的部分和函数序列为

$$S_n(x) = (x-1) + (x^2 - x) + (x^3 - x^2) + \cdots + (x^n - x^{n-1}) = x^n - 1,$$

所以

$$S(x) = \lim_{n \to \infty} S_n(x) = \lim_{n \to \infty}(x^n - 1) = \begin{cases} 0, & x = 1, \\ -1, & -1 < x < 1, \\ \text{不存在}, & \text{其他}. \end{cases}$$

故函数项级数 $\sum_{n=1}^{\infty}(x^n - x^{n-1})$ 的收敛域为 $(-1, 1]$,在收敛域上和函数为

$$S(x) = \begin{cases} 0, & x = 1, \\ -1, & -1 < x < 1. \end{cases}$$

4.4.2　幂级数及其收敛性

函数项级数中简单而常见的级数就是各项都是幂函数的函数项级数.

定义 2　形如

$$\sum_{n=0}^{\infty} a_n(x - x_0)^n = a_0 + a_1(x - x_0) + a_2(x - x_0)^2 + \cdots +$$

$$a_n(x - x_0)^n + \cdots \tag{4.4.4}$$

的函数项级数 $\sum_{n=0}^{\infty} a_n(x - x_0)^n$ 称为关于 $x - x_0$ 的幂级数,简称为**幂级数**,其中常数 a_0, a_1, $a_2, \cdots, a_n, \cdots$ 称为幂级数的**系数**.

当 $x_0 = 0$ 时,式(4.4.4)为

$$\sum_{n=0}^{\infty} a_n x^n = a_0 + a_1 x + a_2 x^2 + \cdots + a_n x^n + \cdots, \tag{4.4.5}$$

称为关于 x 的**幂级数**.

关于 $x - x_0$ 的幂级数 $\sum_{n=0}^{\infty} a_n(x - x_0)^n$ 与关于 x 的幂级数 $\sum_{n=0}^{\infty} a_n x^n$,可以通过坐标平移相互转化,形式上 $\sum_{n=0}^{\infty} a_n x^n$ 比 $\sum_{n=0}^{\infty} a_n(x - x_0)^n$ 简单,因此,在下面的讨论中以关于 x 的幂级数 $\sum_{n=0}^{\infty} a_n x^n$ 作为讨论对象,获得的结论可以通过坐标平移同样适用于关于 $x - x_0$ 的幂级数 $\sum_{n=0}^{\infty} a_n(x - x_0)^n$.

首先,我们来讨论幂级数 $\sum_{n=0}^{\infty} a_n x^n$ 的收敛域问题.

定理 1（阿贝尔定理）（1）如果级数 $\sum\limits_{n=0}^{\infty} a_n x^n$ 当 $x = x_0 (x_0 \neq 0)$ 时收敛,则对于满足不等式 $|x| < |x_0|$ 的一切 x,级数 $\sum\limits_{n=0}^{\infty} a_n x^n$ 绝对收敛;

（2）如果级数 $\sum\limits_{n=0}^{\infty} a_n x^n$ 当 $x = x_0$ 时发散,则对于满足不等式 $|x| > |x_0|$ 的一切 x,级数 $\sum\limits_{n=0}^{\infty} a_n x^n$ 发散.

证 （1）设 x_0 是幂级数 $\sum\limits_{n=0}^{\infty} a_n x^n$ 的收敛点,即级数 $\sum\limits_{n=0}^{\infty} a_n x_0^n$ 收敛.根据级数收敛的必要条件,有 $\lim\limits_{n \to \infty} a_n x_0^n = 0$,于是存在常数 M,使得 $|a_n x_0^n| \leqslant M (n = 0, 1, 2, \cdots)$.

因为

$$\left| a_n x^n \right| = \left| a_n x_0^n \cdot \frac{x^n}{x_0^n} \right| = \left| a_n x_0^n \right| \left| \frac{x^n}{x_0^n} \right| \leqslant M \left| \frac{x}{x_0} \right|^n,$$

当 $\left| \dfrac{x}{x_0} \right| < 1$ 时,等比级数 $\sum\limits_{n=0}^{\infty} M \left| \dfrac{x}{x_0} \right|^n$ 收敛,由比较判别法,级数 $\sum\limits_{n=0}^{\infty} |a_n x^n|$ 收敛,即级数 $\sum\limits_{n=0}^{\infty} a_n x^n$ 绝对收敛.

（2）定理的第二部分可用反证法证明.设当 $x = x_0$ 时,幂级数 $\sum\limits_{n=0}^{\infty} a_n x^n$ 发散,而有一点 x_1(满足 $|x_1| > |x_0|$)使级数收敛,则根据本定理的第一部分,级数当 $x = x_0$ 时应收敛,这与假设矛盾.定理得证.

由定理 1 可知,如果幂级数在 $x = x_0$ 处收敛,则对于开区间 $(-|x_0|, |x_0|)$ 内的任何 x,幂级数都收敛;如果幂级数在 $x = x_0$ 处发散.则对于闭区间 $[-|x_0|, |x_0|]$ 外的任何 x,幂级数都发散.

设已给幂级数在数轴上既有收敛点(不仅是原点)也有发散点.现在从原点沿数轴向右方走,最初只遇到收敛点,然后就只遇到发散点.这两部分的分界点可能是收敛点也可能是发散点.从原点沿数轴向左方走情形也是如此.这两个分界点 k, k' 在原点的两侧,且由定理 1 可以证明它们关于原点对称.

从上面的分析,我们可以得到:

推论 1 如果幂级数 $\sum\limits_{n=0}^{\infty} a_n x^n$ 不是仅在 $x = 0$ 一点上收敛,也不是在整个数轴上都收敛,则必有一个确定的正数 R,使得:

（1）当 $|x| < R$ 时,幂级数绝对收敛;

（2）当 $|x| > R$ 时,幂级数发散;

（3）当 $x = R$ 及 $x = -R$ 时.幂级数可能收敛也可能发散.

定义 3 如果存在正数 $R(0 < R < +\infty)$,使得幂级数 $\sum\limits_{n=0}^{\infty} a_n x^n$ 在 $(-R, R)$ 内绝对收敛,在 $[-R, R]$ 外发散,则称正数 R 为幂级数 $\sum\limits_{n=0}^{\infty} a_n x^n$ 的**收敛半径**,开区间 $(-R, R)$ 称为幂级

数的**收敛区间**,再由幂级数在 $x=R$ 及 $x=-R$ 处的收敛性就可以决定它的**收敛域**是

$$(-R,R),(-R,R],[-R,R),[-R,R]$$

之一.

如果幂级数只在 $x=0$ 处收敛. 这时收敛域只有一点 $x=0$,但为了方便起见,我们规定此时收敛半径 $R=0$;如果幂级数对一切 x 都收敛,则规定收敛半径 $R=+\infty$. 这时收敛域是 $(-\infty,+\infty)$.

关于幂级数的收敛半径的求法,有下面的定理.

定理 2 设幂级数 $\sum\limits_{n=0}^{\infty} a_n x^n$ 的所有系数 $a_n \neq 0$,如果 $\lim\limits_{n\to\infty}\left|\dfrac{a_{n+1}}{a_n}\right|=\rho$,则

(1) 当 $\rho \neq 0$ 时,该幂级数的收敛半径 $R=\dfrac{1}{\rho}$;

(2) 当 $\rho=0$ 时,该幂级数的收敛半径 $R=+\infty$;

(3) 当 $\rho=+\infty$ 时,该幂级数的收敛半径 $R=0$.

证 (1) 对级数 $\sum\limits_{n=0}^{\infty}|a_n x^n|$ 应用比值判别法,得

$$\lim_{n\to\infty}\frac{u_{n+1}}{u_n}=\lim_{n\to\infty}\left|\frac{a_{n+1}x^{n+1}}{a_n x^n}\right|=\lim_{n\to\infty}\frac{|a_{n+1}|}{|a_n|}|x|=\rho|x|.$$

如果 $\lim\limits_{n\to\infty}\left|\dfrac{a_{n+1}}{a_n}\right|=\rho(\rho\neq 0)$ 存在,则当 $\rho|x|<1$ 时,即 $|x|<\dfrac{1}{\rho}$ 时,$\sum\limits_{n=0}^{\infty}|a_n x^n|$ 收敛,从而 $\sum\limits_{n=0}^{\infty}a_n x^n$ 绝对收敛;当 $\rho|x|>1$,即 $|x|>\dfrac{1}{\rho}$ 时,$\sum\limits_{n=0}^{\infty}|a_n x^n|$ 发散,从而 $\sum\limits_{n=0}^{\infty}a_n x^n$ 发散. 于是收敛半径 $R=\dfrac{1}{\rho}$.

(2) 对级数 $\sum\limits_{n=0}^{\infty}|a_n x^n|$ 应用比值判别法,得

$$\lim_{n\to\infty}\frac{u_{n+1}}{u_n}=\lim_{n\to\infty}\left|\frac{a_{n+1}x^{n+1}}{a_n x^n}\right|=\lim_{n\to\infty}\frac{|a_{n+1}|}{|a_n|}|x|=\rho|x|.$$

如果 $\lim\limits_{n\to\infty}\left|\dfrac{a_{n+1}}{a_n}\right|=\rho=0$,则

$$\lim_{n\to\infty}\frac{u_{n+1}}{u_n}=\lim_{n\to\infty}\left|\frac{a_{n+1}x^{n+1}}{a_n x^n}\right|=\lim_{n\to\infty}\frac{|a_{n+1}|}{|a_n|}|x|=\rho|x|=0<1,$$

当 $x\in(-\infty,+\infty)$ 时,级数 $\sum\limits_{n=0}^{\infty}|a_n x^n|$ 收敛,于是级数 $\sum\limits_{n=0}^{\infty}a_n x^n$ 绝对收敛,所以收敛半径 $R=+\infty$.

(3) 对级数 $\sum\limits_{n=0}^{\infty}|a_n x^n|$ 应用比值判别法,得

$$\lim_{n\to\infty}\frac{u_{n+1}}{u_n}=\lim_{n\to\infty}\left|\frac{a_{n+1}x^{n+1}}{a_n x^n}\right|=\lim_{n\to\infty}\frac{|a_{n+1}|}{|a_n|}|x|=\rho|x|.$$

如果 $\lim\limits_{n\to\infty}\left|\dfrac{a_{n+1}}{a_n}\right|=\rho=+\infty$,则

$$\lim_{n\to\infty}\frac{u_{n+1}}{u_n}=\lim_{n\to\infty}\left|\frac{a_{n+1}x^{n+1}}{a_n x^n}\right|=\lim_{n\to\infty}\frac{|a_{n+1}|}{|a_n|}|x|=\rho|x|=+\infty>1,$$

则对于任何非零的 x,级数 $\sum\limits_{n=0}^{\infty} |a_n x^n|$ 发散,于是级数 $\sum\limits_{n=0}^{\infty} a_n x^n$ 发散,所以收敛半径 $R=0$.

注 （1）该定理中设幂级数 $\sum\limits_{n=1}^{\infty} a_n x^n$ 的所有系数 $a_n \neq 0$,这时,幂级数的各项是依幂次连续的,不缺项；如果幂级数有缺项（如缺少奇数次幂）,则应直接利用比值判别法或根值判别法,此时该定理结论失效.

（2）根据幂级数系数的形式,有时也可用根值判别法来求收敛半径,此时,

$$\lim_{n \to \infty} \sqrt[n]{|a_n|} = \rho.$$

求幂级数 $\sum\limits_{n=1}^{\infty} a_n x^n$ 的收敛域的基本步骤:

（1）求出收敛半径；

（2）判断常数项级数 $\sum\limits_{n=0}^{\infty} a_n R^n$,$\sum\limits_{n=0}^{\infty} a_n (-R)^n$ 的收敛性；

（3）写出幂级数 $\sum\limits_{n=0}^{\infty} a_n x^n$ 的收敛域.

例 3 求幂级数

$$\sum_{n=1}^{\infty} (-1)^n \frac{x^n}{n} = x - \frac{1}{2}x^2 + \frac{1}{3}x^3 - \cdots + (-1)^n \frac{x^n}{n} + \cdots$$

的收敛半径与收敛域.

解 因为

$$\rho = \lim_{n \to \infty} \left| \frac{a_{n+1}}{a_n} \right| = \lim_{n \to \infty} \frac{\dfrac{1}{n+1}}{\dfrac{1}{n}} = 1,$$

所以,收敛半径 $R = \dfrac{1}{\rho} = 1$.

当 $x = 1$ 时,级数 $\sum\limits_{n=1}^{\infty} (-1)^n \frac{x^n}{n} = \sum\limits_{n=1}^{\infty} (-1)^n \frac{1}{n}$,由前面讨论可知它收敛,当 $x = -1$ 时,

级数 $\sum\limits_{n=1}^{\infty} (-1)^n \frac{x^n}{n} = \sum\limits_{n=1}^{\infty} \frac{1}{n}$ 为调和级数,是发散的,因此,收敛域是 $(-1, 1]$.

例 4 求幂级数

$$\sum_{n=1}^{\infty} \frac{x^n}{n!} = x + \frac{1}{2!}x^2 + \frac{1}{3!}x^3 + \cdots + \frac{x^n}{n!} + \cdots$$

的收敛半径与收敛域.

解 因为

$$\rho = \lim_{n \to \infty} \left| \frac{a_{n+1}}{a_n} \right| = \lim_{n \to \infty} \frac{\dfrac{1}{(n+1)!}}{\dfrac{1}{n!}} = \lim_{n \to \infty} \frac{1}{n+1} = 0,$$

所以,收敛半径 $R = \dfrac{1}{\rho} = +\infty$. 因此,收敛域是 $(-\infty, +\infty)$.

例 5　求幂级数

$$\sum_{n=1}^{\infty} n! x^n = x + 2! x^2 + 3! x^3 + \cdots + n! x^n + \cdots$$

的收敛半径与收敛域.

解　因为

$$\rho = \lim_{n \to \infty} \left| \frac{a_{n+1}}{a_n} \right| = \lim_{n \to \infty} \frac{(n+1)!}{n!} = \lim_{n \to \infty} (n+1) = +\infty,$$

所以,收敛半径 $R = \dfrac{1}{\rho} = 0$. 因此,该级数仅在 $x = 0$ 收敛.

例 6　求幂级数

$$\sum_{n=1}^{\infty} (-nx)^n = -x + (-2x)^2 + (-3x)^3 + \cdots + (-nx)^n + \cdots$$

的收敛半径与收敛域.

解　因为

$$\rho = \lim_{n \to \infty} \sqrt[n]{|a_n|} = \lim_{n \to \infty} \sqrt[n]{|(-n)^n|} = \lim_{n \to \infty} n = +\infty,$$

所以,收敛半径 $R = \dfrac{1}{\rho} = 0$. 因此,该级数仅在 $x = 0$ 收敛.

例 7　求幂级数

$$\sum_{n=1}^{\infty} \frac{x^{2n}}{2^n} = \frac{x^2}{2} + \frac{x^4}{2^2} + \cdots + \frac{x^{2n}}{2^n} + \cdots$$

的收敛半径与收敛域.

解　因为 $\sum_{n=1}^{\infty} a_n x^n = \sum_{n=1}^{\infty} \dfrac{x^{2n}}{2^n}$ 的 $a_{2n+1} = 0$,级数缺少奇次幂的项,此时不能直接应用定理 2.

由比值判别法,得

$$\lim_{n \to \infty} \left| \frac{u_{n+1}}{u_n} \right| = \lim_{n \to \infty} \left| \frac{\dfrac{x^{2(n+1)}}{2^{n+1}}}{\dfrac{x^{2n}}{2^n}} \right| = \frac{1}{2} x^2.$$

当 $\dfrac{1}{2} x^2 < 1$ 时,即 $|x| < \sqrt{2}$ 时,级数 $\sum_{n=1}^{\infty} \left| \dfrac{x^{2n}}{2^n} \right|$ 收敛,级数 $\sum_{n=1}^{\infty} \dfrac{x^{2n}}{2^n}$ 绝对收敛.

当 $\dfrac{1}{2} x^2 > 1$ 时,即 $|x| > \sqrt{2}$ 时,级数 $\sum_{n=1}^{\infty} \dfrac{x^{2n}}{2^n}$ 发散.

于是,收敛半径 $R = \sqrt{2}$.

当 $x = \pm\sqrt{2}$ 时,级数为 $1 + 1 + 1 + \cdots$,此时的 $\lim_{n \to \infty} u_n = \lim_{n \to \infty} 1 = 1 \neq 0$,所以发散.

故收敛域为 $(-\sqrt{2}, \sqrt{2})$.

例 8　求幂级数

$$\sum_{n=1}^{\infty} \frac{(x-1)^n}{2^n \cdot n} = \frac{x-1}{2} + \frac{(x-1)^2}{2^2 \cdot 2} + \cdots + \frac{(x-1)^n}{2^n \cdot n} + \cdots$$

的收敛半径与收敛域.

解 令 $t=x-1$,则级数 $\sum\limits_{n=1}^{\infty}\dfrac{(x-1)^n}{2^n\cdot n}=\sum\limits_{n=1}^{\infty}\dfrac{t^n}{2^n\cdot n}$.下面先考虑 $\sum\limits_{n=1}^{\infty}\dfrac{t^n}{2^n\cdot n}$ 的收敛半径,因为

$$\rho=\lim_{n\to\infty}\left|\frac{a_{n+1}}{a_n}\right|=\lim_{n\to\infty}\frac{2^n\cdot n}{2^{n+1}(n+1)}=\frac{1}{2},$$

所以 $R=2$,收敛区间 $(-2,2)$.

当 $t=2$ 时,级数 $\sum\limits_{n=1}^{\infty}\dfrac{t^n}{2^n\cdot n}=\sum\limits_{n=1}^{\infty}\dfrac{1}{n}$ 发散;

当 $t=-2$ 时,级数 $\sum\limits_{n=1}^{\infty}\dfrac{t^n}{2^n\cdot n}=\sum\limits_{n=1}^{\infty}(-1)^n\dfrac{1}{n}$ 收敛;

所以,收敛域为 $-2\leqslant t<2$,即 $-2\leqslant x-1<2$,于是 $-1\leqslant x<3$,故级数 $\sum\limits_{n=1}^{\infty}\dfrac{(x-1)^n}{2^n\cdot n}$ 的收敛域是 $[-1,3)$.

4.4.3 幂级数的运算

1. 幂级数的四则运算

设幂级数 $\sum\limits_{n=0}^{\infty}a_n x^n$ 和 $\sum\limits_{n=0}^{\infty}b_n x^n$ 的收敛半径分别为 R_1 和 R_2,令 $R=\min\{R_1,R_2\}$,则

(1) 加法: $\sum\limits_{n=0}^{\infty}a_n x^n+\sum\limits_{n=0}^{\infty}b_n x^n=\sum\limits_{n=0}^{\infty}(a_n\pm b_n)x^n,x\in(-R,R)$;

(2) 减法: $\sum\limits_{n=0}^{\infty}a_n x^n-\sum\limits_{n=0}^{\infty}b_n x^n=\sum\limits_{n=0}^{\infty}(a_n-b_n)x^n,x\in(-R,R)$;

(3) 乘法: $\left(\sum\limits_{n=0}^{\infty}a_n x^n\right)\cdot\left(\sum\limits_{n=0}^{\infty}b_n x^n\right)=\sum\limits_{n=0}^{\infty}c_n x^n$,其中 $c_n=a_0 b_n+a_1 b_{n-1}+\cdots+a_n b_0$, $x\in(-R,R)$;

(4) 除法: $\dfrac{\sum\limits_{n=0}^{\infty}a_n x^n}{\sum\limits_{n=0}^{\infty}b_n x^n}=\dfrac{a_0+a_1 x+a_2 x^2+\cdots+a_n x^n+\cdots}{b_0+b_1 x+b_2 x^2+\cdots+b_n x^n+\cdots}=\sum\limits_{n=0}^{\infty}c_n x^n$,其中 c_n 可由待定

系数法计算.假设 $b_0\neq0$,则利用乘法 $\sum\limits_{n=0}^{\infty}a_n x^n=\sum\limits_{n=0}^{\infty}b_n x^n\sum\limits_{n=0}^{\infty}c_n x^n$,比较等式两边的系数有

$$a_0=b_0 c_0,$$
$$a_1=b_0 c_1+b_1 c_0,$$
$$a_2=b_0 c_2+b_1 c_1+b_2 c_0,$$
$$\vdots$$

由这些方程就可以顺序求出 $c_0,c_1,c_2,\cdots,c_n,\cdots$.

相除后所得的幂级数的收敛区间可能比原来两级数的收敛区间小得多,这里我们不再一一讨论.

例如,当 $\sum\limits_{n=0}^{\infty} a_n x^n = 1$ 和 $\sum\limits_{n=0}^{\infty} b_n x^n = 1-x$ 时, $\dfrac{\sum\limits_{n=0}^{\infty} a_n x^n}{\sum\limits_{n=0}^{\infty} b_n x^n} = \dfrac{1}{1-x} = \sum\limits_{n=0}^{\infty} x^n$ 的收敛半径为

1,而级数 $\sum\limits_{n=0}^{\infty} a_n x^n = 1$ 和 $\sum\limits_{n=0}^{\infty} b_n x^n = 1-x$ 的收敛半径都为 $+\infty$.

例 9　求幂级数

$$\sum_{n=1}^{\infty}\left[\frac{(-1)^n}{n} + \frac{1}{2^n}\right]x^n$$

的收敛半径与收敛域.

解　对于级数 $\sum\limits_{n=1}^{\infty}(-1)^n \dfrac{x^n}{n}$,由例 3 易知它的收敛域是 $(-1,1]$.

对于级数 $\sum\limits_{n=1}^{\infty} \dfrac{x^n}{2^n}$,有

$$\rho = \lim_{n\to\infty}\left|\frac{a_{n+1}}{a_n}\right| = \lim_{n\to\infty}\frac{\dfrac{1}{2^{n+1}}}{\dfrac{1}{2^n}} = \frac{1}{2},$$

所以,收敛半径 $R = \dfrac{1}{\rho} = 2$.

当 $x = \pm 2$ 时,级数为 $1+1+1+\cdots$,它的 $\lim\limits_{n\to\infty} u_n = \lim\limits_{n\to\infty} 1 = 1 \neq 0$,所以级数 $\sum\limits_{n=1}^{\infty} \dfrac{x^n}{2^n}$ 发散.所

以,级数 $\sum\limits_{n=1}^{\infty} \dfrac{x^n}{2^n}$ 的收敛域是 $(-2,2)$.

因为 $(-1,1] \bigcap (-2,2) = (-1,1]$,所以,级数 $\sum\limits_{n=1}^{\infty}\left[\dfrac{(-1)^n}{n} + \dfrac{1}{2^n}\right]x^n$ 的收敛域是 $(-1,1]$.

2. 幂级数的分析运算

幂级数的分析运算是指与极限相关的连续性、可导性与可积性.

定理 3　设幂级数 $\sum\limits_{n=0}^{\infty} a_n x^n$ 的收敛半径为 R,则

(1) 幂级数的和函数 $S(x)$ 在其收敛域上连续,如果幂级数 $\sum\limits_{n=0}^{\infty} a_n x^n$ 在收敛区间端点处

收敛,则 $S(x)$ 在收敛区间端点处单侧连续;

(2) 幂级数的和函数 $S(x)$ 在其收敛域上可积,且有逐项积分公式

$$\int_0^x S(x)\mathrm{d}x = \int_0^x \sum_{n=0}^{\infty} a_n x^n \mathrm{d}x = \sum_{n=0}^{\infty}\int_0^x a_n x^n \mathrm{d}x = \sum_{n=0}^{\infty} \frac{a_n}{n+1} x^{n+1},$$

且逐项积分后得到的幂级数和原级数有相同的收敛半径;

(3) 幂级数的和函数 $S(x)$ 在其收敛区间内可导,且有逐项求导公式

$$S'(x) = \left(\sum_{n=0}^{\infty} a_n x^n\right)' = \sum_{n=0}^{\infty}(a_n x^n)' = \sum_{n=1}^{\infty} n a_n x^{n-1},$$

且逐项求导后得到的幂级数和原级数有相同的收敛半径.

上述性质常用来求幂级数的和函数,另外,等比级数的和函数

$$\sum_{n=0}^{\infty} x^n = 1 + x + x^2 + \cdots + x^n + \cdots = \frac{1}{1-x}, \quad x \in (-1,1)$$

是幂级数求和函数时的重要结论. 由它可得

$$\sum_{n=1}^{\infty} x^n = x + x^2 + \cdots + x^n + \cdots = \frac{x}{1-x}, \quad x \in (-1,1);$$

$$\sum_{n=0}^{\infty} x^{2n} = 1 + x^2 + x^4 + \cdots + x^{2n} + \cdots = \frac{1}{1-x^2}, \quad x \in (-1,1);$$

$$\sum_{n=0}^{\infty} (-x)^n = 1 - x + x^2 - x^3 + \cdots + (-x)^n + \cdots = \frac{1}{1+x}, \quad x \in (-1,1).$$

例 10 求幂级数 $\displaystyle\sum_{n=1}^{\infty} nx^{n-1}$ 的和函数.

解 因为

$$R = \lim_{n\to\infty} \left| \frac{a_n}{a_{n+1}} \right| = \lim_{n\to\infty} \frac{\frac{1}{n}}{\frac{1}{n+1}} = 1,$$

所以所求级数的收敛半径 $R=1$,又因为

当 $x=1$ 时,级数 $\displaystyle\sum_{n=1}^{\infty} nx^{n-1} = \sum_{n=1}^{\infty} n, \lim_{n\to\infty} u_n = \lim_{n\to\infty} n = +\infty \neq 0$,级数发散;

当 $x=-1$ 时,级数 $\displaystyle\sum_{n=1}^{\infty} nx^{n-1} = \sum_{n=1}^{\infty} (-1)^{n-1} n$,$\{S_n\}$ 的极限不存在,级数发散;

因此,所求级数 $\displaystyle\sum_{n=1}^{\infty} nx^{n-1}$ 的收敛域是 $(-1,1)$.

当 $|x|<1$ 时,$\displaystyle\sum_{n=1}^{\infty} nx^{n-1}$ 绝对收敛,记和函数为 $S(x)$,则

$$\int_0^x S(t)\,\mathrm{d}t = \sum_{n=0}^{\infty} \int_0^x nt^{n-1}\,\mathrm{d}t = \sum_{n=0}^{\infty} x^n = \frac{x}{1-x},$$

所以,

$$S(x) = \left(\int_0^x S(t)\,\mathrm{d}t \right)' = \left(\frac{x}{1-x} \right)' = \frac{1}{(1-x)^2}, \quad x \in (-1,1),$$

或

$$S(x) = \sum_{n=1}^{\infty} nx^{n-1} = \sum_{n=1}^{\infty} (x^n)' = \left(\sum_{n=1}^{\infty} x^n \right)' = \left(\frac{x}{1-x} \right)' = \frac{1}{(1-x)^2}, \quad x \in (-1,1).$$

例 11 求幂级数 $\displaystyle\sum_{n=1}^{\infty} \frac{x^n}{n}$ 的和函数.

解 因为级数 $\displaystyle\sum_{n=1}^{\infty} \frac{x^n}{n}$ 的收敛半径 $R=1$,且当 $x=1$ 时,级数 $\displaystyle\sum_{n=1}^{\infty} \frac{x^n}{n} = \sum_{n=1}^{\infty} \frac{1}{n}$,级数发散;

当 $x=-1$ 时,级数 $\sum\limits_{n=1}^{\infty}\dfrac{x^n}{n}=\sum\limits_{n=1}^{\infty}\dfrac{(-1)^n}{n}$,级数收敛;因此,所求级数 $\sum\limits_{n=1}^{\infty}\dfrac{x^n}{n}$ 的收敛域是 $[-1,1)$. 从而

$$S(x)=\sum_{n=1}^{\infty}\frac{x^n}{n}=\sum_{n=1}^{\infty}\int_0^x x^{n-1}\mathrm{d}x=\int_0^x\sum_{n=1}^{\infty}x^{n-1}\mathrm{d}x=\int_0^x\sum_{n=1}^{\infty}x^n\mathrm{d}x$$

$$=\int_0^x\frac{1}{1-x}\mathrm{d}x=\ln(1-x),\quad x\in[-1,1).$$

例 12　求幂级数 $\sum\limits_{n=1}^{\infty}nx^n$ 的和函数.

解　因为级数 $\sum\limits_{n=1}^{\infty}nx^n$ 的收敛半径 $R=1$,又因为当 $x=1$ 时,级数 $\sum\limits_{n=1}^{\infty}nx^n=\sum\limits_{n=1}^{\infty}n$,$\lim\limits_{n\to\infty}u_n=$ $\lim\limits_{n\to\infty}n=+\infty\neq0$,级数发散;当 $x=-1$ 时,级数 $\sum\limits_{n=1}^{\infty}nx^n=\sum\limits_{n=1}^{\infty}(-1)^n n$,$\{S_n\}$ 的极限不存在, 级数发散;因此,所求级数 $\sum\limits_{n=1}^{\infty}nx^n$ 的收敛域是 $(-1,1)$. 从而,

$$\sum_{n=1}^{\infty}nx^n=x\sum_{n=1}^{\infty}nx^{n-1}=x\sum_{n=1}^{\infty}(x^n)'=x\left(\sum_{n=1}^{\infty}x^n\right)'$$

$$=x\left(\frac{x}{1-x}\right)'=\frac{x}{(1-x)^2},\quad x\in(-1,1).$$

例 13　求幂级数 $\sum\limits_{n=1}^{\infty}n^2x^{n-1}$ 的和函数,并求 $\sum\limits_{n=1}^{\infty}n^2\left(\dfrac{1}{2}\right)^{n-1}$ 的和.

解　因为级数 $\sum\limits_{n=1}^{\infty}n^2x^{n-1}$ 的收敛半径 $R=1$,又因为当 $x=1$ 时,级数 $\sum\limits_{n=1}^{\infty}n^2x^{n-1}=$ $\sum\limits_{n=1}^{\infty}n^2$,$\lim\limits_{n\to\infty}u_n=\lim\limits_{n\to\infty}n^2=+\infty\neq0$,级数发散;当 $x=-1$ 时,级数 $\sum\limits_{n=1}^{\infty}n^2x^{n-1}=\sum\limits_{n=1}^{\infty}(-1)^{n-1}n^2$, $\{S_n\}$ 的极限不存在,级数发散;因此,所求级数 $\sum\limits_{n=1}^{\infty}n^2x^{n-1}$ 的收敛域是 $(-1,1)$. 从而,

$$S(x)=\sum_{n=1}^{\infty}n^2x^{n-1}=\sum_{n=1}^{\infty}[(n+1)-1]nx^{n-1}$$

$$=\sum_{n=1}^{\infty}n(n+1)x^{n-1}-\sum_{n=1}^{\infty}nx^{n-1}=\left(\sum_{n=1}^{\infty}x^{n+1}\right)''-\left(\sum_{n=1}^{\infty}x^n\right)'$$

$$=\left(\frac{x}{1-x}\right)''-\left(\frac{x}{1-x}\right)'=\frac{2}{(1-x)^3}-\frac{1}{(1-x)^2}$$

$$=\frac{1+x}{(1-x)^3},\quad x\in(-1,1).$$

于是,

$$\sum_{n=1}^{\infty}n^2\left(\frac{1}{2}\right)^{n-1}=S\left(\frac{1}{2}\right)=\frac{1+\dfrac{1}{2}}{\left(1-\dfrac{1}{2}\right)^3}=12.$$

习题 4-4

1. 求下列幂级数的收敛半径、收敛区间及收敛域：

(1) $\sum_{n=1}^{\infty} (-1)^{n-1} \dfrac{x^n}{n^2}$；

(2) $\sum_{n=1}^{\infty} \dfrac{(x-2)^n}{n^2}$；

(3) $\sum_{n=1}^{\infty} \dfrac{x^n}{n \cdot 3^n}$；

(4) $\sum_{n=1}^{\infty} (-1)^n \dfrac{x^{2n+1}}{2n+1}$；

(5) $\sum_{n=1}^{\infty} (2n-1)! \cdot (x+1)^n$；

(6) $\sum_{n=1}^{\infty} \dfrac{1}{n^3 \cdot 2^n} x^n$；

(7) $\sum_{n=1}^{\infty} \dfrac{(x-5)^n}{\sqrt{n}}$；

(8) $\sum_{n=1}^{\infty} \dfrac{2n-1}{2^n} x^{2n-2}$.

2. 求下列幂级数的和函数：

(1) $\sum_{n=1}^{\infty} (-1)^{n-1} \dfrac{x^n}{n}$；

(2) $\sum_{n=1}^{\infty} \dfrac{x^{n+1}}{n(n+1)}$；

(3) $\sum_{n=1}^{\infty} n x^{n+1}$；

(4) $\sum_{n=1}^{\infty} \dfrac{x^{2n-1}}{2n-1}$.

3. 求幂级数 $1 + \sum_{n=1}^{\infty} (-1)^n \dfrac{x^{2n}}{2n}$ 的和函数 $S(x)$，以及和函数 $S(x)$ 的极值.

4. 求幂级数 $\sum_{n=0}^{\infty} \dfrac{x^{2n+1}}{2n+1}$ 的和函数 $S(x)$ 及数项级数 $\sum_{n=0}^{\infty} \dfrac{1}{(2n+1) \cdot 3^n}$ 的和.

5. 求极限 $\lim_{n \to \infty} \left(\dfrac{1}{a} + \dfrac{2}{a^2} + \cdots + \dfrac{n}{a^n} \right)$，其中 $a > 1$.

4.5 函数的幂级数展开

前面讨论了幂级数的收敛域及其和函数，但在许多应用中. 我们遇到的却是相反的问题：对给定函数 $f(x)$，需要考虑它是否能在某个区间内表示成幂级数. 即能否找到一个幂级数，它在某区间内收敛，且其和恰好就是给定的函数 $f(x)$，如果这样的幂级数存在，则称函数 $f(x)$ 在该区间内能展开成幂级数. 将函数用幂级数的形式表示，给函数的研究及计算会带来许多方便.

4.5.1 泰勒级数

1. 泰勒公式

在一元微分学中，我们学习过可微的概念和拉格朗日中值定理. 在引入记号 $0!=1$、$(x-x_0)^0=1$、$f^{(0)}(x)=f(x)$ 的前提下，函数 $f(x)$ 在 $x=x_0$ 处可微可表示为

$$f(x) = \frac{f^{(0)}(x_0)}{0!}(x-x_0)^0 + \frac{f^{(1)}(x_0)}{1!}(x-x_0)^1 + o((x-x_0)^1),$$

拉格朗日中值定理在 x 与 x_0 构成的区间上可表示为

$$f(x) = \frac{f^{(0)}(x_0)}{0!}(x-x_0)^0 + \frac{f^{(1)}(\xi)}{1!}(x-x_0)^1,$$

其中 ξ 是介于 x_0 与 x 之间的某个值. 在函数 $f(x)$ 在 $x=x_0$ 处有更高阶的导数时,上述结论均可以推广为泰勒公式.

泰勒公式 1(带皮亚诺余项的泰勒公式)　如果函数 $f(x)$ 在 $x=x_0$ 处有 n 阶导数,则当 $x \to x_0$ 时,有

$$f(x) = f(x_0) + f'(x_0)(x-x_0) + \frac{f''(x_0)}{2!}(x-x_0)^2 + \cdots + \frac{f^{(n)}(x_0)}{n!}(x-x_0)^n + R_n(x),$$

其中 $R_n(x) = o((x-x_0)^n)$,称为 $f(x)$ 在 $x=x_0$ 处 n 阶泰勒公式的皮亚诺余项,$f(x) = \sum_{k=0}^{n} \frac{f^{(k)}(x_0)}{k!}(x-x_0)^k + o((x-x_0)^n)$ 称为 $f(x)$ 在 $x=x_0$ 处带皮亚诺余项的泰勒公式.

带皮亚诺余项的泰勒公式可用于 $x \to x_0$ 时,函数 $f(x)$ 性状的讨论与极限的计算.

泰勒公式 2(带拉格朗日余项的泰勒公式)　如果函数 $f(x)$ 在 $U(x_0)$ 处有 $n+1$ 阶导数,则当 $x \in U(x_0)$ 时,有

$$f(x) = f(x_0) + f'(x_0)(x-x_0) + \frac{f''(x_0)}{2!}(x-x_0)^2 + \cdots +$$

$$\frac{f^{(n)}(x_0)}{n!}(x-x_0)^n + R_n(x),$$

其中 $R_n(x) = \frac{f^{(n+1)}(\xi)}{(n+1)!}(x-x_0)^{n+1}$ 为 $f(x)$ 在 $x=x_0$ 处 n 阶泰勒公式的拉格朗日余项,这里 ξ 是介于 x_0 与 x 之间的某个值. $f(x) = \sum_{k=0}^{n} \frac{f^{(k)}(x_0)}{k!}(x-x_0)^k + \frac{f^{(n+1)}(\xi)}{(n+1)!}(x-x_0)^{n+1}$ 为 $f(x)$ 在 $x=x_0$ 处带拉格朗日余项的 n 阶泰勒公式.

带拉格朗日余项的泰勒公式主要用于讨论函数 $f(x)$ 在 x_0 附近的性状与函数 $f(x)$ 的取值大小.

2. 泰勒级数

如果函数 $f(x)$ 在 x_0 的某个领域内可以表示成关于 $x-x_0$ 的幂级数,即

$$f(x) = a_0 + a_1(x-x_0) + a_2(x-x_0)^2 + \cdots + a_n(x-x_0)^n + \cdots,$$

那么由幂级数的性质知,它的和函数在收敛半径内存在任意阶导数,因此在收敛半径内有

$$f'(x) = a_1 + 2a_2(x-x_0) + 3a_3(x-x_0)^2 + \cdots + na_n(x-x_0)^{n-1} + \cdots,$$

$$f''(x) = 2a_2 + 3 \cdot 2a_3(x-x_0) + \cdots + n(n-1)a_n(x-x_0)^{n-2} + \cdots,$$

$$\vdots$$

$$f^{(n)}(x) = n \cdot (n-1) \cdots 2 \cdot 1 a_n + (n+1) \cdot n \cdot (n-1) \cdots 2 a_{n+1}(x-x_0) + \cdots,$$

$$\vdots$$

用 $x=x_0$ 代入得

$$f(x_0) = a_0, \quad f'(x_0) = a_1, \quad f'(x_0) = 2!a_2, \quad \cdots, \quad f^{(n)}(x_0) = n!a_n, \quad \cdots,$$

即

$$a_n = \frac{f^{(n)}(x_0)}{n!}, \quad n = 0,1,2,\cdots.$$

于是,如果函数 $f(x)$ 在 x_0 的某个领域内可以表示成关于 $x-x_0$ 的幂级数,可以得到幂级数

的系数为 $a_n = \dfrac{f^{(n)}(x_0)}{n!}, n = 0, 1, 2, \cdots$.

如果函数 $f(x)$ 在 x_0 处有任意阶导数,那么可以得到幂级数

$$f(x_0) + f'(x_0)(x - x_0) + \frac{f''(x_0)}{2!}(x - x_0)^2 + \cdots + \frac{f^{(n)}(x_0)}{n!}(x - x_0)^n + \cdots,$$

称为函数 $f(x)$ 在 $x - x_0$ 的**泰勒级数**,记为

$$f(x) \sim f(x_0) + f'(x_0)(x - x_0) + \frac{f''(x_0)}{2!}(x - x_0)^2 + \cdots + \frac{f^{(n)}(x_0)}{n!}(x - x_0)^n + \cdots.$$

特别地,当 $x_0 = 0$ 时,

$$f(x) \sim f(0) + f'(0)x + \frac{f''(0)}{2!}x^2 + \cdots + \frac{f^{(n)}(0)}{n!}x^n + \cdots$$

称为函数 $f(x)$ 的**麦克劳林级数**.

从上面的讨论可以知道,只要函数 $f(x)$ 在 x_0 处有任意阶导数,则函数 $f(x)$ 在 $x = x_0$ 的泰勒级数一定存在,但是由此生成的泰勒级数 $\sum\limits_{n=0}^{\infty} \dfrac{f^{(n)}(x_0)}{n!}(x - x_0)^n$ 是否能在一定的区域内收敛到 $f(x)$ 就成为我们必须面对的首要问题. 借助泰勒公式以及余项与收敛关系,我们有以下定理.

定理　如果函数 $f(x)$ 在 x_0 的某个领域 $U(x_0)$ 内有任意阶导数,则函数 $f(x)$ 的泰勒级数 $\sum\limits_{n=0}^{\infty} \dfrac{f^{(n)}(x_0)}{n!}(x - x_0)^n$ 在 $U(x_0)$ 内收敛到 $f(x)$ 的充要条件是函数 $f(x)$ 的泰勒公式中的余项 $R_n(x)$ 在 $U(x_0)$ 内,且 $\lim\limits_{n \to \infty} R_n(x) = \lim\limits_{n \to \infty} \dfrac{f^{(n+1)}(\xi)}{(n+1)!}(x - x_0)^{n+1} = 0$.

证　因为函数 $f(x)$ 在 x_0 的某个领域 $U(x_0)$ 内有任意阶导数,由泰勒公式,对于任意的 n 都有

$$f(x) = \sum_{k=0}^{n} \frac{f^{(k)}(x_0)}{k!}(x - x_0)^k + R_n(x), \quad x \in U(x_0).$$

因此,

$$f(x) = \lim_{n \to \infty}\left[\sum_{k=0}^{n} \frac{f^{(k)}(x_0)}{k!}(x - x_0)^k + R_n(x) \right]$$

存在. 所以由极限的性质知

$$f(x) = \lim_{n \to \infty} \sum_{k=0}^{n} \frac{f^{(k)}(x_0)}{k!}(x - x_0)^k = \sum_{k=0}^{n} \frac{f^{(k)}(x_0)}{k!}(x - x_0)^k, \quad x \in U(x_0)$$

的充分必要条件是 $\lim\limits_{n \to \infty} R_n(x) = 0, x \in U(x_0)$.

推论　如果函数 $f(x)$ 在 x_0 的某个领域 $U(x_0)$ 内有任意阶导数,并且存在常数 M,使得 $|f^{(n)}(x_0)| \leqslant M^n$(或者 $|f^{(n)}(x)| \leqslant M$),$x \in U(x_0)$,$n = 0, 1, 2, \cdots$,则

$$f(x) = \sum_{n=0}^{\infty} \frac{f^{(n)}(x_0)}{n!}(x - x_0)^n, \quad x \in U(x_0).$$

证　因为

$$|R_n(x)| = \frac{1}{(n+1)!}|f^{(n+1)}(\xi)||x - x_0|^{n+1} \leqslant \frac{M^{n+1}}{(n+1)!}|x - x_0|^{n+1}, \quad n = 1, 2, 3, \cdots,$$

而幂级数 $\displaystyle\sum_{n=0}^{\infty}\frac{M^{n+1}}{(n+1)!}(x-x_0)^{n+1}$ 的收敛半径 $R=+\infty$,由级数收敛的必要条件知,当 $n\to$ ∞时,$\dfrac{M^{n+1}}{(n+1)!}|x-x_0|^{n+1}\to 0,x\in(-\infty,+\infty)$,即

$$\lim_{n\to\infty}\left|\frac{M^{n+1}}{(n+1)!}(x-x_0)^{n+1}\right|=\lim_{n\to\infty}\frac{M^{n+1}}{(n+1)!}|(x-x_0)^{n+1}|=0,\quad x\in(-\infty,+\infty).$$

于是,$\displaystyle\lim_{n\to\infty}|R_n(x)|=0$. 所以结论成立.

4.5.2　函数的幂级数展开

将函数展开成幂级数通常有两种方法:直接展开法和间接展开法.直接展开法为函数的幂级数展开提供了必要的准备,间接展开法在开展直接展开法的基础上,使函数的幂级数展开成为一种可行的基本计算.

1. 直接展开法

将函数 $f(x)$在 $x=x_0$ 直接展开成幂级数,可以按照下列步骤进行:

(1) 计算函数 $f(x)$在 $x=x_0$ 的各阶导数 $f^{(n)}(x_0),n=0,1,2,3,\cdots$;

(2) 写出函数在 $x=x_0$ 处的级数 $\displaystyle\sum_{n=0}^{\infty}\frac{f^{(n)}(x_0)}{n!}(x-x_0)^n$,并求出收敛半径 R;

(3) 考察在 $|x-x_0|<R$ 内,余项 $R_n(x)$的极限

$$\lim_{n\to\infty}R_n(x)=\lim_{n\to\infty}\frac{f^{(n+1)}(\xi)}{(n+1)!}(x-x_0)^{n+1}$$

是否为零;

(4) 如果是零,则在 $|x-x_0|<R$ 内,函数可以展开成幂级数,写出展开式

$$f(x)=\sum_{n=0}^{\infty}\frac{f^{(n)}(x_0)}{n!}(x-x_0)^n.$$

例 1　把函数 $f(x)=\mathrm{e}^x$ 展开成 x 的幂级数(麦克劳林级数)

解　由 $f^{(n)}(x)=\mathrm{e}^x$,得 $f^{(n)}(0)=\mathrm{e}^0=1$,级数为

$$\sum_{n=0}^{\infty}\frac{f^{(n)}(0)}{n!}x^n=f(0)+f'(0)x+\frac{f''(0)}{2!}x^2+\cdots+\frac{f^{(n)}(0)}{n!}x^n+\cdots,$$

即

$$\sum_{n=0}^{\infty}\frac{1}{n!}x^n=1+x+\frac{1}{2!}x^2+\cdots+\frac{1}{n!}x^n+\cdots,$$

该级数收敛半径 $R=+\infty$,且

$$|R_n(x)|=\left|\frac{f^{(n+1)}(\xi)}{(n+1)!}x^{n+1}\right|=\left|\frac{\mathrm{e}^{\xi}}{(n+1)!}x^{n+1}\right|<\mathrm{e}^{|x|}\cdot\frac{|x|^{n+1}}{(n+1)!},$$

即

$$-\mathrm{e}^{|x|}\cdot\frac{|x|^{n+1}}{(n+1)!}<R_n(x)<\mathrm{e}^{|x|}\cdot\frac{|x|^{n+1}}{(n+1)!}.$$

对级数 $\displaystyle\sum_{n=0}^{\infty}\mathrm{e}^{|x|}\cdot\frac{|x|^{n+1}}{(n+1)!}$ 来说,因为

$$\lim_{n\to\infty}\left|\frac{u_{n+1}}{u_n}\right| = \lim_{n\to\infty}\frac{e^{|x|}\cdot\dfrac{|x|^{n+2}}{(n+2)!}}{e^{|x|}\cdot\dfrac{|x|^{n+1}}{(n+1)!}} = \lim_{n\to\infty}\frac{|x|}{n+2} = 0 < 1,$$

所以级数收敛,易知,

$$\lim_{n\to\infty}u_n = \lim_{n\to\infty}e^{|x|}\cdot\frac{|x|^{n+1}}{(n+1)!} = 0,$$

从而 $\lim\limits_{n\to\infty}R_n(x)=0$,于是

$$f(x) = e^x = \sum_{n=0}^{\infty}\frac{1}{n!}x^n = 1 + x + \frac{1}{2!}x^2 + \cdots + \frac{1}{n!}x^n + \cdots, \quad x\in(-\infty,+\infty).$$

例 2 把函数 $f(x)=\sin x$ 展开成 x 的幂级数(麦克劳林级数).

解 由 $f^{(n)}(x)=\sin\left(x+\dfrac{n}{2}\pi\right)$,得

$$f(0)=0, \quad f'(0)=1, \quad f''(0)=0, \quad f'''(0)=-1, \quad \cdots, \quad f^{(2k)}(0)=0, \quad f^{(2k+1)}(0)=(-1)^k,$$

级数为

$$\sum_{n=0}^{\infty}\frac{f^{(n)}(0)}{n!}x^n = f(0) + f'(0)x + \frac{f''(0)}{2!}x^2 + \cdots + \frac{f^{(n)}(0)}{n!}x^n + \cdots,$$

即

$$\sum_{n=0}^{\infty}(-1)^n\frac{x^{2n+1}}{(2n+1)!} = x - \frac{x^3}{3!} + \frac{x^5}{5!} + \cdots + (-1)^n\frac{x^{2n+1}}{(2n+1)!} + \cdots,$$

该级数收敛半径 $R=+\infty$,且

$$|R_n(x)| = \left|\frac{f^{(n+1)}(\xi)}{(n+1)!}x^{n+1}\right| = \left|\frac{\sin\left[\xi+\dfrac{(n+1)\pi}{2}\right]}{(n+1)!}x^{n+1}\right| < \frac{|x|^{n+1}}{(n+1)!},$$

即

$$-\frac{|x|^{n+1}}{(n+1)!} < R_n(x) < \frac{|x|^{n+1}}{(n+1)!}.$$

对级数 $\sum\limits_{n=0}^{\infty}\dfrac{|x|^{n+1}}{(n+1)!}$ 来说,因为

$$\lim_{n\to\infty}\left|\frac{u_{n+1}}{u_n}\right| = \lim_{n\to\infty}\frac{\dfrac{|x|^{n+2}}{(n+2)!}}{\dfrac{|x|^{n+1}}{(n+1)!}} = \lim_{n\to\infty}\frac{|x|}{n+2} = 0 < 1,$$

所以 $\sum\limits_{n=0}^{\infty}\dfrac{|x|^{n+1}}{(n+1)!}$ 收敛,易知,

$$\lim_{n\to\infty}u_n = \lim_{n\to\infty}\frac{|x|^{n+1}}{(n+1)!} = 0,$$

从而 $\lim\limits_{n\to\infty}R_n(x)=0$,于是

$$f(x) = \sin x = \sum_{n=0}^{\infty}(-1)^n\frac{x^{2n+1}}{(2n+1)!}$$

$$= x - \frac{x^3}{3!} + \frac{x^5}{5!} + \cdots + (-1)^n\frac{x^{2n+1}}{(2n+1)!} + \cdots, \quad x\in(-\infty,+\infty).$$

例 3　将函数 $f(x)=(1+x)^m$ 展开成 x 的幂级数，其中 m 为任意常数.

解　函数 $f(x)$ 的各阶导数为

$$f'(x)=m(1+x)^{m-1},$$

$$f''(x)=m(m-1)(1+x)^{m-2},$$

$$\vdots$$

$$f^{(n)}(x)=m(m-1)(m-2)\cdots(m-n+1)(1+x)^{m-n},$$

$$\vdots$$

所以，$f(0)=1, f'(0)=m, f''(0)=m(m-1),\cdots$

$$f^{(n)}(0)=m(m-1)(m-2)\cdots(m-n+1),\cdots$$

于是得级数

$$1+mx+\frac{m(m-1)}{2!}x^2+\cdots+\frac{m(m-1)(m-2)\cdots(m-n+1)}{n!}x^n+\cdots$$

此级数相邻两项的系数之比的绝对值 $\left|\dfrac{a_{n+1}}{a_n}\right|=\left|\dfrac{m-n}{n+1}\right|\to1(n\to\infty)$，因此，对于任意常数 m，这级数在 $(-1,1)$ 内收敛.

为了避免直接研究余项，此级数在开区间 $(-1,1)$ 内收敛到函数 $F(x)$：

$$F(x)=1+mx+\frac{m(m-1)}{2!}x^2+\cdots+\frac{m(m-1)(m-2)\cdots(m-n+1)}{n!}x^n+\cdots$$

证明 $F(x)=(1+x)^m, x\in(-1,1)$.

逐项求导，得

$$F'(x)=m\left[1+\frac{m-1}{1}x+\cdots+\frac{(m-1)(m-2)\cdots(m-n+1)}{(n-1)!}x^{n-1}+\cdots\right],$$

两边各乘以 $(1+x)$，并把含有 $x^n(n=1,2,3,\cdots)$ 的两项合起来. 根据恒等式

$$\frac{(m-1)(m-2)\cdots(m-n+1)}{(n-1)!}+\frac{(m-1)(m-2)\cdots(m-n)}{(n-1)!}$$

$$=\frac{m(m-1)(m-2)\cdots(m-n+1)}{(n-1)!}\quad(n=1,2,3,\cdots),$$

有

$$(1+x)F'(x)=m\left[1+mx+\frac{m(m-1)}{2!}x^2+\cdots+\frac{m(m-1)(m-2)\cdots(m-n+1)}{n!}x^n+\cdots\right]$$

$$=mF(x),\quad-1<x<1.$$

令 $\varphi(x)=\dfrac{F(x)}{(1+x)^m}$，于是 $\varphi(0)=F(0)=1$，且

$$\varphi'(x)=\frac{(1+x)^mF'(x)-m(1+x)^{m-1}F(x)}{(1+x)^{2m}}$$

$$=\frac{(1+x)^{m-1}\left[(1+x)F'(x)-mF(x)\right]}{(1+x)^{2m}}=0,$$

所以 $\varphi(x)=c$（常数）. 但是 $\varphi(0)=1$，即

$$F(x)=(1+x)^m.$$

因此在区间 $(-1,1)$ 内，有展开式

$$(1+x)^m = 1 + mx + \frac{m(m-1)}{2!}x^2 + \cdots +$$

$$\frac{m(m-1)(m-2)\cdots(m-n+1)}{n!}x^n + \cdots, \quad x \in (-1,1).$$

上面的公式叫做**二项展开式**. 特殊地, 当 m 为正整数时, 级数为 x 的 m 次多项式就是代数学中的二项式定理.

在区间端点 $x = \pm 1$ 处, 展开式能否成立与 m 的取值有关. 可以证明:

(1) 当 $m \leqslant -1$ 时, 收敛域是 $(-1,1)$;

(2) 当 $-1 < m \leqslant 0$ 时, 收敛域是 $(-1,1]$;

(3) 当 $m > 0$ 时, 收敛域是 $[-1,1]$.

特别地,

当 $m = \frac{1}{2}$ 时, 可得 $\sqrt{1+x} = 1 + \frac{1}{2}x - \frac{1}{2 \cdot 4}x^2 + \frac{1 \cdot 3}{2 \cdot 4 \cdot 6}x^3 + \cdots, x \in [-1,1]$.

当 $m = -\frac{1}{2}$ 时, 可得 $\frac{1}{\sqrt{1+x}} = 1 - \frac{1}{2}x + \frac{1 \cdot 3}{2 \cdot 4}x^2 - \frac{1 \cdot 3 \cdot 5}{2 \cdot 4 \cdot 6}x^3 + \cdots, x \in (-1,1]$.

2. 间接展开法

幂级数展开的间接法是利用已知的幂级数展开式, 通过函数的恒等变形以及幂级数的运算获得所需函数的幂级数展开.

例 4 把函数 $f(x) = \cos x$ 展开成 x 的幂级数 (麦克劳林级数).

解 对

$$\sin x = \sum_{n=0}^{\infty} (-1)^n \frac{x^{2n+1}}{(2n+1)!} = x - \frac{x^3}{3!} + \frac{x^5}{5!} + \cdots + (-1)^n \frac{x^{2n+1}}{(2n+1)!} + \cdots$$

逐项求导, 得

$$\cos x = \sum_{n=0}^{\infty} (-1)^n \frac{x^{2n}}{(2n)!} = 1 - \frac{x^2}{2!} + \frac{x^4}{4!} + \cdots + (-1)^n \frac{x^{2n}}{(2n)!} + \cdots, \quad x \in (-\infty, +\infty).$$

例 5 把函数 $f(x) = \ln(1+x)$ 展开成 **x** 的幂级数 (麦克劳林级数).

解 因为 $f'(x) = \frac{1}{1+x}$, 且 $\frac{1}{1+x} = 1 - x + x^2 - x^3 + \cdots + (-x)^n + \cdots, x \in (-1,1)$, 两边逐项积分, 得

$$\ln(1+x) = x - \frac{x^2}{2} + \frac{x^3}{3} - \cdots + (-1)^n \frac{x^{n+1}}{n+1} + \cdots, \quad x \in (-1,1].$$

常用的麦克劳林展式:

$$\frac{1}{1-x} = \sum_{n=0}^{\infty} x^n = 1 + x + x^2 + \cdots + x^n + \cdots, \quad x \in (-1,1);$$

$$\frac{1}{1+x} = \sum_{n=0}^{\infty} (-x)^n = 1 - x + x^2 - x^3 + \cdots + (-x)^n + \cdots, \quad x \in (-1,1);$$

$$\frac{x}{1-x} = \sum_{n=1}^{\infty} x^n = x + x^2 + \cdots + x^n + \cdots, \quad x \in (-1,1);$$

$$\frac{1}{1-x^2} = \sum_{n=0}^{\infty} x^{2n} = 1 + x^2 + x^4 + \cdots + x^{2n} + \cdots, \quad x \in (-1,1);$$

$$\mathrm{e}^x = \sum_{n=0}^{\infty} \frac{1}{n!}x^n = 1 + x + \frac{1}{2!}x^2 + \cdots + \frac{1}{n!}x^n + \cdots, \quad x \in (-\infty, +\infty);$$

$$\sin x = \sum_{n=0}^{\infty} (-1)^n \frac{x^{2n+1}}{(2n+1)!}$$

$$= x - \frac{x^3}{3!} + \frac{x^5}{5!} + \cdots + (-1)^n \frac{x^{2n+1}}{(2n+1)!} + \cdots, \quad x \in (-\infty, +\infty);$$

$$\cos x = \sum_{n=0}^{\infty} (-1)^n \frac{x^{2n}}{(2n)!}$$

$$= 1 - \frac{x^2}{2!} + \frac{x^4}{4!} + \cdots + (-1)^n \frac{x^{2n}}{(2n)!} + \cdots, \quad x \in (-\infty, +\infty);$$

$$\ln(1+x) = x - \frac{x^2}{2} + \frac{x^3}{3} - \cdots + (-1)^n \frac{x^{n+1}}{n+1} + \cdots, \quad x \in (-1,1];$$

$$(1+x)^m = 1 + mx + \frac{m(m-1)}{2}x^2 + \cdots + \frac{m(m-1)\cdots(m-n+1)}{n!}x^n + \cdots,$$

其中 $x \in (-1,1), m \in (-\infty, \infty)$.

例 6 把函数 $f(x) = \dfrac{1}{3-x}$ 展开成 x 的幂级数(麦克劳林级数).

解 因为

$$\frac{1}{1-x} = 1 + x + x^2 + x^3 + \cdots + x^n + \cdots, \quad x \in (-1,1),$$

所以

$$\frac{1}{1-\dfrac{x}{3}} = 1 + \frac{x}{3} + \left(\frac{x}{3}\right)^2 + \left(\frac{x}{3}\right)^3 + \cdots + \left(\frac{x}{3}\right)^n + \cdots = \sum_{n=0}^{\infty} \left(\frac{x}{3}\right)^n, \quad -1 < \frac{x}{3} < 1,$$

故

$$f(x) = \frac{1}{3-x} = \frac{1}{3\left(1-\dfrac{x}{3}\right)} = \frac{1}{3}\sum_{n=0}^{\infty}\left(\frac{x}{3}\right)^n, \quad -3 < x < 3.$$

例 7 把函数 $f(x) = \dfrac{1}{3-x}$ 展开成 $x-1$ 的幂级数(麦克劳林级数).

解 因为

$$\frac{1}{1-x} = \sum_{n=0}^{\infty} x^n = 1 + x + x^2 + x^3 + \cdots + x^n + \cdots, \quad x \in (-1,1),$$

所以

$$f(x) = \frac{1}{3-x} = \frac{1}{2-(x-1)} = \frac{1}{2} \cdot \frac{1}{1-\dfrac{x-1}{2}} = \frac{1}{2}\sum_{n=0}^{\infty}\left(\frac{x-1}{2}\right)^n,$$

$$= \frac{1}{2}\left[1 + \frac{x-1}{2} + \left(\frac{x-1}{2}\right)^2 + \cdots + \left(\frac{x-1}{2}\right)^n + \cdots\right],$$

其中 $-1 < \dfrac{x-1}{2} < 1$, 即 $-1 < x < 3$.

例 8 把函数 $f(x) = \dfrac{1}{x^2 - 5x + 6}$ 展开成 $x - 1$ 的幂级数（麦克劳林级数）.

解 因为

$$f(x) = \frac{1}{x^2 - 5x + 6} = \frac{1}{2 - x} - \frac{1}{3 - x} = \frac{1}{1 - (x-1)} - \frac{1}{2 - (x-1)}$$

$$= \frac{1}{1 - (x-1)} - \frac{1}{2} \cdot \frac{1}{1 - \dfrac{x-1}{2}} = \sum_{n=0}^{\infty} (x-1)^n - \frac{1}{2} \sum_{n=0}^{\infty} \left(\frac{x-1}{2} \right)^n$$

$$= \sum_{n=0}^{\infty} \left(1 - \frac{1}{2^{n+1}} \right) (x-1)^n,$$

其中 $-1 < x - 1 < 1$，即 $0 < x < 2$ 且 $-1 < \dfrac{x-1}{2} < 1$，即 $-1 < x < 3$，于是

$$(0,2) \bigcap (-1,3) = (0,2),$$

所以展开式中 $x \in (0,2)$.

例 9 把函数 $f(x) = \sin x$ 展开成 $x - \dfrac{\pi}{4}$ 的幂级数（麦克劳林级数）

解 因为

$$f(x) = \sin x = \sin\left[\frac{\pi}{4} + \left(x - \frac{\pi}{4} \right) \right] = \sin \frac{\pi}{4} \cos\left(x - \frac{\pi}{4} \right) + \cos \frac{\pi}{4} \sin\left(x - \frac{\pi}{4} \right)$$

$$= \frac{1}{\sqrt{2}} \left[\cos\left(x - \frac{\pi}{4} \right) + \sin\left(x - \frac{\pi}{4} \right) \right],$$

又因为

$$\sin\left(x - \frac{\pi}{4} \right) = \sum_{n=0}^{\infty} (-1)^n \frac{\left(x - \dfrac{\pi}{4} \right)^{2n+1}}{(2n+1)!}$$

$$= \left(x - \frac{\pi}{4} \right) - \frac{\left(x - \dfrac{\pi}{4} \right)^3}{3!} + \frac{\left(x - \dfrac{\pi}{4} \right)^5}{5!} + \cdots +$$

$$(-1)^n \frac{\left(x - \dfrac{\pi}{4} \right)^{2n+1}}{(2n+1)!} + \cdots, \quad x \in (-\infty, +\infty),$$

$$\cos\left(x - \frac{\pi}{4} \right) = \sum_{n=0}^{\infty} (-1)^n \frac{\left(x - \dfrac{\pi}{4} \right)^{2n}}{(2n)!}$$

$$= 1 - \frac{\left(x - \dfrac{\pi}{4} \right)^2}{2!} + \frac{\left(x - \dfrac{\pi}{4} \right)^4}{4!} + \cdots +$$

$$(-1)^n \frac{\left(x - \dfrac{\pi}{4} \right)^{2n}}{(2n)!} + \cdots, \quad x \in (-\infty, +\infty),$$

所以 $\sin x = \dfrac{1}{\sqrt{2}} \left[\cos\left(x - \dfrac{\pi}{4} \right) + \sin\left(x - \dfrac{\pi}{4} \right) \right]$

$$= \frac{1}{\sqrt{2}} \left[1 + \left(x - \frac{\pi}{4} \right) - \frac{\left(x - \dfrac{\pi}{4} \right)^2}{2!} - \frac{\left(x - \dfrac{\pi}{4} \right)^3}{3!} + \frac{\left(x - \dfrac{\pi}{4} \right)^4}{4!} + \cdots \right], \quad x \in (-\infty, +\infty).$$

习题 4-5

1. 将下列函数展开成 x 幂级数：

(1) $f(x) = a^x, (a > 0$ 且 $a \neq 1)$；　　　　(2) $f(x) = \cos^2 x$；

(3) $f(x) = e^{-x^2}$；　　　　　　　　　　(4) $f(x) = \ln(10 + x)$；

(5) $f(x) = \dfrac{x}{x^2 - 2x - 3}$.

2. 将函数 $f(x) = \arctan x$ 展开成 x 的幂级数.

3. 将 $f(x) = \dfrac{1}{2x^2 - 3x + 1}$ 展开成 $x - 1$ 的幂级数.

4. 将 $f(x) = \ln(3x - x^2)$ 展开成 $x - 1$ 的幂级数.

5. 将 $f(x) = \dfrac{1}{x^2 + 3x + 2}$ 展开成 $x + 4$ 的幂级数.

4.6　幂级数的应用

4.6.1　函数值的近似计算

级数的一个主要应用就是利用它来进行函数值的计算，常用的三角函数表、对数表等，都是利用级数计算出来的.

在函数的幂级数展开式中，取前 n 项和作为函数的近似计算公式，余项 R_n 就是所产生的误差，称为截断误差，

例如，由正弦函数的幂级数展开式，

$$\sin x = \sum_{n=0}^{\infty} (-1)^n = \frac{x^{2n+1}}{(2n+1)!}$$

$$= x - \frac{x^3}{3!} + \frac{x^5}{5!} + \cdots + (-1)^n \frac{x^{2n+1}}{(2n+1)!} + \cdots, \quad x \in (-\infty, +\infty)$$

可得到下列近似计算公式：

$$\sin x \approx x, \quad \sin x \approx x - \frac{x^3}{3!}, \quad \sin x \approx x - \frac{x^3}{3!} + \frac{x^5}{5!}.$$

取前 n 项和作为函数的近似计算公式，n 越大，误差就越小，

例 1　利用 $\sin x = x - \dfrac{x^3}{3!}$，求 $\sin 9°$ 的近似值，并估计误差.

解　利用所给近似公式，可得

$$\sin 9° = \sin \frac{\pi}{20} \approx \frac{\pi}{20} - \frac{1}{3!} \left(\frac{\pi}{20} \right)^3,$$

误差

$$r_2 = \sum_{n=0}^{\infty} (-1)^n \frac{x^{2n+1}}{(2n+1)!} - \left[x - \frac{x^3}{3!} \right]$$

$$= \frac{x^5}{5!} - \frac{x^7}{7!} + \frac{x^9}{9!} + \cdots + (-1)^n \frac{x^{2n+1}}{(2n+1)!} + \cdots$$

$$= \sum_{n=2}^{\infty} (-1)^n \frac{x^{2n+1}}{(2n+1)!}$$

根据交错级数的性质,知

$$\mid r_2 \mid \leqslant \frac{x^5}{5!} = \frac{1}{5!} \left(\frac{\pi}{20} \right)^5 < \frac{1}{120} (0.2)^5 < \frac{1}{300000} < 10^{-5},$$

因此,取 $\frac{\pi}{20} \approx 0.157080, \left(\frac{\pi}{20} \right)^3 \approx 0.003876$,于是得

$$\sin 9° = \sin \frac{\pi}{20} \approx \frac{\pi}{20} - \frac{1}{3!} \left(\frac{\pi}{20} \right)^3 \approx 0.157080 - \frac{1}{6} \times 0.003876 \approx 0.156434.$$

误差不超过 10^{-5}.

例 2 计算 $\sqrt[5]{240}$ 的近似值,要求误差不超过 0.0001.

解 由于 $\sqrt[5]{240} = (3^5 - 3)^{\frac{1}{5}} = 3 \left(1 - \frac{1}{3^4} \right)^{\frac{1}{5}}$,在二项展开式中取 $m = \frac{1}{5}, x = -\frac{1}{3^4}$,有

$$\sqrt[5]{240} = 3 \left(1 - \frac{1}{5} \cdot \frac{1}{3^4} - \frac{1 \cdot 4}{5^2 \cdot 2!} \cdot \frac{1}{3^8} - \frac{1 \cdot 4 \cdot 9}{5^3 \cdot 3!} \cdot \frac{1}{3^{12}} - \frac{1 \cdot 4 \cdot 9 \cdot 14}{5^4 \cdot 4!} \cdot \frac{1}{3^{16}} - \cdots \right).$$

如果取前两项的和为 $\sqrt[5]{240}$ 的近似值,其误差为

$$\left| r_2 \left(-\frac{1}{3^4} \right) \right| = \sqrt[5]{240} = 3 \left(\frac{1 \cdot 4}{5^2 \cdot 2!} \cdot \frac{1}{3^8} + \frac{1 \cdot 4 \cdot 9}{5^3 \cdot 3!} \cdot \frac{1}{3^{12}} + \frac{1 \cdot 4 \cdot 9 \cdot 14}{5^4 \cdot 4!} \cdot \frac{1}{3^{16}} + \cdots \right)$$

$$< 3 \cdot \frac{1 \cdot 4}{5^5 \cdot 2!} \cdot \frac{1}{3^8} \left(1 + \frac{1}{3^4} + \frac{1}{3^8} + \frac{1}{3^{12}} + \cdots \right)$$

$$= \frac{2}{5^2 \cdot 3^7} \cdot \frac{1}{1 - \frac{1}{3^4}} < 10^{-4}.$$

故 $\sqrt[5]{240}$ 的误差不超过 0.0001 的近似值为 $\sqrt[5]{240} \approx 3 \left(1 - \frac{1}{405} \right) \approx 2.9926$.

4.6.2 定积分的近似计算

许多函数的原函数 $\left(\text{如 } e^{-x^2}, \frac{\sin x}{x} \text{ 等} \right)$ 不能用初等函数表示,但若被积函数在积分区间上能展开成幂级数,则可以通过展开式的逐项积分,用积分的级数近似计算定积分的值.

例 3 计算 $\int_0^1 \frac{\sin x}{x} dx$ 的近似值,精确到 0.0001.

解 利用 $\sin x = \sum_{n=0}^{\infty} (-1)^n \frac{x^{2n+1}}{(2n+1)!} = x - \frac{x^3}{3!} + \frac{x^5}{5!} + \cdots + (-1)^n \frac{x^{2n+1}}{(2n+1)!} + \cdots$,有

$$\frac{\sin x}{x} = 1 - \frac{x^2}{3!} + \frac{x^4}{5!} + \cdots + (-1)^n + \frac{x^{2n}}{(2n+1)!} + \cdots,$$

所以

$$\int_0^1 \frac{\sin x}{x}\mathrm{d}x = \int_0^1 \left(1 - \frac{x^2}{3!} + \frac{x^4}{5!} + \cdots\right)\mathrm{d}x = 1 - \frac{1}{3\times3!} + \frac{1}{5\times5!} - \frac{1}{7\times7!} + \cdots,$$

这是一个满足莱布尼茨判别法条件的交错级数,因为它的第四项 $u_4 = -\dfrac{1}{7\cdot7!} < 10^{-4}$. 于是

$$\int_0^1 \frac{\sin x}{x}\mathrm{d}x \approx 1 - \frac{1}{3\cdot3!} + \frac{1}{5\cdot5!} \approx 0.9461.$$

习题 4-6

1. 利用函数的幂级数展开式求下列各数的近似值:

(1) $\sin 2°$(精确到 0.0001);　　　　(2) $\sqrt[9]{522}$(精确到 0.00001).

2. 利用函数的幂级数展开式求下列各数的近似值:

(1) $\displaystyle\int_0^{\frac{1}{2}} \frac{1}{1+x^4}\mathrm{d}x$(精确到 0.001);　　(2) $\displaystyle\int_0^{\frac{1}{2}} \frac{\arctan x}{x}\mathrm{d}x$(精确到 0.001).

总习题 4

(A)

1. 填空题

(1) 对于级数 $\displaystyle\sum_{n=1}^{\infty} u_n$,$\displaystyle\lim_{n\to\infty} u_n = 0$ 是 $\displaystyle\sum_{n=1}^{\infty} u_n$ 收敛的_____条件,不是它收敛的_____条件.

(2) 部分和数列 $\{S_n\}$ 有界是正项级数 $\displaystyle\sum_{n=1}^{\infty} u_n$ 收敛的_____条件.

(3) 若级数 $\displaystyle\sum_{n=1}^{\infty} u_n$ 绝对收敛,则级数 $\displaystyle\sum_{n=1}^{\infty} u_n$ 必定_____,若级数 $\displaystyle\sum_{n=1}^{\infty} u_n$ 条件收敛,则级数 $\displaystyle\sum_{n=1}^{\infty} |u_n|$ 必定_____.

(4) 幂级数 $\displaystyle\sum_{n=1}^{\infty} \frac{(x+2)^n}{n}$ 的收敛域是_____,和函数是_____.

(5) 幂级数 $\displaystyle\sum_{n=0}^{\infty} a_n(x+1)^n$ 在 $x = -3$ 处发散,而在 $x = 1$ 处收敛,则它的收敛半径是_____,收敛域是_____.

(6) 如果函数 $f(x) = \displaystyle\sum_{n=0}^{\infty} a_n x^n$,$x \in (-R, R)$,则 $\varphi(x) = \dfrac{f(x) - f(x)}{2}$ 的麦克劳林级数是_____.

2. 判定下列级数的敛散性:

(1) $\displaystyle\sum_{n=1}^{\infty} \frac{1}{n\sqrt[n]{n}}$;　　　　　(2) $\displaystyle\sum_{n=1}^{\infty} \frac{n\cos^2\frac{n\pi}{6}}{2^n}$;

(3) $\displaystyle\sum_{n=1}^{\infty} \frac{\sqrt{n+1}-\sqrt{n}}{n^{\alpha}}$;   (4) $\displaystyle\sum_{n=1}^{\infty} \frac{8^{n}}{n!}$;

(5) $\displaystyle\sum_{n=1}^{\infty} \frac{4^{n}}{9^{n}-3^{n}}$;   (6) $\displaystyle\sum_{n=1}^{\infty} \left(\frac{3n^{2}}{n^{2}+2}\right)^{n}$.

3. 判别下列级数是否收敛,若收敛,是绝对收敛还是条件收敛?

(1) $\displaystyle\sum_{n=1}^{\infty} (-1)^{n-1} \frac{n}{2^{n}}$;   (2) $\displaystyle\sum_{n=1}^{\infty} (-1)^{n-1} \frac{2^{n^{2}}}{n!}$;

(3) $\displaystyle\sum_{n=1}^{\infty} (-1)^{n-1} \left(1-\cos\frac{\pi}{n}\right)$;   (4) $\displaystyle\sum_{n=2}^{\infty} \sin\left(n\pi+\frac{1}{\ln n}\right)$.

4. 用幂级数求极限 $\displaystyle\lim_{n\to 0}\left(\frac{1}{a}+\frac{2}{a^{2}}+\frac{3}{a^{3}}+\cdots+\frac{n}{a^{n}}\right)$,其中 $a>1$.

5. 已知 $\displaystyle\lim_{n\to\infty} n u_{n}$ 存在,级数 $\displaystyle\sum_{n=1}^{\infty} n(u_{n}-u_{n-1})$ 收敛,证明级数 $\displaystyle\sum_{n=1}^{\infty} u_{n}$ 收敛.

6. 设正项级数 $\{u_{n}\}$ 单调减少,且 $\displaystyle\sum_{n=1}^{\infty} (-1)^{n} u_{n}$ 发散,证明级数 $\displaystyle\sum_{n=1}^{\infty} \left(\frac{1}{u_{n}+1}\right)^{n}$ 收敛.

7. 求级数 $\displaystyle\sum_{n=1}^{\infty} \frac{2n-1}{3^{n}}$ 的和.

8. 求级数 $\displaystyle\sum_{n=1}^{\infty} \frac{n^{2}}{n!\,2^{n}}$ 的和.

9. 用幂级数求极限 $\displaystyle\lim_{x\to 0}\left(\frac{1}{\sin x}-\frac{1}{x}\right)$.

10. 求幂级数 $\displaystyle\sum_{n=1}^{\infty} \frac{x^{4n+1}}{4n+1}$ 的和函数.

11. 将函数 $f(x)=\dfrac{1}{x^{2}+3x+2}$ 展开成 $x+4$ 的幂级数.

12. 将函数 $f(x)=\dfrac{1}{(2-x)^{2}}$ 展开成 x 的幂级数.

13. 将函数 $f(x)=\dfrac{1}{(1+x)(1+x^{2})(1+x^{4})(1+x^{8})}$ 展开成 x 的幂级数.

14. 将函数 $f(x)=\arctan\dfrac{1+x}{1-x}$ 展开成 x 的幂级数.

(B)

1. 填空题

(1) 设幂级数 $\displaystyle\sum_{n=0}^{\infty} a_{n} x^{n}$ 的收敛半径为 8,和函数为 $S(x)$,则幂级数 $\displaystyle\sum_{n=0}^{\infty} a_{n} x^{3n+1}$ 的收敛半径是_____,和函数为_____;幂级数 $\displaystyle\sum_{n=0}^{\infty} \frac{a_{n}}{n+1} x^{n}$ 的收敛半径是_____,和函数为_____;幂级数 $\displaystyle\sum_{n=0}^{\infty} n a_{n} x^{n}$ 的收敛半径是_____,和函数为_____.

(2) 幂级数 $\displaystyle\sum_{n=1}^{\infty} \left(x^{n}+\frac{1}{2^{n} x^{n}}\right)$ 的收敛域是_____,和函数是_____.

(3) 设 $f(x) = \ln(1+x)$，则 $f^{(27)}(0) = \underline{\qquad}$.

(4) 级数 $\displaystyle\sum_{n=1}^{\infty} \frac{n+1}{n!}$ 的和是 _____.

2. 判定下列级数的敛散性：

(1) $\displaystyle\sum_{n=1}^{\infty} \sin\frac{\pi}{2^n}$；

(2) $\displaystyle\sum_{n=1}^{\infty} \frac{1}{na+b}(a,b>0)$；

(3) $\displaystyle\sum_{n=1}^{\infty} \ln\left(1+\frac{a}{n}\right)(a>0)$；

(4) $\displaystyle\sum_{n=1}^{\infty} \frac{1}{\ln n}$；

(5) $\displaystyle\sum_{n=1}^{\infty} \frac{1}{\sqrt{1+n}}$；

(6) $\displaystyle\sum_{n=1}^{\infty} \frac{1}{(2n+1)(5n-3)}$；

(7) $\displaystyle\sum_{n=1}^{\infty} \frac{3^n}{(2n+1)!}$；

(8) $\displaystyle\sum_{n=1}^{\infty} n\tan\frac{\pi}{2^n}$；

(9) $\displaystyle\sum_{n=1}^{\infty} \frac{\left(\frac{n+1}{n}\right)^{n^2}}{2^n}$；

(10) $\displaystyle\sum_{n=1}^{\infty} \frac{1}{[\ln(n+1)]^n}$；

(11) $\displaystyle\sum_{n=1}^{\infty} \frac{\sin\frac{\pi}{n}}{n+1}$；

(12) $\displaystyle\sum_{n=1}^{\infty} \frac{(n!)^2}{(2n)!}$；

(13) $\displaystyle\sum_{n=1}^{\infty} \frac{\ln n}{n^{\frac{4}{3}}}$；

(14) $\displaystyle\sum_{n=1}^{\infty} \frac{n!}{10^{3n}}$.

3. 判别下列级数是否收敛，若收敛，是绝对收敛还是条件收敛？

(1) $\displaystyle\sum_{n=1}^{\infty} \frac{\sin\frac{\pi}{n}}{n^2}$；

(2) $\displaystyle\sum_{n=1}^{\infty} (-1)^{n-1}\frac{2n}{3n+1}$；

(3) $\displaystyle\sum_{n=1}^{\infty} (-1)^{n-1}\frac{n^2}{4^n}$；

(4) $\displaystyle\sum_{n=2}^{\infty} (-1)^n(\sqrt{n+1}-\sqrt{n})$.

4. 证明若级数 $\displaystyle\sum_{n=1}^{\infty} u_n^2$ 和 $\displaystyle\sum_{n=1}^{\infty} v_n^2$ 都收敛，则级数 $\displaystyle\sum_{n=1}^{\infty} |u_n v_n|$，$\displaystyle\sum_{n=1}^{\infty} (u_n+v_n)^2$，$\displaystyle\sum_{n=1}^{\infty} \frac{|u_n|}{n}$ 都收敛.

5. 设级数 $\displaystyle\sum_{n=1}^{\infty} u_n$ 收敛，且 $\displaystyle\lim_{n\to\infty} \frac{u_n}{v_n} = 1$，问 $\displaystyle\sum_{n=1}^{\infty} v_n$ 是否收敛？

6. 求幂级数 $\displaystyle\sum_{n=1}^{\infty} (-1)^{n-1} \frac{x^{2n+1}}{n(2n-1)}$ 的收敛域及和函数.

7. 将函数 $f(x) = \dfrac{x}{-x^2+x+2}$ 展开成 x 的幂级数.

8. 将函数 $f(x) = \dfrac{1+2x}{5+3x}$ 展开成 x 的幂级数.

9. 求幂级数 $\displaystyle\sum_{n=1}^{\infty} n(x-1)^n$ 的和函数.

微 分 方 程

微分方程是由于解决实际问题的需要,在微积分学的基础上进一步发展起来的.寻求变量之间的函数关系是解决实际问题时常见的课题,但往往很难直接得到所研究的变量之间的函数关系,却比较容易建立这些变量和它们的导数或微分之间的关系.这种联系着自变量、未知函数及它的导数(或微分)的关系式,数学上称为微分方程."数学是一门理性思维的科学,是研究、了解和知晓现实世界的工具",微分方程在其中起着举足轻重的作用.通过对微分方程的研究,找出未知量之间的函数关系,这就是解微分方程.

微分方程源于生产实际,在经济管理和工程技术领域有重要作用.研究微分方程的目的就在于掌握它所反映的客观规律,能动地解释所出现的各种现象并预测未来的可能情况.但微分方程的解的问题是非常复杂的,作为一门独立的数学学科,它有完备的理论体系.本章主要介绍微分方程的一些基本概念,几种常用的微分方程的解法.

5.1 微分方程的基本概念

下面通过几个实际问题的举例来说明微分方程的基本概念.

例 1 一曲线过点 $(1,1)$,且在该曲线上任一点处 $M(x,y)$ 处的切线的斜率为 $2x$,求此曲线方程.

解 设所求曲线方程为 $y=f(x)$,根据导数的几何意义,可知未知函数 $y=f(x)$ 满足关系式

$$\frac{\mathrm{d}y}{\mathrm{d}x}=2x, \tag{5.1.1}$$

对上式两端分别积分,得

$$y=\int 2x\mathrm{d}x,$$

即 $y=x^2+c$,其中 c 是任意常数. $\tag{5.1.2}$

又知曲线过点 $(1,1)$,满足"当 $x=1$ 时,$y=1$"的条件, $\tag{5.1.3}$

代入上式得 $c=0$.

即得所求曲线方程为 $y=x^2$. $\tag{5.1.4}$

例 2 列车在平直路上以 $20\mathrm{m/s}$ 的速度行驶;当制动时列车获得加速度 $-0.4\mathrm{m/s^2}$.问开始制动后多少时间列车才能停住,以及列车在这段时间里

行驶了多少路程?

解 设列车开始制动后 t 秒行驶了 s 米,根据题意路程关于时间的函数 $s=s(t)$ 满足关系式:

$$\frac{\mathrm{d}^2 s}{\mathrm{d}t^2} = -0.4. \tag{5.1.5}$$

对上式两边分别积分一次,得

$$v = \frac{\mathrm{d}s}{\mathrm{d}t} = -0.4t + c_1, \tag{5.1.6}$$

再积分一次,得

$$s = -0.2t^2 + c_1 t + c_2, \tag{5.1.7}$$

其中 c_1, c_2 是任意常数.

此外,未知函数 $s=s(t)$ 还应满足以下条件:

当 $t=0$ 时,

$$s = 0, \quad v = \frac{\mathrm{d}s}{\mathrm{d}t} = 20. \tag{5.1.8}$$

把条件"当 $t=0$ 时,$v=20$"代入式(5.1.6),得 $c_1=20$.

把条件"当 $t=0$ 时,$s=0$"代入式(5.1.7),得 $c_2=0$.

把 $c_1=20, c_2=0$ 代入式(5.1.7)、式(5.1.8),得

$$v = -0.4t + 20, \tag{5.1.9}$$
$$s = -0.2t^2 + 20t. \tag{5.1.10}$$

在式(5.1.9)中令 $v=0$,得到列车从开始制动到停止所需的时间为 $t=50\mathrm{s}$.

再把 $t=50$ 代入式(5.1.10),得到列车在制动时段行驶的路程为

$$s = -0.2 \times 50^2 \mathrm{m} + 20 \times 50 \mathrm{m} = 500\mathrm{m}.$$

上述两个例子中的关系式(5.1.1)和式(5.1.5)都含有未知函数的导数,把它们都称为微分方程.

一般地,把含有未知函数及未知函数的导数或微分的方程称为**微分方程**.未知函数是一元函数的称为常**微分方程**.例 1、例 2 中的关系式都是常微分方程.未知函数是多元的称为

偏微分方程.微分方程中未知函数的最高阶导数的阶数称为**微分方程的阶**.例如 $x\frac{\partial z}{\partial x} +$

$y^2 \frac{\partial z}{\partial y} = z, \frac{\partial^2 u}{\partial x^2} + \frac{\partial u}{\partial y} + \frac{\partial u}{\partial z} = x$ 分别是一阶和二阶偏微分方程.

例 1 中的微分方程是一阶常微分方程,例 2 中的微分方程是二阶常微分方程.

本章我们只讨论常微分方程. n 阶常微分方程的一般形式可表示为

$$F(x, y, y', y'', \cdots, y^{(n)}) = 0, \tag{5.1.11}$$

其中 F 是 $n+2$ 个变量的函数.需要指出的是在方程(5.1.11)中 $y^{(n)}$ 必须出现,而 $x, y,$ $y', \cdots, y^{(n-1)}$ 等变量可以不出现.

例如 $y^{(n)} + 1 = 0$ 是 n 阶微分方程,除 $y^{(n)}$ 外,其他变量都没有出现.

如果能从式(5.1.11)中解出最高阶导数,则得到微分方程

$$y^{(n)} = f(x, y', \cdots, y^{(n-1)}). \tag{5.1.12}$$

本章我们主要讨论形如式(5.1.12)的微分方程,并且假设式(5.1.12)右端的函数 f 在

所讨论的范围内连续.

如果式(5.1.12)可表示为如下形式:

$$y^{(n)} + a_1(x)y^{(n-1)} + \cdots + a_{n-1}(x)y' + a_n(x)y = g(x), \qquad (5.1.13)$$

则称方程(5.1.13)为 n **阶线性微分方程**. 其中 $a_1(x), a_2(x), \cdots, a_n(x)$ 和 $g(x)$ 均是自变量 x 的已知函数.

把不能表示为式(5.1.13)的方程, 统称为**非线性微分方程**.

例 3 指出下列方程是什么方程, 并说明其阶数.

(1) $x^3 y''' + x^2 y^2 - 2xy' = 3x^2$;   (2) $x\left(\dfrac{\mathrm{d}y}{\mathrm{d}x}\right)^2 - 2\dfrac{\mathrm{d}y}{\mathrm{d}x} + 4x = 0$;

(3) $xy'' - 3(y')^3 + 2xy = 0$;   (4) $\cos(y'') + \ln y = x + 1$.

解 (1)是三阶线性微分方程; (2)是一阶非线性微分方程; (3)二阶非线性微分方程; (4)是二阶非线性微分方程.

由例 1、例 2 可以看出, 在研究某些实际问题时, 首先要建立微分方程, 然后找出满足微分方程的函数, 这个过程就是解微分方程. 就是说, 找出一个函数, 把这个函数代入微分方程能使该方程成为恒等式. 这个函数称为该**微分方程的解**. 确切地说, 设函数 $y = \varphi(x)$ 在区间 I 上有 n 阶连续导数, 使

$$F(x, \varphi(x), \varphi'(x), \cdots, \varphi^{(n)}(x)) \equiv 0,$$

那么函数 $y = \varphi(x)$ 就称为微分方程(5.1.11)在区间 I 上的解.

例如式(5.1.2)和式(5.1.4)都是微分方程(5.1.1)的解, 式(5.1.7)和式(5.1.10)都是微分方程(5.1.5)的解.

如果微分方程的解中含有相互独立的任意常数, 且任意常数的个数与微分方程的阶数相同, 把这样的解称为微分方程的**通解(一般解)**. 例如式(5.1.2)是微分方程(5.1.1)的通解, 方程(5.1.1)是一阶微分方程, 它的通解含有一个任意常数. 又如式(5.1.7)是微分方程(5.1.5)的通解, 方程(5.1.5)是二阶微分方程, 它的通解中含有两个任意常数, 且这两个任意常数是相互独立的.

由于通解中含有任意常数, 有时候不能反映客观事物的规律性, 需要确定这些常数的值. 为此, 要根据问题的实际情况, 提出确定这些常数的条件. 例如式(5.1.3), 式(5.1.8)都是确定任意常数的条件.

对于一阶微分方程, 设其解为 $y = y(x)$, 用来确定任意常数的条件是:

$$\text{当 } x = x_0 \text{ 时}, y = y_0, \quad \text{或写成 } y\big|_{x=x_0} = y_0,$$

其中 x_0, y_0 都是给定的值; 若微分方程是二阶的, 通常用来确定任意常数的条件是:

$$\text{当 } x = x_0 \text{ 时}, y = y_0, y' = y_0', \quad \text{或写成 } y\big|_{x=x_0} = y_0, y'\big|_{x=x_0} = y_0',$$

其中 x_0, y_0 和 y_0' 都是给定的值. 把上述这种条件称为**初始条件**.

把初始条件代入通解, 确定出任意常数, 就得到了微分方程的**特解**. 例如式(5.1.4)是方程(5.1.1)满足条件(5.1.3)的特解; 式(5.1.10)是方程(5.1.5)满足条件(5.1.8)的特解.

带有初始条件的微分方程称为微分方程的初值问题.

例如, 一阶微分方程的初值问题, 记为

$$\begin{cases} y' = f(x,y), \\ y \big|_{x=x_0} = y_0, \end{cases} \tag{5.1.14}$$

其解的图形是一条曲线,称为微分方程的**积分曲线**.且此曲线是过(x_0,y_0)的那条曲线.

二阶微分方程的初值问题,记为

$$\begin{cases} y'' = f(x,y,y'), \\ y \big|_{x=x_0} = y_0, \quad y' \big|_{x=x_0} = y'_0, \end{cases} \tag{5.1.15}$$

其解表示过点(x_0,y_0)且在该点处的切线斜率为y'_0的那条曲线.

例 4　验证:函数$x = C_1 \cos kt + C_2 \sin kt$是微分方程$\dfrac{d^2 x}{dt^2} + k^2 x = 0$的通解,并求满足初始条件$x \big|_{t=0} = 2, \dfrac{dx}{dt} \big|_{t=0} = 0$的特解.

解　要验证函数是否是方程的解,只要将函数代入方程,验证是否恒等,再看函数中所含的独立的任意常数的个数是否与方程的阶数相同.

对函数$x = C_1 \cos kt + C_2 \sin kt$分别求一阶,二阶导数,得

$$\frac{dx}{dt} = -kC_1 \sin kt + kC_2 \cos kt,$$

$$\frac{d^2 x}{dt} = -k^2 C_1 \cos kt - k^2 C_2 \sin kt = -k^2 (C_1 \cos kt + C_2 \sin kt),$$

将$\dfrac{d^2 x}{dt^2}$及x代入方程中,得

$$-k^2 (C_1 \cos kt + C_2 \sin kt) + k^2 (C_1 \cos kt + C_2 \sin kt) \equiv 0.$$

因方程两边恒等,且x中含有两个独立的任意常数C_1, C_2,故$x = C_1 \cos kt + C_2 \sin kt$是方程$\dfrac{d^2 x}{dt^2} + k^2 x = 0$的通解.

将"$t=0, x=2$"代入x中,得

$$C_1 = 2.$$

将"$t=0, \dfrac{dx}{dt}=0$"代入$\dfrac{dx}{dt}$中,得

$$C_2 = 0.$$

把C_1, C_2代入x中,得方程的特解

$$x = 2 \cos kt.$$

习题 5-1

1. 指出下列各微分方程的阶:

(1) $x(y')^2 - 2yy' + x = 0$;

(2) $x^2 y'' - xy' + y = 0$;

(3) $xy''' + (y'')^2 - 2xy = 0$;

(4) $(7x - 6ydx) + (x+y)dy = 0$;

(5) $L\dfrac{d^2 Q}{dt^2} + R\dfrac{dQ}{dt} + \dfrac{Q}{C} = 0$;

(6) $\dfrac{d\rho}{d\theta} + \rho = \sin^2 \theta$.

2. 指出下列各题中的函数是否为所给微分方程的解：

(1) $xy'=2y,y=5x^2$；

(2) $y''+y=0,y=3\sin x-4\cos x$；

(3) $y''-2y'+y=0,y=x^2\mathrm{e}^x$；

(4) $y''-(\lambda_1+\lambda_2)y'+\lambda_1\lambda_2 y=0,y=C_1\mathrm{e}^{\lambda_1 x}+C_2\mathrm{e}^{\lambda_2 x}$.

3. 验证由方程 $x^2-xy+y^2=C$ 所确定的函数为微分方程 $(x-2y)y'=2x-y$ 的通解.

4. 验证由方程 $y=\ln(xy)$ 所确定的函数为微分方程
$$(xy-x)y''+xy'^2+yy'-2y'=0 \text{ 的解.}$$

5. 验证 $y=Cx+\dfrac{1}{C}$（C 是任意常数）是方程 $xy''-yy'+1=0$ 的通解. 并求满足初始条件 $y\big|_{x=0}=2$ 的特解.

6. 验证 $y=(C_1+C_2x)\mathrm{e}^{-x}$（$C_1,C_2$ 是任意常数）是方程 $y''+2y'+y=0$ 的通解，并求满足初始条件 $y\big|_{x=0}=4,y'\big|_{x=0}=-2$ 的特解.

7. 确定函数关系式 $y=C_1\sin(x-C_2)$ 所含的参数，使其满足初始条件：
$$y\big|_{x=\pi}=1,\quad y'\big|_{x=\pi}=0.$$

8. 设函数 $y=(1+x)^2u(x)$ 是方程 $y'-\dfrac{2}{x+1}y=(x+1)^3$ 的通解，求 $u(x)$.

9. 设曲线在点 (x,y) 处的切线的斜率等于该点横坐标的平方，试建立曲线所满足的微分方程.

10. 求连续函数 $f(x)$，使它满足 $\displaystyle\int_0^1 f(tx)\mathrm{d}t=f(x)+x\sin x$.

5.2　可分离变量的微分方程及齐次方程

从本节开始我们将根据微分方程的不同类型，给出相应的解法.

5.2.1　可分离变量的微分方程

设一阶微分方程
$$y'=F(x,y). \tag{5.2.1}$$
如果右端函数能分解成 $F(x,y)=f(x)g(y)$，即有
$$\frac{\mathrm{d}y}{\mathrm{d}x}=f(x)g(y), \tag{5.2.2}$$
则称式(5.2.2)为**可分离变量的微分方程**，其中 $f(x),g(y)$ 都是 x,y 的连续函数.

设 $g(y)\neq0$，方程两边同除以 $g(y)$，乘以 $\mathrm{d}x$，就可以把方程写成一端只含 y 的函数和 $\mathrm{d}y$，另一端只含 x 的函数和 $\mathrm{d}x$，即
$$\frac{\mathrm{d}y}{g(y)}=f(x)\mathrm{d}x,$$
再对上式两边分别积分，即得

$$\int \frac{\mathrm{d}y}{g(y)} = \int f(x)\mathrm{d}x.$$

如果 $g(y_0)=0$，则 $y=y_0$ 也是方程（5.2.2）的解.

上述求解可分离变量方程的方法称为**分离变量法**.

例 1　求解微分方程 $\dfrac{\mathrm{d}y}{\mathrm{d}x}=-\dfrac{x}{y}$ 的通解.

解　题设方程是可分离变量的，分离变量后得

$$ydy = -xdx,$$

两端积分

$$\int ydy = \int -xdx,$$

得

$$\frac{y^2}{2} = -\frac{x^2}{2} + \frac{C}{2},$$

从而

$$x^2 + y^2 = C,$$

其中 C 是任意常数.

例 2　求微分方程 $\mathrm{d}x + xy\mathrm{d}y = y^2\mathrm{d}x + y\mathrm{d}y$ 的通解.

解　方程整理可得

$$y(x-1)\mathrm{d}y = (y^2-1)\mathrm{d}x.$$

设 $y^2-1\neq 0$，$x-1\neq 0$，分离变量得

$$\frac{y}{y^2-1}\mathrm{d}y = \frac{1}{x-1}\mathrm{d}x,$$

两端积分

$$\int \frac{y}{y^2-1}\mathrm{d}y = \int \frac{1}{x-1}\mathrm{d}x,$$

得

$$\frac{1}{2}\ln|y^2-1| = \ln|x-1| + \ln|C_1|,$$

于是

$$y^2 - 1 = \pm C_1^2 (x-1)^2.$$

记 $C=\pm C_1^2$，则得题设方程的通解

$$y^2 - 1 = C(x-1)^2.$$

注　在用分离变量法解可分离变量的微分方程中，我们在假定 $g(y)\neq 0$ 的前提下，用它除方程两边，得到的通解不包含 $g(y)=0$ 的特解. 但是，有时如果我们扩大任意常数 C 的取值范围，则其失去的解仍包含在通解中. 如在例 2 中，我们得到的通解中应该 $C\neq 0$，但这样方程就失去特解 $y=\pm 1$，而如果允许 $C=0$，则 $y=\pm 1$ 仍包含在通解 $y^2-1=C(x-1)^2$ 中.

例 3　设一物体的温度为 $100℃$，将其放置在空气温度为 $20℃$ 的环境中冷却，求物体温度随时间 t 的变化规律.

解　设物体的温度 T 与时间 t 的函数关系为 $T=T(t)$，则可建立 $T(t)$ 所满足的微分方

程为

$$\frac{\mathrm{d}T}{\mathrm{d}t} = -k(T-20), \qquad (5.2.3)$$

其中 $k(k>0)$ 为比例常数.

根据题意,$T=T(t)$ 还满足初始条件

$$T\big|_{t=0} = 100, \qquad (5.2.4)$$

下面来求上述初值问题的解.

将方程(5.2.3)分离变量,得

$$\frac{\mathrm{d}T}{T-20} = -k\mathrm{d}t,$$

两边积分

$$\int \frac{\mathrm{d}T}{T-20} = \int -k\mathrm{d}t,$$

得

$$\ln|T-20| = -kt + C_1 \quad (\text{其中 } C_1 \text{ 为任意常数}),$$

即

$$T-20 = \pm e^{-kt+C_1} = \pm e^{C_1}e^{-kt} = Ce^{-kt} \quad (\text{其中 } C = \pm e^{C_1}),$$

从而

$$T = 20 + Ce^{-kt}.$$

再将条件(5.2.4)代入,得 $C = 100 - 20 = 80$,于是,所求规律为

$$T = 20 + 80e^{-kt}.$$

注 物体冷却的数学模型在多个领域有着广泛的应用. 例如,警方破案时,法医要根据尸体当时的温度推断这个人的死亡时间,就可以利用这个模型来计算解决.

例 4 某公司 t 年净资产有 $W(t)$(百万元),并且资产本身以每年 5% 的速度连续增长,同时该公司每年要以 300 百万元的数额连续支付职工的工资.

(1) 给出描述净资产 $W(t)$ 的微分方程;

(2) 求解方程,这时假设初始净资产为 W_0;

(3) 讨论在 $W_0 = 500, 600, 700$ 三种情况下,$W(t)$ 的变化特点.

解 (1) 利用平衡法,即有

净资产增长速度 = 资产本身增长速度 − 职工工资支付速度,

得到所求微分方程

$$\frac{\mathrm{d}W}{\mathrm{d}t} = 0.05W - 300.$$

(2) 分离变量,得

$$\frac{\mathrm{d}W}{W-600} = 0.05\mathrm{d}t,$$

两边积分,得

$$\ln|W-600| = 0.05t + \ln C_1 \quad (C_1 \text{ 为正常数}).$$

于是

$$|W-600| = C_1 e^{0.05t},$$

或

$$W - 600 = Ce^{0.05t} \quad (C = \pm C_1).$$

将 $W(0) = W_0$ 代入, 得方程的通解:

$$W = 600 + (W_0 - 600)e^{0.05t}.$$

上式推导过程中 $W \neq 600$, 当 $W = 600$ 时, 由 $\dfrac{\mathrm{d}W}{\mathrm{d}t} = 0$ 可知

$$W = 600 = W_0,$$

通常称此为平衡解, 仍包含在通解表达式中.

（3）由通解表达式可知, 当 $W_0 = 500$ 百万元时, 净资产额单调递减, 公司将在第 36 年破产; 当 $W_0 = 600$ 百万元时, 公司将收支平衡, 资产将保持在 600 百万元不变; 当 $W_0 = 700$ 百万元时, 公司净资产将按指数不断增大.

5.2.2　齐次方程

形如

$$\frac{\mathrm{d}y}{\mathrm{d}x} = f\left(\frac{y}{x}\right) \tag{5.2.5}$$

的一阶微分方程称为**齐次微分方程**, 简称**齐次方程**.

齐次方程(5.2.5)通过变量替换, 可化为可分离变量方程来求解, 即令

$$u = \frac{y}{x}, \quad 或 \quad y = ux,$$

其中 $u = u(x)$ 是新的未知函数, 则有

$$\frac{\mathrm{d}y}{\mathrm{d}x} = u + x\frac{\mathrm{d}u}{\mathrm{d}x}.$$

将其代入式(5.2.5), 得

$$u + x\frac{\mathrm{d}u}{\mathrm{d}x} = f(u), \tag{5.2.6}$$

分离变量, 得

$$\frac{\mathrm{d}u}{f(u) - u} = \frac{\mathrm{d}x}{x},$$

两边积分

$$\int \frac{\mathrm{d}u}{f(u) - u} = \int \frac{\mathrm{d}x}{x},$$

求出积分后, 再将 $u = \dfrac{y}{x}$ 回代, 便得到方程(5.2.5)的通解.

注　如果有 u_0, 使得 $f(u_0) - u_0 = 0$, 则显然 $u = u_0$ 也是方程(5.2.6)的解, 从而 $y = u_0 x$ 也是方程(5.2.5)的解; 如果 $f(u) - u \equiv 0$, 则方程(5.2.5)变成 $\dfrac{\mathrm{d}y}{\mathrm{d}x} = \dfrac{y}{x}$, 这是一个可分离变量方程.

例 5　求微分方程

$$\frac{\mathrm{d}y}{\mathrm{d}x} = \frac{y}{x} + \tan\frac{y}{x}$$

满足初始条件 $y\big|_{x=1}=\dfrac{\pi}{6}$ 的特解.

解 题设方程为齐次方程,设 $u=\dfrac{y}{x}$,有

$$\frac{\mathrm{d}y}{\mathrm{d}x}=u+x\,\frac{\mathrm{d}u}{\mathrm{d}x},$$

代入原方程,得

$$u+x\,\frac{\mathrm{d}u}{\mathrm{d}x}=u+\tan u,$$

分离变量得

$$\cot u\,\mathrm{d}u=\frac{1}{x}\mathrm{d}x,$$

两边积分,得

$$\ln|\sin u|=\ln|x|+\ln|C|,$$

即 $\sin u=Cx$,将 $u=\dfrac{y}{x}$ 回代,则得原方程的通解为

$$\sin\frac{y}{x}=Cx.$$

代入初始条件 $y\big|_{x=1}=\dfrac{\pi}{6}$,得 $C=\dfrac{1}{2}$,

从而原方程的特解为

$$\sin\frac{y}{x}=\frac{1}{2}x.$$

例 6 求解微分方程

$$x\,\frac{\mathrm{d}y}{\mathrm{d}x}+2\sqrt{xy}=y\quad(x<0).$$

解 原方程可写为

$$\frac{\mathrm{d}y}{\mathrm{d}x}=2\sqrt{\frac{y}{x}}+\frac{y}{x}\quad(x<0),$$

易见题设方程是齐次方程.

令 $u=\dfrac{y}{x}$,则

$$y=ux,\qquad \frac{\mathrm{d}y}{\mathrm{d}x}=u+x\,\frac{\mathrm{d}u}{\mathrm{d}x},$$

于是原方程变为

$$x\,\frac{\mathrm{d}u}{\mathrm{d}x}=2\sqrt{u},$$

分离变量,得

$$\frac{\mathrm{d}u}{2\sqrt{u}}=\frac{\mathrm{d}x}{x}.$$

两端积分,得 $\sqrt{u}=\ln(-x)+C$,即 $u=[\ln(-x)+C]^2\,(\ln(-x)+C>0)$,这里 C 为任意常数. 此外,原方程还有解 $u=0$.

将 $u=\dfrac{y}{x}$ 回代,则得原方程的通解为 $y=x[\ln(-x)+C]^2(\ln(-x)+C>0)$ 及解 $y=0$.

例 7　设商品 A 和商品 B 的售价分别为 P_1,P_2,已知价格 P_1 与 P_2 相关,且价格 P_1 相对 P_2 的弹性为 $\dfrac{P_2\mathrm{d}P_1}{P_1\mathrm{d}P_2}=\dfrac{P_2-P_1}{P_2+P_1}$,求 P_1 与 P_2 的函数关系式.

解　所给方程为齐次方程,整理得 $\dfrac{\mathrm{d}P_1}{\mathrm{d}P_2}=\dfrac{1-\dfrac{P_1}{P_2}}{1+\dfrac{P_1}{P_2}}\cdot\dfrac{P_1}{P_2}$.

令 $u=\dfrac{P_1}{P_2}$,则

$$u+P_2\frac{\mathrm{d}u}{\mathrm{d}P_2}=\frac{1-u}{1+u}\cdot u,$$

分离变量,得

$$\left(-\frac{1}{u}-\frac{1}{u^2}\right)\mathrm{d}u=2\,\frac{\mathrm{d}P_2}{P_2},$$

两边积分,得

$$\frac{1}{u}-\ln u=\ln(C_1P_2)^2.$$

将 $u=\dfrac{P_1}{P_2}$ 回代,得原方程的通解(即 P_1 与 P_2 的函数关系式)

$$\frac{P_2}{P_1}\mathrm{e}^{\frac{P_2}{P_1}}=CP_2^2 \quad (C=C_1^2\text{ 为任意正常数}).$$

5.2.3　可化为齐次方程的微分方程

有些方程本身虽然不是齐次的,但通过适当变换,可化为齐次方程.

形如

$$\frac{\mathrm{d}y}{\mathrm{d}x}=\frac{a_1x+b_1y+c_1}{a_2x+b_2y+c_2} \tag{5.2.7}$$

的方程,也可经变量代换化为可分离变量的微分方程. 这里 a_1,b_1,c_1,a_2,b_2,c_2 均为常数.

下面分三种情形来讨论:

(1) $c_1=c_2=0$ 的情形.

方程(5.2.7)为齐次方程,有

$$\frac{\mathrm{d}y}{\mathrm{d}x}=\frac{a_1x+b_1y}{a_2x+b_2y}=\frac{a_1+b_1\dfrac{y}{x}}{a_2+b_2\dfrac{y}{x}}=f\left(\frac{y}{x}\right).$$

因此,只要作变换 $u=\dfrac{y}{x}$,就可将方程化为可分离变量的微分方程.

(2) $\begin{vmatrix} a_1 & b_1 \\ a_2 & b_2 \end{vmatrix}=0$,即 $\dfrac{a_1}{a_2}=\dfrac{b_1}{b_2}$ 的情形.

设比值为 k,即 $\dfrac{a_1}{a_2}=\dfrac{b_1}{b_2}=k$,则此方程可写成

$$\frac{\mathrm{d}y}{\mathrm{d}x} = \frac{k(a_2 x + b_2 y) + c_1}{a_2 x + b_2 y + c_2} = f(a_2 x + b_2 y).$$

令 $a_2 x + b_2 y = u$，则方程可化为

$$\frac{\mathrm{d}u}{\mathrm{d}x} = a_2 + b_2 f(u),$$

这也是可分离变量的微分方程.

（3）现讨论 $\begin{vmatrix} a_1 & b_1 \\ a_2 & b_2 \end{vmatrix} \neq 0$ 及 c_1, c_2 不全为零的情形.

这时方程（5.2.7）右端的分子、分母都是 x, y 的一次式，因此

$$\begin{cases} a_1 x + b_1 y + c_1 = 0, \\ a_2 x + b_2 y + c_2 = 0 \end{cases} \tag{5.2.8}$$

表示 xy 面上两条相交的直线，设其交点为 (x_0, y_0).

显然，$x_0 \neq 0$ 或 $y_0 \neq 0$，因为否则 $x_0 = y_0 = 0$，即交点为坐标原点，那么必有 $c_1 = c_2 = 0$，这正是情形（1）. 从几何上知道要将所考虑的情形化为情形（1）只需进行坐标平移，可作平移变换

$$\begin{cases} X = x - x_0, \\ Y = y - y_0. \end{cases} \quad 即 \quad \begin{cases} x = X + x_0, \\ y = Y + y_0, \end{cases}$$

有 $\dfrac{\mathrm{d}y}{\mathrm{d}x} = \dfrac{\mathrm{d}Y}{\mathrm{d}X}$. 于是，原方程就化为齐次方程

$$\frac{\mathrm{d}Y}{\mathrm{d}X} = \frac{a_1 X + b_1 Y}{a_2 X + b_2 Y} = f\left(\frac{Y}{X}\right).$$

需要指出的是，上述解题的方法也适合比方程（5.2.7）更一般的方程类型

$$\frac{\mathrm{d}y}{\mathrm{d}x} = f\left(\frac{a_1 x + b_1 y + c_1}{a_2 x + b_2 y + c_2}\right).$$

此外，诸如

$$\frac{\mathrm{d}y}{\mathrm{d}x} = f(ax + by + c),$$

$$yf(xy)\mathrm{d}x + xg(xy)\mathrm{d}y = 0,$$

以及

$$M(x, y)(x\mathrm{d}x + y\mathrm{d}x) + N(x, y)(x\mathrm{d}y - y\mathrm{d}x) = 0,$$

其中 M, N 均为 x, y 的齐次函数，次数可以不相同，这些方程都可通过适当的变量代换化为可分离变量的微分方程.

例8 求 $\dfrac{\mathrm{d}y}{\mathrm{d}x} = \dfrac{x - y + 1}{x + y - 3}$ 的通解.

解 直线 $x - y + 1 = 0$ 和直线 $x + y - 3 = 0$ 的交点为 $(1, 2)$，因此作变换 $x = X + 1, y = Y + 2$，代入题设方程，得

$$\frac{\mathrm{d}Y}{\mathrm{d}X} = \frac{X - Y}{X + Y} = \left(1 - \frac{Y}{X}\right) \Big/ \left(1 + \frac{Y}{X}\right).$$

令 $u = \dfrac{Y}{X}$，则 $Y = uX, \dfrac{\mathrm{d}Y}{\mathrm{d}X} = u + X\dfrac{\mathrm{d}u}{\mathrm{d}X}$，

代入上式,得

$$u + X\frac{\mathrm{d}u}{\mathrm{d}X} = \frac{1-u}{1+u},$$

分离变量,得

$$\frac{1+u}{1-2u-u^2}\mathrm{d}u = \ln|X| + \ln C_1,$$

两边积分,得

$$-\frac{1}{2}\ln|1-2u-u^2| = \ln|X| + \ln C_1,$$

即

$$1 - 2u - u^2 = \frac{C}{X^2} \quad (C = C_1^{-2}).$$

将 $u = \dfrac{Y}{X}$ 回代得 $X^2 - 2XY - Y^2 = C$,再将 $X = x - 1, Y = y - 2$ 回代,则可整理得到所求题设方程的通解

$$x^2 - 2xy - y^2 + 2x + 6y = C.$$

习题 5-2

1. 求下列齐次方程的通解:

(1) $xy' - y - \sqrt{y^2 - x^2} = 0$;

(2) $x\dfrac{\mathrm{d}y}{\mathrm{d}x} = y\ln\dfrac{y}{x}$;

(3) $(x^2 + y^2)\mathrm{d}x - xy\mathrm{d}y = 0$;

(4) $x^2 y\mathrm{d}x = (1 - y^2 + x^2 - x^2 y^2)\mathrm{d}y$;

(5) $\sec^2 x\tan y\mathrm{d}x + \sec^2 y\tan x\mathrm{d}y = 0$;

(6) $y' + \sin\dfrac{x+y}{2} = \sin\dfrac{x-y}{2}$;

(7) $(1 + 2\mathrm{e}^{\frac{x}{y}})\mathrm{d}x + 2\mathrm{e}^{\frac{x}{y}}\left(1 - \dfrac{x}{y}\right)\mathrm{d}y = 0$.

2. 求下列齐次方程所满足的初值问题的解:

(1) $(y^2 - 3x^2)\mathrm{d}y + 2xy\mathrm{d}x = 0, y\big|_{x=0} = 1$;

(2) $y' = \mathrm{e}^{2x-y}, y\big|_{x=0} = 0$;

(3) $\dfrac{x}{1+y}\mathrm{d}x - \dfrac{y}{1+x}\mathrm{d}y = 0, y\big|_{x=0} = 0$;

(4) $(x^2 + 2xy - y^2)\mathrm{d}x + (y^2 + 2xy - x^2)\mathrm{d}y = 0, y\big|_{x=1} = 1$;

(5) $y' = \dfrac{x}{y} + \dfrac{y}{x}, y\big|_{x=-1} = 2$;

(6) $\cos y\mathrm{d}x + (1 + \mathrm{e}^{-x})\sin y\mathrm{d}y = 0, y\big|_{x=0} = \dfrac{\pi}{4}$.

*3. 化下列方程为齐次方程,并求其通解:

(1) $(2x - 5y + 3)\mathrm{d}x - (2x + 4y - 6)\mathrm{d}y = 0$;

(2) $(x - y - 1)\mathrm{d}x + (4y + x - 1)\mathrm{d}y = 0$;

(3) $(3y - 7x + 7)\mathrm{d}x + (7y - 3x + 3)\mathrm{d}y = 0$.

4. 求一曲线方程,该曲线通过点 $(0,1)$ 且曲线上任一点处的切线垂直于此点与原点的连线.

5. 某商品的需求量 x 对价格 P 的弹性为 $\eta = -3P^3$,市场对该产品的最大需求量为 1(万件),求需求函数.

6. 设某商品的需求量 D 和供给量 S,各自对价格 P 的函数 $D(P) = \dfrac{a}{P^2}$,$S(P) = bP$,且 P 是时间 t 的函数并满足方程 $\dfrac{\mathrm{d}P}{\mathrm{d}t} = k[D(P) - S(P)]$($a,b,k$ 为正常数),求:

(1) 在需求量与供给量相等时的均衡价格 P_e;

(2) 当 $t = 0,P = 1$ 时的价格函数 $P(t)$;

(3) $\lim\limits_{t \to +\infty} P(t)$.

5.3 一阶线性微分方程及伯努利方程

5.3.1 一阶线性微分方程

形如

$$\frac{\mathrm{d}y}{\mathrm{d}x} + P(x)y = Q(x) \tag{5.3.1}$$

的方程称为**一阶线性微分方程**. 其中函数 $P(x),Q(x)$ 是某一区间 I 上的连续函数.

当 $Q(x) \equiv 0$ 时,方程(5.3.1)成为

$$\frac{\mathrm{d}y}{\mathrm{d}x} + P(x)y = 0, \tag{5.3.2}$$

称式(5.3.2)为**一阶齐次线性方程**. 相应地,方程(5.3.1)称为**一阶非齐次线性方程**.

一阶齐次线性方程(5.3.2)是可分离变量的方程,分离变量得

$$\frac{\mathrm{d}y}{y} = -P(x)\mathrm{d}x,$$

两边积分得

$$\ln |y| = -\int P(x)\mathrm{d}x + C_1,$$

由此得方程(5.3.2)的通解为

$$y = Ce^{-\int P(x)\mathrm{d}x}, \tag{5.3.3}$$

其中 $C(C = \pm e^{C_1})$ 为任意常数.

下面再来讨论一阶非齐次线性方程(5.3.1)的通解.

将方程(5.3.1)变形为

$$\frac{\mathrm{d}y}{y} = \left[\frac{Q(x)}{y} - P(x)\right]\mathrm{d}x,$$

两边积分得

$$\ln |y| = \int \frac{Q(x)}{y}\mathrm{d}x - \int P(x)\mathrm{d}x,$$

记 $\displaystyle\int \frac{Q(x)}{y}\mathrm{d}x = v(x)$,则

$$\ln |y| = v(x) - \int P(x)\mathrm{d}x,$$

即

$$y = \pm\, \mathrm{e}^{v(x)}\,\mathrm{e}^{-\int P(x)\mathrm{d}x} = u(x)\mathrm{e}^{-\int P(x)\mathrm{d}x}. \tag{5.3.4}$$

将此解与齐次方程的通解(5.3.3)相比较,易见其表达式一致,只需将(5.3.3)中的常数 C 换为函数 $u(x)$. 由此我们引入求解一阶非齐次线性微分方程的方法,即常数变易法:在求出相应齐次方程的通解(5.3.3)后,将通解中的常数 C 变易为待定函数 $u(x)$,并设一阶非齐次方程的通解为

$$y = u(x)\mathrm{e}^{-\int P(x)\mathrm{d}x},$$

对上式求导得

$$y' = u'\mathrm{e}^{-\int P(x)\mathrm{d}x} + u[-P(x)]\mathrm{e}^{-\int P(x)\mathrm{d}x}.$$

将 y 和 y' 代入方程(5.3.1),得

$$u'(x)\mathrm{e}^{-\int P(x)\mathrm{d}x} = Q(x),$$

积分,得
$$u(x) = \int Q(x)\mathrm{e}^{\int P(x)\mathrm{d}x}\mathrm{d}x + C,$$

从而一阶非齐次线性方程(5.3.1)的通解为

$$y = \left[\int Q(x)\mathrm{e}^{\int P(x)\mathrm{d}x}\mathrm{d}x + C\right]\mathrm{e}^{-\int P(x)\mathrm{d}x}. \tag{5.3.5}$$

式(5.3.5)可写成

$$y = C\mathrm{e}^{-\int P(x)\mathrm{d}x} + \mathrm{e}^{-\int P(x)\mathrm{d}x} \cdot \int Q(x)\mathrm{e}^{\int P(x)\mathrm{d}x}\mathrm{d}x.$$

由上式可看出,一阶非齐次线性方程(5.3.1)的通解是对应的齐次方程的通解与其本身的一个特解之和. 以后还可得到,这个结论对高阶非齐次线性方程亦成立.

例 1 求方程 $y' + \dfrac{1}{x}y = \dfrac{\sin x}{x}$ 的通解.

解 题设方程是一阶非齐次线性方程,这里

$$P(x) = \frac{1}{x}, \quad Q(x) = \frac{\sin x}{x},$$

代入通解公式,得

$$y = \mathrm{e}^{-\int \frac{1}{x}\mathrm{d}x}\left(\int \frac{\sin x}{x} \cdot \mathrm{e}^{\int \frac{1}{x}\mathrm{d}x}\mathrm{d}x + C\right) = \mathrm{e}^{-\ln x}\left(\int \frac{\sin x}{x} \cdot \mathrm{e}^{\ln x}\mathrm{d}x + C\right)$$

$$= \frac{1}{x}\left(\int \sin x\mathrm{d}x + C\right) = \frac{1}{x}(-\cos x + C).$$

例 2 求方程 $\dfrac{\mathrm{d}y}{\mathrm{d}x} - \dfrac{2y}{x+1} = (x+1)^{5/2}$ 的通解.

解 题设方程是一阶非齐次线性方程,不直接套用公式(5.3.5),而采用常数变易法来求解.

先求对应齐次方程的通解. 由

$$\frac{\mathrm{d}y}{\mathrm{d}x} - \frac{2}{x+1}y = 0,$$

分离变量,得

$$\frac{\mathrm{d}y}{y} = \frac{2\mathrm{d}x}{x+1},$$

两边积分,得对应齐次方程的通解为

$$y = C_1(x+1)^2,$$

其中 C_1 为任意常数.

利用常数变易法,设题设方程的通解为

$$y = u(x)(x+1)^2, \tag{5.3.6}$$

求导,得

$$\frac{\mathrm{d}y}{\mathrm{d}x} = u'(x)(x+1)^2 + 2u(x)(x+1),$$

代入题设方程,得

$$u'(x) = (x+1)^{1/2}.$$

两边积分,得

$$u(x) = \frac{2}{3}(x+1)^{3/2} + C.$$

将上式代入(5.3.6),即得到题设方程的通解

$$y = (x+1)^2\left[\frac{2}{3}(x+1)^{3/2} + C\right].$$

例 3 求方程 $y^3\mathrm{d}x + (2xy^2 - 1)\mathrm{d}y = 0$ 的通解.

解 若将 y 看成 x 的函数,则方程变为

$$\frac{\mathrm{d}y}{\mathrm{d}x} = \frac{y^3}{1 - 2xy^2},$$

此方程不是一阶线性微分方程,不便求解.

如果将 x 看成 y 的函数,则方程可改写为

$$y^3\frac{\mathrm{d}x}{\mathrm{d}y} + 2y^2x = 1,$$

它是一阶线性微分方程,其对应齐次方程为

$$y^3\frac{\mathrm{d}x}{\mathrm{d}y} + 2y^2x = 0.$$

分离变量,并积分得

$$\int\frac{\mathrm{d}x}{x} = -\int\frac{2\mathrm{d}y}{y}, \quad 即 \quad x = C_1\frac{1}{y^2},$$

其中 C_1 为任意常数.

利用常数变易法,设题设方程的通解为

$$x = u(y)\frac{1}{y^2},$$

代入原方程,得

$$u'(y) = \frac{1}{y},$$

积分,得

$$u(y) = \ln|y| + C,$$

于是原方程的通解为

$$x = \frac{1}{y^2}(\ln|y| + C),$$

其中 C 为任意常数.

5.3.2　伯努利方程

形如

$$\frac{\mathrm{d}y}{\mathrm{d}x} + P(x)y = Q(x)y^n \tag{5.3.7}$$

的方程称为**伯努利方程**,其中 n 为常数,且 $n \neq 0, 1$.

伯努利方程是一类非线性方程,但通过适当变换,就可以把它化为线性的.事实上,在方程 (5.3.7) 两端除以 y^n,得

$$y^{-n}\frac{\mathrm{d}y}{\mathrm{d}x} + P(x)y^{1-n} = Q(x),$$

或

$$\frac{1}{1-n}(y^{1-n})' + P(x)y^{1-n} = Q(x).$$

于是,令 $z = y^{1-n}$,就得到关于变量 z 的一阶线性方程

$$\frac{\mathrm{d}z}{\mathrm{d}x} + (1-n)P(x)z = (1-n)Q(x).$$

利用线性方程的求解方法求出通解后,再回代原变量,便可得到伯努利方程 (5.3.7) 的通解

$$y^{1-n} = \mathrm{e}^{-\int(1-n)P(x)\mathrm{d}x}\left(\int Q(x)(1-n)\mathrm{e}^{\int(1-n)P(x)\mathrm{d}x}\mathrm{d}x + C\right).$$

例 4　求方程 $\dfrac{\mathrm{d}y}{\mathrm{d}x} = 6\dfrac{y}{x} - xy^2$ 的通解.

解　令 $z = y^{-1}$,得

$$\frac{\mathrm{d}z}{\mathrm{d}x} = -y^{-2}\frac{\mathrm{d}y}{\mathrm{d}x},$$

代入方程得

$$\frac{\mathrm{d}z}{\mathrm{d}x} = -\frac{6}{x}z + x,$$

解此线性方程,得

$$z = \frac{C}{x^6} + \frac{x^2}{8},$$

代入 $z = y^{-1}$,得题设方程的通解为

$$\frac{1}{y} = \frac{C}{x^6} + \frac{x^2}{8}.$$

此外,方程还有解 $y=0$.

利用变量代换把一个微分方程化为可分离变量的方程或一阶线性方程等已知可解的方程,这是解微分方程最常用的方法.下面再通过例子说明之.

例 5 求解微分方程 $\dfrac{\mathrm{d}y}{\mathrm{d}x}=\dfrac{1}{x\sin^2(xy)}-\dfrac{y}{x}$.

解 令 $z=xy$,则有 $\dfrac{\mathrm{d}z}{\mathrm{d}x}=y+x\dfrac{\mathrm{d}y}{\mathrm{d}x}$,原方程可化为

$$\frac{\mathrm{d}z}{\mathrm{d}x}=y+x\left(\frac{1}{x\sin^2(xy)}-\frac{y}{x}\right)=\frac{1}{\sin^2 z},$$

分离变量,得

$$\sin^2 z\,\mathrm{d}z=\mathrm{d}x,$$

两端积分,得

$$2z-\sin 2z=4x+C,$$

回代 $z=xy$,即得题设方程的通解为

$$2xy-\sin(2xy)=4x+C.$$

习题 5-3

1. 求下列微分方程的通解:

(1) $\dfrac{\mathrm{d}y}{\mathrm{d}x}+y=\mathrm{e}^{-x}$;

(2) $xy'+y=x^2+3x+2$;

(3) $y'+y\cos x=\mathrm{e}^{-\sin x}$;

(4) $y'+y\tan x=\sin 2x$;

(5) $(x-2)\dfrac{\mathrm{d}y}{\mathrm{d}x}=y+2(x-2)^3$;

(6) $(y^2-6x)\dfrac{\mathrm{d}y}{\mathrm{d}x}+2y=0$;

(7) $(x^2-1)y'+2xy-\cos x=0$;

(8) $\dfrac{\mathrm{d}y}{\mathrm{d}x}=\dfrac{y}{y-x}$;

(9) $y\ln y\,\mathrm{d}x+(x-\ln y)\,\mathrm{d}y=0$;

(10) $\dfrac{\mathrm{d}y}{\mathrm{d}x}=\dfrac{1}{x\cos y+\sin 2y}$.

2. 求下列微分方程满足所给初始条件的特解:

(1) $\dfrac{\mathrm{d}y}{\mathrm{d}x}-y\tan x=\sec x$,$y\big|_{x=0}=0$;

(2) $\dfrac{\mathrm{d}y}{\mathrm{d}x}+\dfrac{y}{x}=\dfrac{\sin x}{x}$,$y\big|_{x=\pi}=1$;

(3) $\dfrac{\mathrm{d}y}{\mathrm{d}x}+y\cot x=5\mathrm{e}^{\cos x}$,$y\big|_{x=\frac{\pi}{2}}=-4$;

(4) $\dfrac{\mathrm{d}y}{\mathrm{d}x}+3y=8$,$y\big|_{x=0}=2$;

(5) $\dfrac{\mathrm{d}y}{\mathrm{d}x}+\dfrac{2-3x^2}{x^3}y=1$,$y\big|_{x=1}=0$.

*3. 求下列伯努利方程的通解:

(1) $y'-3xy=xy^2$;

(2) $y'+y=y^2(\cos x-\sin x)$;

(3) $\dfrac{\mathrm{d}y}{\mathrm{d}x}+\dfrac{1}{3}y=\dfrac{1}{3}(1-2x)y^4$;

(4) $\dfrac{\mathrm{d}y}{\mathrm{d}x}=\dfrac{\ln x}{x}y^2-\dfrac{1}{x}y$;

(5) $x\mathrm{d}y-[y+xy^3(1+\ln x)]\mathrm{d}x=0$;　　(6) $y'+\dfrac{2}{x}y=x^2y^{\frac{4}{3}}$.

4. 用适当的变量代换将下列方程化为可分离变量的方程,然后求解方程:

(1) $\dfrac{\mathrm{d}y}{\mathrm{d}x}=(x+y)^2$;　　　　　　(2) $\dfrac{\mathrm{d}y}{\mathrm{d}x}=\dfrac{1}{x-y}+1$;

(3) $xy'+y=y(\ln x+\ln y)$;　　　　(4) $y(xy+1)\mathrm{d}x+x(1+xy+x^2y^2)\mathrm{d}y=0$.

5. 设连续函数 $y(x)$ 满足方程 $y(x)=\displaystyle\int_0^x y(t)\mathrm{d}t+\mathrm{e}^x$,求 $y(x)$.

6. 求一曲线方程,该曲线通过原点,并且它在点 (x,y) 处的切线斜率等于 $2x+y$.

5.4　可降阶的微分方程

从这一节开始讨论二阶及二阶以上的微分方程,即所谓的**高阶微分方程**.对于高阶微分方程,我们只讨论几种特殊形式.下面介绍三种容易降阶的高阶微分方程的求解方法.

5.4.1　$y''=f(x)$型

这是最简单的二阶微分方程,可以通过逐次积分得到方程的通解.

在方程 $y''=f(x)$ 两端积分,得

$$y'=\int f(x)\mathrm{d}x+C_1,$$

再次积分,得

$$y=\int\left[\int f(x)\mathrm{d}x+C_1\right]\mathrm{d}x+C_2.$$

注　这种类型的方程的解法,可推广到 n 阶微分方程

$$y^{(n)}=f(x).$$

只要连续积分 n 次,就可得到此方程含有 n 个任意常数的通解.

例 1　求方程 $y''=\mathrm{e}^{2x}-\cos x$ 满足 $y(0)=0$,$y'(0)=1$ 的特解.

解　对所给方程连续两次积分,得

$$y'=\frac{1}{2}\mathrm{e}^{2x}-\sin x+C_1, \tag{5.4.1}$$

$$y=\frac{1}{4}\mathrm{e}^{2x}+\cos x+C_1x+C_2, \tag{5.4.2}$$

将 $y'(0)=1$ 代入式(5.4.1),得 $C_1=-\dfrac{1}{2}$,再将 $y(0)=0$ 代入式(5.4.2),得 $C_2=-\dfrac{5}{4}$,得所求方程的特解为

$$y=\frac{1}{4}\mathrm{e}^{2x}+\cos x-\frac{1}{2}x-\frac{5}{4}.$$

例 2　求方程 $xy^{(4)}-y^{(3)}=0$ 的通解.

解　设 $y'''=P(x)$,代入题设方程,得

$$xP'-P=0\quad(P\neq0),$$

解此线性方程,得

$$P = C_1 x,$$

即

$$y''' = C_1 x.$$

两端积分,得

$$y'' = \frac{1}{2} C_1 x^2 + C_2,$$

$$y' = \frac{C_1}{6} x^3 + C_2 x + C_3,$$

再次积分得所求方程的通解为

$$y = \frac{C_1}{24} x^4 + \frac{C_2}{2} x^2 + C_3 x + C_4,$$

其中 $C_i(i=1,2,3,4)$ 为任意实数. 进一步通解可改写为

$$y = D_1 x^4 + D_2 x^2 + D_3 x + D_4,$$

其中 $D_i(i=1,2,3,4)$ 为任意常数.

5.4.2 $y'' = f(x, y')$ 型

这种方程的特点是不显含未知数 y,求解的方法是:

设 $y' = p(x)$,则 $y'' = p'(x)$,原方程化为以 $p(x)$ 为未知数的一阶微分方程,

即

$$p' = f(x, p).$$

设其通解为

$$p = \varphi(x, C_1),$$

代入 $y' = p(x)$,又得到一个一阶微分方程

$$y' = \varphi(x, C_1).$$

两边积分,得 $y'' = f(x, y')$ 的通解为

$$y = \int \varphi(x, C_1) \mathrm{d}x + C_2.$$

例 3 求微分方程 $(1 + x^2) y'' = 2xy'$ 满足初始条件 $y(0) = 1, y'(0) = 3$ 的特解.

解 此方程不显含未知量 y. 令 $y' = p(x)$,则 $y'' = p'(x)$,代入方程,方程可降阶为

$$(1 + x^2) p' = 2xp,$$

即

$$\frac{\mathrm{d}p}{p} = \frac{2x}{1 + x^2} \mathrm{d}x.$$

两边积分,得

$$\ln|p| = \ln(1 + x^2) + C,$$

即

$$p = y' = C_1(1 + x^2) \quad (C_1 = \pm \mathrm{e}^C).$$

代入初始条件 $y'(0) = 3$,得

$$C_1 = 3,$$

所以
$$y' = 3(1+x^2).$$

两端再积分,得
$$y = x^3 + 3x + C_2.$$

又由条件 $y(0) = 1$,得
$$C_2 = 1,$$

于是所求方程的特解为
$$y = x^3 + 3x + 1.$$

5.4.3　$y'' = f(y, y')$ 型

这种方程的特点是不显含 x,求解的方法是:作变换 $y' = p(x)$,于是,由复合函数求导法则,有
$$y'' = \frac{\mathrm{d}p}{\mathrm{d}x} = \frac{\mathrm{d}p}{\mathrm{d}y} \cdot \frac{\mathrm{d}y}{\mathrm{d}x} = p \frac{\mathrm{d}p}{\mathrm{d}y}.$$

代入原方程,可化为
$$p \frac{\mathrm{d}p}{\mathrm{d}y} = f(y, p).$$

这是一个关于变量 y, p 的一阶微分方程.

设它的通解为
$$y' = p = \varphi(y, C_1).$$

分离变量并积分,得 $y'' = f(y, y')$ 的通解为
$$\int \frac{\mathrm{d}y}{\varphi(y, C_1)} = x + C_2.$$

例 4　求微分方程 $yy'' - y'^2 = 0$ 的通解.

解　显然此方程不显含 x,设
$$y' = p, \quad 则 \quad y'' = p \frac{\mathrm{d}p}{\mathrm{d}y},$$

代入原方程
$$yp \frac{\mathrm{d}p}{\mathrm{d}y} - p^2 = 0.$$

在 $y \neq 0$,$p \neq 0$ 时,约去 p 并分离变量,得
$$\frac{\mathrm{d}p}{p} = \frac{\mathrm{d}y}{y}.$$

两端积分,得
$$\ln|p| = \ln|y| + C,$$

即
$$p = C_1 y, \quad 或 \quad y' = C_1 y \quad (C_1 = \pm e^C).$$

再分离变量并且两端积分,得原方程的通解为
$$\ln|y| = C_1 x + C_2',$$

或

$$y = C_2 e^{C_1 x} \quad (C_2 = \pm e^{C_2}).$$

注 上述通解也包含了 $p = 0$（即 $C_1 = 0$ 的情形）和 $y = 0$（即 $C_2 = 0$ 的情形）这两个解.

习题 5-4

1. 求下列微分方程的通解：

(1) $y'' = x + \sin x$;　　　(2) $y''' = x e^x$;　　　(3) $y'' = \dfrac{1}{1+x^2}$;

(4) $y'' = 1 + y'^2$;　　　(5) $y'' = y' + x$;　　　(6) $xy'' + y' = 0$;

(7) $y^3 y'' - 1 = 0$;　　　(8) $y'' = \dfrac{1}{\sqrt{y}}$;　　　(9) $y'' = (y')^3 + y'$.

2. 求下列微分方程满足初始条件的特解：

(1) $y^3 y'' + 1 = 0, y\big|_{x=1} = 1, y'\big|_{x=1} = 0$;

(2) $y'' - ay'^2 = 0, y\big|_{x=0} = 0, y'\big|_{x=0} = -1$;

(3) $y''' = e^{ax}, y\big|_{x=1} = y'\big|_{x=1} = y''\big|_{x=1} = 0$;

(4) $y'' = e^{2y}, y\big|_{x=0} = y'\big|_{x=0} = 0$;

(5) $y'' = 3\sqrt{y}, y\big|_{x=0} = 1, y'\big|_{x=0} = 2$;

(6) $y'' + (y')^2 = 1, y\big|_{x=0} = 0, y'\big|_{x=0} = 0$.

3. 试求 $y'' = x$ 的经过点 $M(0,1)$ 且在此点与直线 $y = \dfrac{x}{2} + 1$ 相切的积分曲线.

5.5 二阶线性微分方程解的结构

形如

$$\frac{\mathrm{d}^2 y}{\mathrm{d}x^2} + P(x)\frac{\mathrm{d}y}{\mathrm{d}x} + Q(x)y = f(x) \tag{5.5.1}$$

的方程称为**二阶线性微分方程**，其中 $P(x), Q(x)$ 及 $f(x)$ 是自变量 x 的已知函数，函数 $f(x)$ 称为方程(5.5.1)的**自由项**.

当 $f(x) = 0$ 时，方程(5.5.1)成为

$$\frac{\mathrm{d}^2 y}{\mathrm{d}x^2} + P(x)\frac{\mathrm{d}y}{\mathrm{d}x} + Q(x)y = 0, \tag{5.5.2}$$

称为**二阶齐次线性微分方程**，相应地，称方程(5.5.1)为**二阶非齐次线性微分方程**.

本节所讨论的二阶线性微分方程的解的一些性质，还可以推广到 n 阶线性微分方程

$$y^{(n)} + P_1(x)y^{(n-1)} + \cdots + P_{n-1}(x)y' + P_n(x)y = f(x).$$

对于二阶齐次线性微分方程的解满足以下两条定理：

定理 1 如果函数 $y_1(x)$ 与 $y_2(x)$ 是方程(5.5.2)的两个解，则

$$y = C_1 y_1(x) + C_2 y_2(x) \tag{5.5.3}$$

也是方程(5.5.2)的解,其中 C_1, C_2 是任意常数.

证明　将式(5.5.3)代入方程(5.5.2)的左端,有

$$(C_1 y_1 + C_2 y_2)'' + P(x)(C_1 y_1 + C_2 y_2)' + Q(x)(C_1 y_1 + C_2 y_2)$$
$$= (C_1 y_1'' + C_2 y_2'') + P(x)(C_1 y_1' + C_2 y_2') + Q(x)(C_1 y_1 + C_2 y_2)$$
$$= C_1[y_1'' + P(x)y_1' + Q(x)y_1] + C_2[y_2'' + P(x)y_2' + Q(x)y_2]$$
$$= 0,$$

所以式(5.5.3)是方程(5.5.2)的解.

齐次线性方程的这个性质表明它的解符合**叠加原理**.

叠加定理表明将齐次方程(5.5.2)的两个解 $y_1(x)$ 与 $y_2(x)$ 按式(5.5.3)叠加起来仍是该方程的解,但不一定是方程(5.5.2)的通解,虽然式(5.5.3)形式上含有两个任意常数 C_1, C_2,定理的条件却没有保证 $y_1(x)$ 与 $y_2(x)$ 这两个函数相互独立,为了解决这个问题,我们引入函数的线性相关与线性无关的概念.

定义 1　设 $y_1(x), y_2(x)$ 是定义在区间 I 上的两个函数,如果存在两个不全为零的常数 k_1, k_2,使得在区间 I 上恒有

$$k_1 y_1(x) + k_2 y_2(x) \equiv 0,$$

则称这两个函数在区间 I 上**线性相关**,否则**线性无关**.

根据定义可知,判断区间 I 上两个函数是否线性相关,只要看它们的比是否为常数.如果比是常数,则它们线性相关,否则,线性无关.

例如,函数 $y_1(x) = e^{2x}, y_2(x) = e^x$ 是两个线性无关的函数,因为 $\dfrac{y_1(x)}{y_2(x)} = \dfrac{e^{2x}}{e^x} = e^x$.

函数 $y_1(x) = \sin 2x, y_2(x) = \sin x \cos x$ 是两个线性相关的函数,因为

$$\frac{y_1(x)}{y_2(x)} = \frac{\sin x}{\sin x \cos x} = 2.$$

还可以将线性无关的定义推广到 n 个函数.

设 $y_1(x), y_2(x), \cdots, y_n(x)$ 为定义在区间 I 上的 n 个函数,如果存在 n 个不全为零的常数 $k_1, k_2, \cdots, k_n$,使得当 $x \in I$ 时恒有等式

$$k_1 y_1 + k_2 y_2 + \cdots + k_n y_n \equiv 0$$

成立,则称这 n 个函数在区间 I 上**线性相关**;否则,**线性无关**.

有了线性无关的概念后,我们有如下二阶齐次线性微分方程的通解结构的定理.

定理 2　如果函数 $y_1(x)$ 与 $y_2(x)$ 是方程(5.5.2)的两个线性无关的特解,那么

$$y = C_1 y_1(x) + C_2 y_2(x) \quad (C_1, C_2 \text{ 是任意常数})$$

就是方程(5.5.2)的通解.

例如,方程 $y'' + y = 0$ 是二阶齐次微分方程,容易验证 $y_1 = \cos x, y_2 = \sin x$ 是所给方程的两个解,且 $\dfrac{y_1}{y_2} = \dfrac{\cos x}{\sin x} = \cot x \neq$ 常数,即它们是线性无关的.因此,方程 $y'' + y = 0$ 的通解为 $y = C_1 \cos x + C_2 \sin x$.

定理 2 还可推广到 n 阶齐次线性方程.

推论　如果 $y_1(x), y_2(x), \cdots, y_n(x)$ 是 n 阶齐次线性方程

$$y^{(n)} + a_1(x)y^{(n-1)} + \cdots + a_{n-1}(x)y' + a_n(x)y = 0$$

的 n 个线性无关的解,那么,此方程的通解为

$$y = C_1 y_1(x) + C_2 y_2(x) + \cdots + C_n y_n(x),$$

其中 $C_1, C_2, \cdots, C_n$ 为任意常数.

下面讨论二阶非齐次线性方程(5.5.1)的情况,方程(5.5.2)称为方程(5.5.1)对应的齐次方程.

在一阶线性微分方程的讨论中,我们知道,一阶非齐次线性微分方程的通解可以表示为对应齐次方程的通解与一个非齐次方程的特解的和.实际上,不仅一阶非齐次线性微分方程的通解具有这样的结构,而且二阶及更高阶的非齐次线性微分方程的通解也具有这样的结构.

定理 3 设 y^* 是方程(5.5.1)的一个特解,Y 是其对应的齐次方程(5.5.2)的通解,则

$$y = Y + y^* \tag{5.5.4}$$

是二阶非齐次线性微分方程(5.5.1)的通解.

证明 把式(5.5.4)代入方程(5.5.1)的左端,得

$$(Y + y^*)'' + P(x)(Y + y^*)' + Q(x)(Y + y^*)$$
$$= (Y'' + y^{*''}) + P(x)(Y' + y^{*'}) + Q(x)(Y + y^*)$$
$$= [Y'' + P(x)Y' + Q(x)Y] + [y^{*''} + P(x)y^{*'} + Q(x)y^*]$$
$$= 0 + f(x) = (x),$$

即 $y = Y + y^*$ 是方程(5.5.1)的解.由于对应齐次方程的通解

$$Y = C_1 y_1(x) + C_2 y_2(x)$$

含有两个相互独立的任意常数 C_1, C_2,所以 $y = Y + y^*$ 是方程(5.5.1)的通解.

例如,方程 $y'' + y = x^2$ 是二阶非齐次线性微分方程,已知其对应的齐次方程 $y'' + y = 0$ 的通解为 $Y = C_1 \cos x + C_2 \sin x$. 又容易验证 $y = x^2 - 2$ 是该方程的一个特解,故所给方程的通解为

$$y = C_1 \cos x + C_2 \sin x + x^2 - 2.$$

定理 4 设 y_1^* 与 y_2^* 分别是方程

$$y'' + P(x)y' + Q(x)y = f_1(x) \quad 与 \quad y'' + P(x)y' + Q(x)y = f_2(x)$$

的特解,则 $y_1^* + y_2^*$ 是方程

$$y'' + P(x)y' + Q(x)y = f_1(x) + f_2(x) \tag{5.5.5}$$

的特解.

证明 将 $y = y_1^* + y_2^*$ 代入式(5.5.5)的左端,得

$$(y_1^* + y_2^*)'' + P(x)(y_1^* + y_2^*)' + Q(x)(y_1^* + y_2^*)$$
$$= [y_1^{*''} + P(x)y_1^{*'} + Q(x)y_1^*] + [y_2^{*''} + P(x)y_2^{*'} + Q(x)y_2^*]$$
$$= f_1(x) + f_2(x),$$

因此 $y_1^* + y_2^*$ 是方程(5.5.5)的一个特解.

这个定理通常称为非齐次线性微分方程的解的叠加原理.

定理 5 设 $y_1 + i y_2$ 是方程

$$y'' + P(x)y' + Q(x)y = f_1(x) + i f_2(x) \tag{5.5.6}$$

的解,其中 $P(x), Q(x), f_1(x), f_2(x)$ 为实值函数,i 为纯虚数.则 y_1 与 y_2 分别是方程

$$y'' + P(x)y' + Q(x)y = f_1(x),$$

与

$$y'' + P(x)y' + Q(x)y = f_2(x)$$

的解.

证明略.

定理 3～定理 5 也可推广到 n 阶非次线性方程.

习题 5-5

1. 验证 $y_1 = \cos\omega x$ 及 $y_2 = \sin\omega x$ 都是方程 $y'' + \omega^2 y = 0$ 的解,并写出方程的通解.

2. 验证 $y_1 = e^{x^2}$ 及 $y_2 = xe^{x^2}$ 都是方程 $y'' - 4xy' + (4x^2 - 2)y = 0$ 的解,并写出该程的通解.

3. 已知 $y_1 = 3$, $y_2 = 3 + x^2$, $y_3 = 3 + x^2 + e^x$ 都是微分方程

$$(x^2 - 2x)y'' - (x^2 - 2)y' + (2x - 2)y = 6x - 6$$

的解,写出该程的通解.

4. 验证 $y = C_1 e^{C_2 - 3x} - 1$ 是 $y'' - 9y = 9$ 的解,说明它不是通解,其中 C_1, C_2 是任意常数.

5.6　二阶常系数齐次线性微分方程

前面讨论了二阶线性微分方程解的结构,其通解是由对应二阶齐次线性方程的通解与非齐次方程的一个特解的和构成.下面我们先讨论二阶齐次微分方程的通解的解法.

5.6.1　二阶常系数齐次线性微分方程及其解法

形如

$$y'' + py' + qy = 0 \tag{5.6.1}$$

的方程为二阶常系数齐次线性微分方程,其中 p, q 是常数.根据 5.5 节定理 2,方程(5.6.1)的通解可以表示为其任意两个线性无关的特解 y_1, y_2 的线性组合,下面讨论这两个特解的求法.

当 r 为常数时,指数函数 $y = e^{rx}$ 和它的各阶导数都只相差一个常数因子.由指数函数的这个特点,我们用 $y = e^{rx}$ 来尝试,看能否选取适当的常数 r,使得 $y = e^{rx}$ 满足方程(5.6.1).

对 $y = e^{rx}$ 求导,得

$$y' = re^{rx}, \quad y'' = r^2 e^{rx}.$$

把 y, y', y'' 代入方程(5.6.1),得

$$(r^2 + pr + q)e^{rx} = 0.$$

由于 $e^{rx} \neq 0$,所以

$$r^2 + pr + q = 0. \tag{5.6.2}$$

由此可见,只要 r 满足代数方程(5.6.2),函数 $y = e^{rx}$ 就是方程(5.6.1)的解.代数方程(5.6.2)称为微分方程(5.6.1)的特征方程.并称特征方程的两个根 r_1, r_2 为特征根.根据初等代数的知识,特征根有三种可能的情况,下面分别进行讨论.

1. 特征方程(5.6.2)有两个不相等的实根 r_1, r_2

此时 $p^2 - 4q > 0$,$e^{r_1 x}$,$e^{r_2 x}$ 是方程(5.6.1)的两个特解,且

$$\frac{e^{r_1 x}}{e^{r_2 x}} = e^{(r_1 - r_2)x} \neq 常数,$$

所以 $e^{r_1 x}$,$e^{r_2 x}$ 为线性无关函数,由解的结构定理知,方程(5.6.1)的通解为

$$y = C_1 e^{r_1 x} + C_2 e^{r_2 x} \quad (其中 C_1, C_2 为任意常数). \tag{5.6.3}$$

2. 特征方程(5.6.2)有两个相等的实根 $r_1 = r_2$

此时 $p^2 - 4q = 0$,特征根 $r_1 = r_2 = -\dfrac{p}{2}$,这样只能得到方程(5.6.1)的一个特解 $y_1 = e^{r_1 x}$.还需要找到另一个特解 y_2,并使得 y_1 与 y_2 的比不是常数,为此,设

$$y_2 = u e^{r_1 x},$$

这里 $u = u(x)$ 为待定函数.

将 y_2 求导,得

$$y_2' = e^{r_1 x}(u' + r_1 u), \quad y_2'' = e^{r_1 x}(u'' + 2r_1 u' + r_1^2 u).$$

将 y_2, y_2', y_2'' 代入方程(5.6.1),得

$$e^{r_1 x} \lfloor (u'' + 2r_1 u' + r_1^2 u) + p(u' + r_1 u) + qu \rfloor = 0.$$

约去 $e^{r_1 x}$,并以 u'', u', u 为准合并同类项,得

$$u'' + (2r_1 + p)u' + (r_1^2 + pr_1 + q)u = 0.$$

由于 r_1 是特征方程(5.6.2)的二重根.因此 $r_1^2 + pr_1 + q = 0$,且 $2r_1 + p = 0$,于是有

$$u'' = 0.$$

这里只要找到一个 u 不为常数的解,不妨选取 $u = x$,由此得到方程(5.6.1)的另一个特解

$$y_2 = x e^{r_1 x}.$$

从而得方程(5.6.1)的通解为

$$y = C_1 e^{r_1 x} + C_2 e^{r_2 x},$$

即

$$y = (C_1 + C_2 x)e^{r_1 x}, \tag{5.6.4}$$

其中 C_1, C_2 为任意常数.

3. 特征方程(5.6.2)有一对共轭复根 $r_1 = \alpha + i\beta, r_2 = \alpha - i\beta$

此时,$p^2 - 4q < 0$,方程(5.6.1)有两个特解

$$y_1 = e^{(\alpha + i\beta)x}, \quad y_2 = e^{(\alpha - i\beta)x},$$
$$y = C_1 e^{(\alpha + i\beta)x} + C_2 e^{(\alpha - i\beta)x}.$$

由于这两个特解都是复值函数的形式,为了得到实值函数形式,可利用欧拉公式 $e^{i\theta} = \cos\theta + i\sin\theta$ 把 y_1, y_2 改写为

$$y_1 = e^{(\alpha + i\beta)x} = e^{\alpha x} \cdot e^{i\beta x} = e^{\alpha x}(\cos\beta x + i\sin\beta x),$$
$$y_2 = e^{(\alpha - i\beta)x} = e^{\alpha x} \cdot e^{-i\beta x} = e^{\alpha x}(\cos\beta x - i\sin\beta x).$$

由于复值函数 y_1, y_2 之间为共轭关系,因此,取它们的和除以 2 就得到它们的实部;取它们的差除以 2i 就得到它们的虚部. 由于方程(5.6.1)的解符合叠加原理,所以实值函数

$$\overline{y}_1 = \frac{1}{2}(y_1 + y_2) = \mathrm{e}^{\alpha x}\cos\beta x,$$

$$\overline{y}_2 = \frac{1}{2\mathrm{i}}(y_1 - y_2) = \mathrm{e}^{\alpha x}\sin\beta x$$

还是方程(5.6.1)的解,且 $\dfrac{\overline{y}_1}{\overline{y}_2} = \cot\beta x \neq$ 常数,所以微分方程(5.6.1)的通解为

$$y = \mathrm{e}^{\alpha x}(C_1\cos\beta x + C_2\sin\beta x). \tag{5.6.5}$$

综上所述,求二阶常系数齐次线性微分方程(5.6.1)的通解,只需先求出其特征方程(5.6.2)的根,再根据根的不同情形写出微分方程(5.6.1)的通解如下:

特征方程 $r^2+pr+q=0$ 的两根 r_1, r_2	微分方程 $y''+py'+qy=0$ 的通解
两个不相等的实根 r_1, r_2	$y=C_1\mathrm{e}^{r_1 x}+C_2\mathrm{e}^{r_2 x}$
两个相等的实根 $r_1=r_2$	$y=(C_1+C_2 x)\mathrm{e}^{r_1 x}$
一对共轭复根 $r_1=\alpha+\mathrm{i}\beta$, $r_2=\alpha-\mathrm{i}\beta$	$y=\mathrm{e}^{\alpha x}(C_1\cos\beta x+C_2\sin\beta x)$

例 1　求微分方程 $y''-2y'-3y=0$ 的通解.

解　所给方程的特征方程为

$$r^2-2r-3=0,$$

其根 $r_1=-1$, $r_2=3$ 是两个不相等的实根,因此所给方程的通解为

$$y=C_1\mathrm{e}^{-x}+C_2\mathrm{e}^{3x}.$$

例 2　求微分方程 $y''+4y'+4y=0$ 的通解.

解　所给方程的特征方程为

$$r^2+4r+4=0,$$

它有两个相等的实根 $r_1=r_2=-2$,故所求方程的通解为

$$y=(C_1+C_2 x)\mathrm{e}^{-2x}.$$

例 3　求微分方程 $y''-2y'+5y=0$ 的通解.

解　所给方程的特征方程为

$$r^2-2r+5=0,$$

它有一对共轭复根 $r_1=1+2\mathrm{i}$, $r_2=1-2\mathrm{i}$. 故所求方程的通解为

$$y=\mathrm{e}^{x}(C_1\cos 2x + C_2\sin 2x).$$

5.6.2　n 阶常系数齐次线性微分方程的解法

前面讨论了二阶常系数齐次线性微分方程所用的方法以及通解的形式,可推广到 n 阶常系数齐次线性微分方程的情形. 对此我们不再详细讨论,只简单的叙述如下.

n 阶常系数齐次线性微分方程的一般形式为

$$y^{(n)} + p_1 y^{(n-1)} + p_2 y^{(n-2)} + \cdots + p_{n-1}y' + p_n y = 0, \tag{5.6.6}$$

其中 $p_1, p_2, \cdots, p_{n-1}, p_n$ 都是常数. 其对应的特征方程为

$$r^n + p_1 r^{n-1} + \cdots + p_{n-1}r + p_n = 0. \tag{5.6.7}$$

根据特征方程的根,可直接写出其对应的微分方程的解如下:

特征方程的根	通解中的对应项
单实根 r	给出一项: Ce^{rx}
一对共轭复根 $r_1=\alpha+i\beta, r_2=\alpha-i\beta$	给出两项: $e^{\alpha x}(C_1\cos\beta x+C_2\sin\beta x)$
k 重实根 r	给出 k 项: $(C_1+C_2x+\cdots+C_kx^{k-1})e^{r_1x}$
一对 k 重复根 $r_1=\alpha+i\beta, r_2=\alpha-i\beta$	给出 $2k$ 项: $e^{\alpha x}[(C_1+C_2x+\cdots+C_kx^{k-1})\cos\beta x$ $+(D_1+D_2x+\cdots+D_kx^{k-1})\sin\beta x]$

可用 D 微分算子表示对 x 求导的运算,把 $\dfrac{\mathrm{d}y}{\mathrm{d}x}$ 记作 Dy,把 $\dfrac{\mathrm{d}^ny}{\mathrm{d}x^n}$ 记作 D^ny,并把方程(5.6.6)记作

$$(D^n+p_1D^{n-1}+\cdots+p_{n-1}D+p_n)y=0. \tag{5.6.8}$$

注 n 次代数方程有 n 个根,而特征方程的每一个根都对应着通解中的一项,且每一项各含一个任意常数. 这样就得到 n 阶常系数齐次线性微分方程的通解为

$$y=C_1y_1+C_2y_2+\cdots+C_ny_n.$$

例 4 求方程 $y^{(4)}-2y'''+5y''=0$ 的通解.

解 所给方程的特征方程为

$$r^4-2r^3+5r^2=0,$$

即

$$r^2(r^2-2r+5)=0,$$

它的根是 $r_1=r_2=0, r_{3,4}=1\pm2i$.

因此所给方程的通解为

$$y=C_1+C_2x+e^x(C_3\cos2x+C_4\sin2x).$$

例 5 已知一个四阶常系数齐次线性微分方程的 4 个线性无关的特解为

$$y_1=e^x, \quad y_2=xe^x, \quad y_3=\cos2x, \quad y_4=3\sin2x,$$

求此四阶微分方程及通解.

解 由 y_1, y_2 知,它们对应的特征根为二重根 $r_1=r_2=1$,由 y_3, y_4 可知,它们对应的特征根为一对共轭复根 $r_{3,4}=\pm2i$. 故所求微分方程的特征方程为

$$(r-1)^2(r^2+4)=0,$$

即

$$r^4-2r^3+5r^2-8r+4=0,$$

从而得它所对应的微分方程为

$$y^{(4)}-2y'''+5y''-8y'+4y=0.$$

此方程的通解为

$$y=(C_1+C_2x)e^x+C_3\cos2x+C_4\sin2x.$$

习题 5-6

1. 求下列微分方程的通解:

(1) $y''+y'-2y=0$;　　　(2) $y''-4y'=0$;　　　　　(3) $y''+6y'+13y=0$;

(4) $y''+y'=0$;　　　　　　(5) $4\dfrac{\mathrm{d}^2x}{\mathrm{d}t^2}-20\dfrac{\mathrm{d}x}{\mathrm{d}t}+25x=0$;　　　(6) $y''-4y'+5y=0$.

2. 求下列微分方程满足所给初始条件的特解：

(1) $y''-4y'+3y=0,y\big|_{x=0}=6,y'\big|_{x=0}=10$;

(2) $4y''+4y'+y=0,y\big|_{x=0}=2,y'\big|_{x=0}=0$;

(3) $y''+3y'-4y=0,y\big|_{x=0}=0,y'\big|_{x=0}=-5$;

(4) $y''+4y'+29y=0,y\big|_{x=0}=0,y'\big|_{x=0}=15$;

(5) $y''+25y=0,y\big|_{x=0}=2,y'\big|_{x=0}=5$;

(6) $y''-4y'+13y=0,y\big|_{x=0}=0,y'\big|_{x=0}=3$.

5.7　二阶常系数非齐次线性微分方程

二阶常系数非齐次线性微分方程的一般形式是
$$y''+py'+qy=f(x),\tag{5.7.1}$$
其中 p,q 是常数. 根据微分方程解的结构定理可知,要求方程(5.7.1)的通解,只要求出它的一个特解及其对应的齐次方程
$$y''+py'+qy=0\tag{5.7.2}$$
的通解,两个解相加就得到方程(5.7.1)的通解. 5.6 节已经讨论了齐次方程的通解的求法,因此,本节要解决的问题是如何求得方程(5.7.1)的一个特解 y^*.

本节只介绍当方程(5.7.1)中的 $f(x)$ 取两种常见形式时求 y^* 的方法. 这种方法的特点是不用积分就可求出 y^*,称之为**待定系数法**. $f(x)$ 的两种形式是：

(1) $f(x)=P_m(x)\mathrm{e}^{\lambda x}$,其中 λ 是常数,$P_m(x)$ 是 x 的一个 m 次多项式：
$$P_m(x)=a_0x^m+a_1x^{m-1}+\cdots+a_{m-1}x+a_m;$$

(2) $f(x)=\mathrm{e}^{\lambda x}[P_l(x)\cos\omega x+P_n(x)\sin\omega x]$,其中 λ,ω 是常数. $P_l(x),P_n(x)$ 分别是 x 的 l 次、n 次多项式,其中有一个可为零.

下面分别介绍 $f(x)$ 为上述两种形式时 y^* 的求法.

5.7.1　$f(x)=P_m(x)\mathrm{e}^{\lambda x}$ 型

要求方程(5.7.1)的一个特解 y^* 就要求一个满足方程(5.7.1)的函数,在 $f(x)=P_m(x)\mathrm{e}^{\lambda x}$ 的情况下,方程(5.7.1)的右端是多项式 $P_m(x)$ 与指数函数 $\mathrm{e}^{\lambda x}$ 的乘积,而多项式与指数函数乘积的导数仍是同类型的函数,因此可以推测方程(5.7.1)具有如下形式的特解：
$$y^*=Q(x)\mathrm{e}^{\lambda x}\quad(\text{其中 }Q(x)\text{ 为某个多项式}).$$

再进一步讨论如何选取多项式 $Q(x)$,使得 $y^*=Q(x)\mathrm{e}^{\lambda x}$ 满足方程(5.7.1). 为此,将
$$y^*=Q(x)\mathrm{e}^{\lambda x},$$
$$y^{*'}=\mathrm{e}^{\lambda x}[\lambda Q(x)+Q'(x)],$$
$$y^{*''}=\mathrm{e}^{\lambda x}[\lambda^2 Q(x)+2\lambda Q'(x)+Q''(x)]$$

代入方程(5.7.1)并消去 $e^{\lambda x}$,得

$$Q''(x) + (2\lambda + p)Q'(x) + (\lambda^2 + p\lambda + q)Q(x) = P_m(x). \tag{5.7.3}$$

(1) 如果 λ 不是方程(5.7.2)的特征方程 $r^2 + pr + q = 0$ 的根,即 $\lambda^2 + p\lambda + q \neq 0$,那么由于 $P_m(x)$ 是 x 的一个 m 次多项式,要使(5.7.3)的两端恒等,可令 $Q(x)$ 为另一个 m 次多项式 $Q_m(x)$:

$$Q_m(x) = b_0 x^m + b_1 x^{m-1} + \cdots + b_{m-1}x + b_m.$$

代入式(5.7.3),比较等式两端 x 同次幂的系数,就可得到以 $b_0, b_1, \cdots, b_m$ 作为未知数的 $m+1$ 个方程的联立方程组.从而可以确定这些 $b_i (i=0,1,2,\cdots,m)$,并得到所求的特解

$$y^* = Q_m(x)e^{\lambda x}.$$

(2) 如果 λ 是特征方程 $r^2 + pr + q = 0$ 的单根,即 $\lambda^2 + p\lambda + q = 0$,但 $2\lambda + p \neq 0$,要使式(5.7.3)两端恒等,那么 $Q'(x)$ 必须是 m 次多项式.此时可令

$$Q(x) = xQ_m(x),$$

并且可用同样的方法来确定 $Q_m(x)$ 的系数 $b_i(i=0,1,2,\cdots,m)$.

(3) 如果 λ 是特征方程 $r^2 + pr + q = 0$ 的重根,即 $\lambda^2 + p\lambda + q = 0$,且 $2\lambda + p = 0$,要使式(5.7.3)两端恒等,那么 $Q'(x)$ 必须是 m 次多项式.此时可令

$$Q(x) = x^2 Q_m(x),$$

并且可用同样的方法来确定 $Q_m(x)$ 的系数 $b_i(i=0,1,2,\cdots,m)$.

综上所述,我们有如下结论:

如果 $f(x) = P_m(x)e^{\lambda x}$,则二阶常系数非齐次线性微分方程(5.7.1)具有形如

$$y^* = x^k Q_m(x)e^{\lambda x} \tag{5.7.4}$$

的特解,其中 $Q_m(x)$ 是与 $P_m(x)$ 同次的多项式,而 k 根据 λ 不是特征方程的根、是特征方程的单根、是特征方程的重根依次取 $0,1,2$.

上述结论可推广到 n 阶常系数非齐次线性微分方程,但要注意式(5.7.4)中的 k 是特征方程包含根 λ 的重复次数(即若 λ 不是特征方程的根,k 取为 0;若 λ 是特征方程的 s 重根,k 取为 s).

例 1 求微分方程 $y'' - 2y' - 3y = 3x + 1$ 的一个特解.

解 题设方程右端的自由项为 $f(x) = P_m(x)e^{\lambda x}$ 型,其中

$$P_m(x) = 3x + 1, \quad \lambda = 0.$$

与题设方程对应的齐次方程的特征方程为

$$r^2 - 2r - 3 = 0,$$

特征根为 $r_1 = -1, r_2 = 3$.

由于这里 $\lambda = 0$ 不是特征方程的根,所以应设特解为

$$y^* = b_0 x + b_1,$$

把它代入题设方程,得

$$-3b_0 x - 2b_0 - 3b_1 = 3x + 1,$$

比较两端 x 同次幂的系数,得

$$\begin{cases} -3b_0 = 3, \\ -2b_0 - 3b_1 = 1, \end{cases} \quad 即 \quad \begin{cases} b_0 = -1, \\ b_1 = 1/3. \end{cases}$$

于是所求特解为 $y^* = -x + \dfrac{1}{3}$.

例 2　求方程 $y'' - 3y' + 2y = x\mathrm{e}^{2x}$ 的通解.

解　题设方程右端的自由项为 $f(x) = P_m(x)\mathrm{e}^{\lambda x}$ 型,其中

$$P_m(x) = x, \quad \lambda = 2,$$

与题设方程对应的齐次方程的特征方程为

$$r^2 - 3r + 2 = 0,$$

特征根为 $r_1 = 1, r_2 = 2$. 于是,题设方程对应的齐次方程的通解为

$$Y = C_1\mathrm{e}^x + C_2\mathrm{e}^{2x}.$$

因为 $\lambda = 2$ 是特征方程的单根,故题设方程有以下形式的特解:

$$y^* = x(b_0 x + b_1)\mathrm{e}^{2x},$$

代入题设方程,得

$$2b_0 x + b_1 + 2b_0 = x,$$

比较两端 x 同次幂的系数,得

$$b_0 = \frac{1}{2}, \quad b_1 = -1,$$

于是所求方程的一个特解为 $y^* = x\left(\dfrac{1}{2}x - 1\right)\mathrm{e}^{2x}$.

从而,题设方程的通解为

$$y = C_1\mathrm{e}^x + C_2\mathrm{e}^{2x} + x\left(\frac{1}{2}x - 1\right)\mathrm{e}^{2x}.$$

5.7.2　$f(x) = P_m(x)\mathrm{e}^{\lambda x}\cos\omega x$ 或 $P_m(x)\mathrm{e}^{\lambda x}\sin\omega x$ 型

要求形如

$$y'' + py' + qy = P_m(x)\mathrm{e}^{\lambda x}\cos\omega x, \tag{5.7.5}$$

$$y'' + py' + qy = P_m(x)\mathrm{e}^{\lambda x}\sin\omega x \tag{5.7.6}$$

两方程的特解.

由欧拉公式知道, $P_m(x)\mathrm{e}^{\lambda x}\cos\omega x$ 和 $P_m(x)\mathrm{e}^{\lambda x}\sin\omega x$ 分别是

$$P_m(x)\mathrm{e}^{(\lambda+\mathrm{i}\omega)x} = P_m(x)\mathrm{e}^{\lambda x}(\cos\omega x + \mathrm{i}\sin\omega x)$$

的实部与虚部.

我们先考虑方程

$$y'' + py' + qy = P_m(x)\mathrm{e}^{(\lambda+\mathrm{i}\omega)x} \tag{5.7.7}$$

的特解,应用 5.6 节的结果,对于 $P_m(x)\mathrm{e}^{(\lambda+\mathrm{i}\omega)x}$,可求出一个 m 次多项式 $Q_m(x)$,使得方程 (5.7.7) 的一个特解为

$$y^* = x^k Q_m(x)\mathrm{e}^{(\lambda+\mathrm{i}\omega)x}, \tag{5.7.8}$$

其中 k 按 $\lambda + \mathrm{i}\omega$ 不是特征方程的根或是特征方程的单根依次取 0 或 1.

根据 5.5 节中的定理 5 知道,方程 (5.7.7) 的特解的实部就是方程 (5.7.5) 的特解,而方程 (5.7.7) 的特解的虚部就是方程 (5.7.6) 的特解.

上述推论可推广到 n 阶常系数非齐次线性微分方程,但要注意式(5.7.8)中的 k 是特征方程中包含根 $\lambda+\mathrm{i}\omega$ 的重复次数.

例 3 求微分方程 $y''+y=x\cos2x$ 的一个特解.

解 题设方程的自由项为 $f(x)=P_m(x)\mathrm{e}^{\lambda x}\cos\omega x$ 型,其中

$$P_m(x)=x,\quad \lambda=0,\quad \omega=2,$$

与题设方程对应的齐次方程的特征方程为

$$r^2+1=0.$$

它的特征根为

$$r_1=\mathrm{i},\quad r_2=-\mathrm{i}.$$

为求题设方程的一个特解,先求方程

$$y''+y=x\mathrm{e}^{2\mathrm{i}x} \tag{5.7.9}$$

的一个特解,由于 $\lambda+\mathrm{i}\omega=2\mathrm{i}$ 不是特征方程的根,所以设方程(5.7.9)的特解为

$$y^*=(b_0x+b_1)\mathrm{e}^{2\mathrm{i}x}.$$

将其代入方程(5.7.9)中,消去因子 $\mathrm{e}^{2\mathrm{i}x}$,得

$$4b_0\mathrm{i}-3b_0x-3b_1=x,$$

即 $4b_0\mathrm{i}-3b_1=0,-3b_0=1$,解得 $b_0=-\dfrac{1}{3},b_1=-\dfrac{4}{9}\mathrm{i}$,这样就得到方程(5.7.9)的一个特解为

$$y^*=\left(-\frac{1}{3}x-\frac{4}{9}\mathrm{i}\right)\mathrm{e}^{2\mathrm{i}x}=\left(-\frac{1}{3}-\frac{4}{9}\mathrm{i}\right)(\cos2x+i\sin2x)$$

$$=-\frac{1}{3}x\cos2x+\frac{4}{9}\sin2x-\mathrm{i}\left(\frac{4}{9}\cos2x+\frac{1}{3}x\sin2x\right).$$

取其实部就是题设方程的一个特解

$$y^*=-\frac{1}{3}x\cos2x+\frac{4}{9}\sin2x.$$

例 4 设函数 $y(x)$ 满足

$$y'(x)=1+\int_0^x[6\sin^2t-y(t)]\mathrm{d}t,\quad y(0)=1,$$

求 $y(x)$.

解 将方程两端对 x 求导,得到微分方程

$$y''+y=6\sin^2x,$$

即

$$y''+y=3(1-\cos2x). \tag{5.7.10}$$

其对应的齐次方程的特征方程为 $r^2+1=0$,特征根为 $r_1=\mathrm{i},r_2=-\mathrm{i}$.

所以其对应的齐次方程的通解为

$$Y=C_1\cos x+C_2\sin x,$$

其中 C_1,C_2 为任意常数.

方程(5.7.10)右端的自由项为

$$f(x)=3-3\cos2x=f_1(x)+f_2(x).$$

分别讨论方程

$$y''+y=3, \tag{5.7.11}$$

$$y'' + y = -3e^{2ix}. \qquad (5.7.12)$$

因为 $\lambda \pm i\omega = \pm 2i$ 不是上述两方程的特征根,故设方程(5.7.11)与方程(5.7.12)的特解分别为

$$y_1^* = A \quad 与 \quad y_2^* = A = Be^{2ix}.$$

将 $y_1^* = A$ 代入方程(5.7.11),得 $A = 3$;将 $y_2^* = Be^{2ix}$ 代入方程(5.7.12),得 $B = 1$.

根据非齐次线性方程解的叠加原理,方程(5.7.10)的特解为

$$\tilde{y}^* = y_1^* + y_2^* = 3 + e^{2ix}$$

的实部,即 $y^* = 3 + \cos 2x$,所以方程(5.7.10)的通解为

$$y = C_1 \cos x + C_2 \sin x + \cos 2x + 3.$$

令 $x = 0$,得 $y'(0) = 1$,由 $y(0) = 1, y'(0) = 1$,可从通解中确定出 $C_1 = -3, C_2 = 1$,从而所求函数为

$$y = -3\cos x + \sin x + \cos 2x + 3.$$

习题 5-7

1. 求下列微分方程的通解:

(1) $2y'' + y' - y = 2e^x$;

(2) $y'' + a^2 y = e^x$;

(3) $2y'' + 5y' = 5x^2 - 2x - 1$;

(4) $y'' + 3y' + 2y = 3xe^{-x}$;

(5) $y'' - 2y' + 5y = e^x \sin 2x$;

(6) $y'' - 6y' + 9y = (x+1)e^{3x}$;

(7) $y'' + 5y' + 4y = 3 - 2x$;

(8) $y'' + 4y = x\cos x$;

(9) $y'' + y' = e^x + \cos x$;

(10) $y'' - y' = \sin^2 x$.

2. 求下列微分方程满足所给初始条件的特解:

(1) $y'' + y' + \sin 2x = 0, y\big|_{x=\pi} = 1, y'\big|_{x=\pi} = 1$;

(2) $y'' - 3y' + 2y = 5, y\big|_{x=0} = 1, y'\big|_{x=0} = 2$;

(3) $y'' - 10y' + 9y = e^{2x}, y\big|_{x=0} = \dfrac{6}{7}, y'\big|_{x=0} = \dfrac{33}{7}$;

(4) $y'' - y = 4xe^x, y\big|_{x=0} = 0, y'\big|_{x=0} = 1$;

(5) $y'' - 4y' = 5, y\big|_{x=0} = 1, y'\big|_{x=0} = 0$.

3. 设 $\varphi(x)$ 连续,且 $\varphi(x) = e^x + \displaystyle\int_0^x t\varphi(t)\mathrm{d}t - x\int_0^x \varphi(t)\mathrm{d}t$,求 $\varphi(x)$.

4. 设二阶常系数线性微分方程 $y'' + \alpha y' + \beta y = \gamma e^x$ 一个特解为 $y = e^{2x} + (1+x)e^x$,试确定 α, β, γ,并求方程的通解.

*5.8　欧拉方程

变系数的线性微分方程,一般情况都不易求解.但有些特殊的变系数线性微分方程,则可通过变量代换化为常系数线性微分方程,从而求出其解,欧拉方程就是其中的一种.

形如

$$x^n y^{(n)} + p_1 x^{n-1} y^{(n-1)} + \cdots + p_{n-1} x y' + p_n y = f(x) \tag{5.8.1}$$

的方程(其中 $p_1, p_2, \cdots, p_n$ 为常数),叫做欧拉方程.

作变换

$$x = \mathrm{e}^t \quad \text{或} \quad t = \ln x,$$

将自变量 x 换成 t,有

$$\frac{\mathrm{d}y}{\mathrm{d}x} = \frac{\mathrm{d}y}{\mathrm{d}t} \cdot \frac{\mathrm{d}t}{\mathrm{d}x} = \frac{1}{x} \frac{\mathrm{d}y}{\mathrm{d}t},$$

$$\frac{\mathrm{d}^2 y}{\mathrm{d}x^2} = \frac{1}{x^2} \left(\frac{\mathrm{d}^2 y}{\mathrm{d}t^2} - \frac{\mathrm{d}y}{\mathrm{d}t} \right),$$

$$\frac{\mathrm{d}^3 y}{\mathrm{d}x^3} = \frac{1}{x^3} \left(\frac{\mathrm{d}^3 y}{\mathrm{d}t^3} - 3 \frac{\mathrm{d}^2 y}{\mathrm{d}t^2} + 2 \frac{\mathrm{d}y}{\mathrm{d}t} \right).$$

我们用记号 D 表示对 t 求导的运算 $\frac{\mathrm{d}}{\mathrm{d}t}$,那么上面的计算结果可表示为

$$xy' = Dy,$$

$$x^2 y'' = \frac{\mathrm{d}^2 y}{\mathrm{d}t^2} - \frac{\mathrm{d}y}{\mathrm{d}t} = \left(\frac{\mathrm{d}^2}{\mathrm{d}t^2} - \frac{\mathrm{d}}{\mathrm{d}t} \right) y$$

$$= (D^2 - D)y = D(D-1)y,$$

$$x^3 y''' = \frac{\mathrm{d}^3 y}{\mathrm{d}t^3} - 3 \frac{\mathrm{d}^2 y}{\mathrm{d}t^2} + 2 \frac{\mathrm{d}y}{\mathrm{d}t}$$

$$= (D^3 - 3D^2 + 2D)y = D(D-1)(D-2)y,$$

一般地,有

$$x^k y^{(k)} = D(D-1)\cdots(D-k+1)y.$$

把它代入欧拉方程(5.8.1),便得一个以 t 为自变量的常系数线性微分方程. 在求出这个方程的解后,把 t 换成 $\ln x$,即得原方程的解.

例 1 求欧拉方程 $x^3 y''' + x^2 y'' - 4xy' = 3x^2$ 的通解.

解 作变换 $x = \mathrm{e}^t$ 或 $t = \ln x$,原方程化为

$$D(D-1)(D-2)y + D(D-1)y - 4Dy = 3\mathrm{e}^{2t},$$

即

$$D^3 y - 2D^2 y - 3Dy = 3\mathrm{e}^{2t},$$

或

$$\frac{\mathrm{d}^3 y}{\mathrm{d}t^3} - 2 \frac{\mathrm{d}^2 y}{\mathrm{d}t^2} - 3 \frac{\mathrm{d}y}{\mathrm{d}t} = 3\mathrm{e}^{2t}. \tag{5.8.2}$$

方程(5.8.2)对应的齐次方程为

$$\frac{\mathrm{d}^3 y}{\mathrm{d}t^3} - 2 \frac{\mathrm{d}^2 y}{\mathrm{d}t^2} - 3 \frac{\mathrm{d}y}{\mathrm{d}t} = 0, \tag{5.8.3}$$

其特征方程为

$$r^3 - 2r^2 - 3r = 0.$$

它有三个根:$r_1 = 0, r_2 = -1, r_3 = 3$. 于是方程(5.8.3)的通解为

$$Y = C_1 + C_2 \mathrm{e}^{-t} + C_3 \mathrm{e}^{3t} = C_1 + \frac{C_2}{x} + C_3 x^3.$$

174

根据 5.7 节结论, 方程(5.8.2)的特解形式为
$$y^* = b\mathrm{e}^{2t} = bx^2,$$

代入方程(5.8.2), 得 $b = -\dfrac{1}{2}$, 即

$$y^* = -\frac{1}{2}x^2.$$

所求题设方程的通解为

$$y = C_1 + \frac{C_2}{x} + C_3 x^3 - \frac{1}{2}x^2.$$

习题 5-8

1. 求下列欧拉方程的通解:

(1) $x^2 y'' + xy' - y = 0$;

(2) $y'' - \dfrac{y'}{x} + \dfrac{y}{x^2} = \dfrac{2}{x}$;

(3) $x^3 y''' + 3x^2 y'' - 2xy' + 2y = 0$;

(4) $x^2 y'' - 2xy' + 2y = \ln^2 x - 2\ln x$;

(5) $x^2 y'' + xy' - 4y = x^3$;

(6) $x^2 y'' - xy' + 4y = x\sin(\ln x)$;

(7) $x^2 y'' - 3xy' + 4y = x + x^2 \ln x$;

(8) $x^3 y''' + 2xy' - 2y = x^2 \ln x + 3x$.

总习题 5

1. 填空题

(1) 通解为 $y = C\mathrm{e}^x + x$ 的微分方程是_____.

(2) 微分方程 $(1 + \mathrm{e}^{2x})\mathrm{d}y - (2\mathrm{e}^x + \mathrm{e}^{2x} + 1)\mathrm{e}^x \mathrm{d}x = 0$ 满足初始条件 $y(0) = \dfrac{\pi}{2}$ 的特解

为_____.

(3) 若连续函数 $f(x)$ 满足关系式 $f(x) = \displaystyle\int_0^{2x} f\left(\frac{t}{2}\right)\mathrm{d}t + \ln 2$, 则 $f(x)$ 等于_____.

(4) 设 y 是由方程 $\displaystyle\int_0^y \mathrm{e}^t \mathrm{d}t + \int_0^x \cos t \, \mathrm{d}t = 0$ 所确定的 x 的函数, 则 $\dfrac{\mathrm{d}y}{\mathrm{d}x} =$ _____.

(5) 已知 $\dfrac{(x + ay)\mathrm{d}x + y\mathrm{d}y}{(x + y)^2}$ 为某函数的全微分, 则 a 等于_____.

(6) 适合方程 $f'(x) + \dfrac{1}{x}f(x)\mathrm{d}x = -1$ 的所有连续可微函数 $f(x) =$ _____.

2. 求下列微分方程的通解:

(1) $xy' + y = 2\sqrt{xy}$;

(2) $xy'\ln x + y = ax(\ln x + 1)$;

(3) $y'' + 2y' + y = \mathrm{e}^{-x}$;

(4) $y\mathrm{d}x + (x^2 - 4x)\mathrm{d}y = 0$;

(5) $y' + y\tan x = \cos x$;

(6) $y'' + y = -2x$;

(7) $1 + y' = \mathrm{e}^y$;

(8) $y'' - 2y' + 2y = \mathrm{e}^x$;

(9) $y'' - 4y' = \mathrm{e}^{2x}$;

(10) $y'' + 2y' + 5y = 0$.

3. 求下列微分方程满足所给初始条件的特解：

(1) $xy' + y = y^2, y\big|_{x=1} = \dfrac{1}{2}$；

(2) $x\ln x\mathrm{d}y + (y - \ln x)\mathrm{d}x = 0, y\big|_{x=e} = 1$；

(3) $y'' - 2y' - \mathrm{e}^{2x} = 0; y\big|_{x=0} = 1; y'\big|_{x=0} = 1$；

(4) $y'' + 2y' + y = \cos x; y\big|_{x=0} = 0; y'\big|_{x=0} = \dfrac{3}{2}$.

4. 设函数 $y = y(x)$ 满足条件
$$\begin{cases} y'' + 4y' + 4y = 0, \\ y(0) = 2, y'(0) = -4, \end{cases} \text{求广义积分} \int_0^{+\infty} y(x)\mathrm{d}x.$$

5. 设函数 $y = y(x)$ 满足微分方程 $y'' - 3y' + 2y = 2\mathrm{e}^x$，且其图形在点 $(0,1)$ 处的切线与曲线 $y = x^2 - x + 1$ 在该点的切线重合，求函数 $y = y(x)$.

6. 设函数 $f(u)$ 具有二阶连续导数，而 $z = f(\mathrm{e}^x \sin y)$ 满足方程 $\dfrac{\partial^2 z}{\partial x^2} + \dfrac{\partial^2 z}{\partial y^2} = \mathrm{e}^{2x}z$，求 $f(u)$.

7. 设函数 $f(x)$ 在 $[1, +\infty)$ 上连续，若曲线 $y = f(x)$，直线 $x = 1, x = t(t > 1)$ 与 x 轴所围成的平面图形绕 x 轴旋转一周所成的旋转体的体积为 $V(t) = \dfrac{\pi}{3}[t^2 f(t) - f(1)]$，试求 $y = f(x)$ 所满足的微分方程，并求该微分方程满足条件 $y\big|_{x=2} = \dfrac{2}{9}$ 的解.

8. 设 $f(x)$ 为连续函数.

(1) 求初值问题 $\begin{cases} y' + ay = f(x), \\ y\big|_{x=0} = 0 \end{cases}$ 的解 $y(x)$，其中 a 为正常数.

(2) 若 $|f(x)| \leqslant k(k$ 为常数$)$，证明：当 $x \geqslant 0$ 时，有 $|y(x)| \leqslant \dfrac{k}{a}(1 - \mathrm{e}^{-x})$.

9. 设函数 $f(x)$ 在 $[0, +\infty)$ 上连续，且满足方程
$$f(t) = \mathrm{e}^{4\pi t^2} + \iint\limits_{x^2+y^2 \leqslant 4t^2} f\left(\dfrac{1}{2}\sqrt{x^2+y^2}\right)\mathrm{d}x\mathrm{d}y,$$
求 $f(t)$.

习题答案与提示

习题 1-1

1. (1) $a \perp b$； (2) a, b 同向.   2. $5a - 11b + 7c$.   3. $-2a - \dfrac{10}{3}b$.   4. ～6. 略.

习题 1-2

1. Ⅱ，Ⅳ，Ⅴ，Ⅶ，Ⅲ，Ⅷ，Ⅵ，Ⅰ.   2. xOz 面，yOz 面，z 轴，y 轴.   3. 略.

4. 到 xOy, yOz, xOz 面距离分别为 $5, 4, 3$；到 x, y, z 轴距离分别为 $\sqrt{34}, \sqrt{41}, 5$；到
   原点距离为 $5\sqrt{2}$.

5. ～6. 略.

7. $\{1, -2, -1\}, \{2, -4, -2\}$.   8. $\pm\dfrac{1}{7}\{3, -2, 6\}$.

9. 2；$-\dfrac{1}{2}, -\dfrac{\sqrt{2}}{2}, \dfrac{1}{2}$；$\dfrac{2\pi}{3}, \dfrac{3\pi}{4}, \dfrac{\pi}{3}$.   10. $\left\{\dfrac{3}{2}, \dfrac{3}{\sqrt{2}}, \dfrac{3}{2}\right\}$.   11. 2.

12. $A(0, 1, 0)$.   13. $-1, 2\boldsymbol{j}$.

习题 1-3

1. (1) $3, \{5, 1, 7\}$； (2) $\dfrac{3}{2\sqrt{21}}$.   2. $-\dfrac{3}{2}$.   3. 略.   4. 2.

5. $\dfrac{\sqrt{138}}{24}$.   6. $\pm\dfrac{1}{\sqrt{17}}\{3, -2, -2\}$.   7. $\lambda = 2\mu$.   8. $\dfrac{\sqrt{221}}{3}$.

9. (1) 2； (2) -4 或 8.   10. 略.

习题 1-4

1. $(x-1)^2 + (y+2)^2 + (z+1)^2 = 6$.   2. $\left(x+\dfrac{1}{8}\right)^2 + y^2 + \left(z+\dfrac{1}{8}\right)^2 = \dfrac{9}{32}$.

3. $y^2 + z^2 = x$.   4. $x^2 - y^2 - z^2 = 3, x^2 - y^2 + z^2 = 3$.

5. (1) 直线，平面；(2) 直线，平面；(3) 圆，圆柱面；(4) 双曲线，双曲面；
   (5) 椭圆，椭圆柱面；(6) 抛物线，抛物柱面.

习题 1-5

1. (1) 圆；(2) 抛物线.   2. $\begin{cases} y^2 = 2x - 9, \\ z = 3, \end{cases}$ 原曲线为在 $z = 3$ 上的抛物线.

3. $\begin{cases} x = \dfrac{3}{\sqrt{2}}\cos\theta, \\ x = \dfrac{3}{\sqrt{2}}\cos\theta, \quad 0 \leqslant \theta \leqslant 2\pi. \\ z = 3\sin\theta, \end{cases}$
　　　4. $\begin{cases} x = \sqrt{3}\cos\theta + 1, \\ y = \sqrt{3}\sin\theta, \quad 0 \leqslant \theta \leqslant 2\pi. \\ z = 0, \end{cases}$

5. (1) $\begin{cases} 5x^2 - 3y^2 = 1, \\ z = 0, \end{cases}$　(2) $\begin{cases} x^2 + 20y^2 = 80, \\ z = 0. \end{cases}$

习题 1-6

1. $3x - 7y + 5z - 4 = 0$.　　2. $2x + 9y - 6z - 121 = 0$.

3. $14x + 9y - z - 15 = 0$.　　4. $x + y - z = 0$.

5. (1) 平行于 yOz 面；(2) 过 z 轴；(3) 平行于 x 轴；(4) 过原点.

6. $\cos\alpha = \dfrac{2}{3}, \cos\beta = -\dfrac{2}{3}, \cos\gamma = \dfrac{1}{3}$.　　7. $7x - 11y - 3z - 10 = 0$.

8. (1) 4;　(2) 1;　(3) $-\dfrac{7}{3}$;　(4) $\pm\dfrac{\sqrt{70}}{2}$;　(5) ± 2;　(6) -3.

9. $\dfrac{2}{3}$.　　10. $x + y + z = \pm 2\sqrt{3}$.

习题 1-7

1. $\dfrac{x-3}{1} = \dfrac{y-6}{6} = \dfrac{z+9}{0}$.　　2. $\dfrac{x-2}{1} = \dfrac{y-8}{0} = \dfrac{z-6}{3}$.

3. $\dfrac{x-1}{5} = \dfrac{y+1}{7} = \dfrac{z}{11}, \begin{cases} x = 1 + 5t, \\ y = -1 + 7t, \\ z = 11t. \end{cases}$　4. 略.　5. $x - y + z = 0$.

6. $\dfrac{x}{-1} = \dfrac{y}{1} = \dfrac{z-1}{1}$.　　7. $\dfrac{x-2}{2} = \dfrac{y-1}{-1} = \dfrac{z-3}{4}$.　　8. 0.

9. (1) 平行；(2) 垂直；(3) 直线在平面内.　　10. $\left(-\dfrac{5}{3}, \dfrac{2}{3}, \dfrac{2}{3}\right)$.　　11. 略.

总 习 题 1

1. 略.　　2. $\dfrac{\pi}{3}$.　　3. 40.　　4. $\{-4, 2, -4\}$.　　5. ~6. 略.

7. $4x^2 - 9y^2 - 9z^2 = 36, 4x^2 - 9y^2 + 4z^2 = 36$.　　8. $2x + y + 2z = \pm 2\sqrt[3]{3}$.

9. $5x + 7y + 11z = 8$.　　10. $\dfrac{x-1}{-2} = \dfrac{y-1}{1} = \dfrac{z-1}{3}, \begin{cases} x = 1 - 2t, \\ y = 1 + t, \\ z = 1 + 3t. \end{cases}$

11. $(-12, -4, 18)$.　　12. $\dfrac{3}{\sqrt{2}}$.　　13. $\dfrac{1}{14}$.　　14. $(-5, 0, 4)$.

习题 2-1

1. $\dfrac{x^2(1+y)}{1-y}$.　　2. $t^2 f(x, y)$.

3. (1) $\{(x,y)\mid y^2-2x+1>0\}$;　　　　　　(2) $\{(x,y)\mid x\geqslant 0,x^2\geqslant y\geqslant 0\}$;

(3) $\{(x,y)\mid 2\leqslant x^2+y^2\leqslant 4,x>y^2\}$;　　(4) $\{(x,y)\mid 0<x^2+y^2<1,y^2\leqslant 4x\}$;

(5) $\{(x,y)\mid y>x\geqslant 0,x^2+y^2<1\}$;　　(6) $\{(x,y)\mid x^2+y^2\geqslant z^2,x^2+y^2\neq 0\}$;

(7) $\{(x,y)\mid |x|\leqslant 1,|y|\leqslant 1\}$;　　(8) $\left\{(x,y)\,\middle|\,x^2+\dfrac{y^2}{4}\leqslant 1\right\}$.

4. (1) 0;　(2) $-\dfrac{1}{2}$;　(3) 4;　(4) 0;　(5) $\dfrac{1}{6}$;　(6) 0;　(7) e^{-2};　(8) 2.

5. 略.

6. 间断点集为 $\{(x,y)\mid y^2=4x\}$.　　　7. 略.

习题 2-2

1. (1) $\dfrac{\partial z}{\partial x}=3x^2y-6xy^2,\dfrac{\partial z}{\partial y}=x^3-6x^2y$;　　(2) $\dfrac{\partial z}{\partial x}=\dfrac{1}{y}-\dfrac{y}{x^2},\dfrac{\partial z}{\partial y}=\dfrac{1}{x}-\dfrac{x}{y^2}$;

(3) $\dfrac{\partial z}{\partial x}=\dfrac{1}{2x\sqrt{\ln(xy)}},\dfrac{\partial z}{\partial y}=\dfrac{1}{2y\sqrt{\ln(xy)}}$;　　(4) $\dfrac{\partial z}{\partial x}=ye^{xy}+2xy,\dfrac{\partial z}{\partial y}=xe^{xy}+x^2$;

(5) $\dfrac{\partial z}{\partial x}=y^2(1+xy)^{y-1},\dfrac{\partial z}{\partial y}=(1+xy)^{y}\left[\ln(1+xy)+\dfrac{xy}{1+xy}\right]$;

(6) $\dfrac{\partial z}{\partial x}=e^x(\cos y+\sin y+x\sin y),\dfrac{\partial z}{\partial y}=e^x(-\sin y+x\cos y)$;

(7) $\dfrac{\partial z}{\partial x}=y[\cos(xy)-\sin(2xy)],\dfrac{\partial z}{\partial y}=x[\cos(xy)-\sin(2xy)]$;

(8) $\dfrac{\partial z}{\partial x}=\dfrac{y}{x^2}\sin\dfrac{y}{x}\sin\dfrac{x}{y}+\dfrac{1}{y}\cos\dfrac{y}{x}\cos\dfrac{x}{y},\dfrac{\partial z}{\partial y}=-\dfrac{1}{x}\sin\dfrac{y}{x}\sin\dfrac{x}{y}-\dfrac{x}{y^2}\cos\dfrac{y}{x}\cos\dfrac{x}{y}$;

(9) $\dfrac{\partial z}{\partial x}=\dfrac{2}{y\sin\dfrac{2x}{y}},\dfrac{\partial z}{\partial y}=-\dfrac{2x}{y^2\sin\dfrac{2x}{y}}$;

(10) $\dfrac{\partial u}{\partial x}=\dfrac{z}{y}\left(\dfrac{x}{y}\right)^{z-1},\dfrac{\partial u}{\partial y}=\dfrac{z}{y}\left(\dfrac{x}{y}\right)^{z},\dfrac{\partial u}{\partial z}=\left(\dfrac{x}{y}\right)^{z}\ln\dfrac{x}{y}$.

2. 略.　　3. 1/4; 1/4.

4. $(x,y)\neq(0,0)$ 时,$f_x(x,y)=2x\sin\dfrac{1}{\sqrt{x^2+y^2}}-\dfrac{x(x^2+y)}{(\sqrt{x^2+y^2})^3}\cos\dfrac{1}{\sqrt{x^2+y^2}}$,

$f_y'(x,y)=\sin\dfrac{1}{\sqrt{x^2+y^2}}-\dfrac{y(x^2+y)}{(\sqrt{x^2+y^2})^3}\cos\dfrac{1}{\sqrt{x^2+y^2}}$; 而 $f_x(0,0),f_y(0,0)$ 不存在.

5. $\pi/4$.

6. (1) $\dfrac{\partial^2 z}{\partial x^2}=\dfrac{x+2y}{(x+y)^2},\dfrac{\partial^2 z}{\partial y^2}=\dfrac{-x}{(x+y)^2},\dfrac{\partial^2 z}{\partial x\partial y}=\dfrac{y}{(x+y)^2}$;

(2) $\dfrac{\partial^2 z}{\partial x^2}=y^x\ln^2 y,\dfrac{\partial^2 z}{\partial y^2}=x(x-1)y^{x-2},\dfrac{\partial^2 z}{\partial x\partial y}=y^{x-1}(1+x\ln y)$;

(3) $\dfrac{\partial^2 z}{\partial x^2}=-\dfrac{2y}{(x+y)^3},\dfrac{\partial^2 z}{\partial y^2}=\dfrac{2x}{(x+y)^3},\dfrac{\partial^2 z}{\partial x\partial y}=\dfrac{x-y}{(x+y)^3}$.

7. $f_{xx}(0,0,1)=2,f_{zz}(1,0,2)=2,f_{yz}(0,-1,0)=0,f_{zzx}(2,0,1)=0$.

8. 略.　　9. $\dfrac{\partial^3 z}{\partial x^2\partial y}=0,\dfrac{\partial^3 z}{\partial x\partial y^2}=-\dfrac{1}{y^2}$.

习题 2-3

1. (1) $\mathrm{d}z=\left(2xy-\dfrac{1}{y}\right)\mathrm{d}x+\left(x^2+\dfrac{x}{y^2}\right)\mathrm{d}y$;

(2) $dz = \cos(x\cos y)\cos y\,dx - x\sin y\cos(x\cos y)\,dy$;

(3) $dz = \dfrac{x}{1+x^2+y^2}dx + \dfrac{y}{1+x^2+y^2}dy$;

(4) $yzx^{yz-1}dx + zx^{yz}\ln x\,dy + yx^{yz}\ln x\,dz$;

(5) $dz = -\dfrac{y}{\sqrt{1-x^2y^2}}dx - \dfrac{x}{\sqrt{1-x^2y^2}}dy$;

(6) $du = e^{x-yz}(dx - z\,dy - y\,dz)$.

2. $dz = \dfrac{2}{3}dx + \dfrac{1}{3}dy$.　　3. $df = -\dfrac{1}{75}dx - \dfrac{1}{100}dy + \dfrac{1}{5}dz$.　　4. $dz = 0.25e$.

5. (1) $L(x,y) = 2x + 2y - 1$;　(2) $L(x,y) = -y + \pi/2$.　　　　6. 2.95.

7. 1.021.　　　8. 约减少了 2.8cm.　　　9. 约 14.8m^3, 13.632m^3.

10. 最大绝对误差为 0.24Ω, 最大相对误差为 4.4%.

习题 2-4

1. $\dfrac{dz}{dx} = e^x(\sin x + \cos x)$.　　　2. $\dfrac{dz}{dt} = e^{\sin t - 2t^3}(\cos t - 6t^2)$.

3. $\dfrac{\partial z}{\partial x} = \dfrac{2x}{y}\ln(x-2y) + \dfrac{x^2}{y^2(x-2y)}$, $\dfrac{\partial z}{\partial y} = -\dfrac{2x^2}{y^3}\ln(x-2y) - \dfrac{2x^2}{y^2(x-2y)}$.

4. $\dfrac{\partial z}{\partial x} = y(x^2+y^2)^{xy-1}[2x^2 + (x^2+y^2)\ln(x^2+y^2)]$,

$\dfrac{\partial z}{\partial y} = x(x^2+y^2)^{xy-1}[2y^2 + (x^2+y^2)\ln(x^2+y^2)]$.

5. $\dfrac{\partial z}{\partial x} = -\dfrac{y}{x^2+y^2}$, $\dfrac{\partial z}{\partial y} = \dfrac{y}{x^2+y^2}$.

6. (1) $\dfrac{\partial u}{\partial x} = 2xf_1' + yf_2'$, $\dfrac{\partial u}{\partial y} = -2yf_1' + xf_2'$;

(2) $\dfrac{\partial u}{\partial x} = \dfrac{1}{y}f_1'$, $\dfrac{\partial u}{\partial y} = -\dfrac{x}{y^2}f_1' + \dfrac{1}{z}f_2'$, $\dfrac{\partial u}{\partial z} = -\dfrac{y}{z^2}f_2'$;

(3) $\dfrac{\partial u}{\partial x} = f_1' + yf_2' + yzf_3'$, $\dfrac{\partial u}{\partial y} = xf_2' + xzf_3'$, $\dfrac{\partial u}{\partial z} = xyf_3'$;

(4) $\dfrac{\partial u}{\partial x} = f_1' + 2xf_2'$, $\dfrac{\partial u}{\partial y} = f_1' + 2xf_2'$, $\dfrac{\partial u}{\partial z} = f_1' + 2zf_2'$.

7. 略.

8. $\Delta u = 3f_{11}'' + 4(x+y+z)f_{12}'' + 4(x^2+y^2+z^2)f_{22}'' + 6f_2'$.

9. $\dfrac{\partial^2 z}{\partial x\partial y} = -2\dfrac{\partial^2 f}{\partial u^2} + (2\sin x - y\cos x)\dfrac{\partial^2 f}{\partial u\partial v} + \dfrac{1}{2}y\sin 2x\dfrac{\partial^2 f}{\partial v^2} + \cos x\dfrac{\partial f}{\partial v}$.

10. (1) $\dfrac{\partial^2 z}{\partial x^2} = y^2 f_{11}''$, $\dfrac{\partial^2 z}{\partial x\partial y} = f_1' + y(xf_{11}'' + f_{12}'')$, $\dfrac{\partial^2 z}{\partial y^2} = x^2 f_{11}'' + 2xf_{12}'' + f_{22}''$;

(2) $\dfrac{\partial^2 z}{\partial x^2} = \dfrac{y^2}{x^4}f_{11}'' - \dfrac{4y^2}{x}f_{12}'' + 4x^2y^2 f_{22}'' + \dfrac{2y}{x^3}f_1' + 2yf_2'$,

$\dfrac{\partial^2 z}{\partial x\partial y} = -\dfrac{y}{x^3}f_{11}'' - yf_{12}'' + 2x^3 yf_{22}'' - \dfrac{1}{x^3}f_1' + 2xf_2'$, $\dfrac{\partial^2 z}{\partial y^2} = \dfrac{1}{x^2}f_{11}'' + 2xf_{12}'' + x^4 f_{22}''$;

(3) $\dfrac{\partial^2 z}{\partial x^2} = f''$, $\dfrac{\partial^2 z}{\partial x\partial y} = 2yf''$, $\dfrac{\partial^2 z}{\partial y^2} = 2f' + 4y^2 f''$;

(4) $\dfrac{\partial^2 z}{\partial x^2} = -\sin xf_1' + \cos^2 xf_{11}''$, $\dfrac{\partial^2 z}{\partial x\partial y} = -\cos x\sin yf_{12}''$, $\dfrac{\partial^2 z}{\partial y^2} = -\cos yf_2' + \sin^2 yf_{22}''$.

11. ~12. 略.

习题 2-5

1. $\dfrac{e^x+y\cos xy}{2y-x\cos xy}$.　　2. $\dfrac{dy}{dx}=\dfrac{x+y}{x-y}$.　　3. $\dfrac{\partial z}{\partial x}=\dfrac{z}{x+yz},\dfrac{\partial z}{\partial y}=\dfrac{z^2}{y(x+yz)}$.

4. 略.　5. $\dfrac{\partial z}{\partial x}=-\dfrac{2x}{2z-f'(u)},\dfrac{\partial z}{\partial y}=-\dfrac{2y^2-yf(u)+zf'(u)}{y[2z-f'(u)]},u=\dfrac{z}{y}$.　6. 略.

7. $\dfrac{\partial^2 z}{\partial x^2}=-\dfrac{16xz}{(3z^2-2x)^3},\dfrac{\partial^2 z}{\partial y^2}=-\dfrac{16z}{(3z^2-2x)^3}(3z^2-2x\neq0)$.

8. $-\dfrac{3}{25}$.　　9. 0.　　10. $\dfrac{dy}{dx}=\dfrac{z-y}{x-y},\dfrac{dz}{dx}=\dfrac{z-x}{x-y}$.

11. $\dfrac{dz}{dx}=\dfrac{2y-1}{1+3z^2-2y-4yz},\dfrac{dy}{dx}=\dfrac{2z-3z^2}{1+3z^2-2y-4yz}$.

12. $\dfrac{\partial u}{\partial x}=\dfrac{\sin v}{e^u(\sin v-\cos v)+1},\dfrac{\partial v}{\partial x}=\dfrac{\cos v-e^u}{u[e^u(\sin v-\cos v)+1]}$,

$\dfrac{\partial u}{\partial y}=\dfrac{-\cos v}{e^u(\sin v-\cos v)+1},\dfrac{\partial v}{\partial y}=\dfrac{\sin v+e^u}{u[e^u(\sin v-\cos v)+1]}$.

13. 略.　　14. $\dfrac{dy}{dx}=\dfrac{f_x F_t-f_t F_x}{f_t F_y+F_t}$.

习题 2-6

1. 极小值：$f(1,1)=-1$.　　2. 极小值：$f(\pm1,0)=-1$.　　3. 极小值：$f\left(\dfrac{1}{2},-1\right)=-\dfrac{e}{2}$.

4. 极大值：$f\left(\dfrac{\pi}{3},\dfrac{\pi}{6}\right)=\dfrac{3\sqrt{3}}{2}$.　　5. 极大值：6，极小值：$-2$.

6. 长为 $2\sqrt{10}\,\mathrm{m}$，宽为 $3\sqrt{10}\,\mathrm{m}$ 时，所用材料费最省.

7. 当矩形的边长为 $2p/3$ 及 $p/3$ 时，绕短边旋转所得圆柱体的体积最大.

8. 最长距离为 $\sqrt{9+5\sqrt{3}}$，最短距离为 $\sqrt{9-5\sqrt{3}}$.

9. 生产 120 单位的产品 A、80 单位的产品 B 时所得利润最大.

10. $y=f(t)=-0.3036t+27.125$.

总 习 题 2

1. $D=\{(x,y)\,|\,a^2\leqslant x^2+y^2\leqslant 2a^2\}$.　　2. (1) e；(2) 0.　　3. 极限不存在.

4. $f(x,y)$ 在点 $(0,0)$ 处连续.

5. (1) $\dfrac{\partial z}{\partial x}=ye^{-x^2y^2},\dfrac{\partial z}{\partial y}=xe^{-x^2y^2}$；

(2) $\dfrac{\partial u}{\partial x}=\dfrac{z(x-y)^{z-1}}{1+(x-y)^{2z}},\dfrac{\partial u}{\partial y}=-\dfrac{z(x-y)^{z-1}}{1+(x-y)^{2z}},\dfrac{\partial u}{\partial z}=\dfrac{(x-y)^z\ln|x-y|}{1+(x-y)^{2z}}$.

6. 略.

7. $du=-\dfrac{xz}{(x^2+y^2)\sqrt{x^2+y^2-z^2}}dx-\dfrac{yz}{(x^2+y^2)\sqrt{x^2+y^2-z^2}}dy+\dfrac{1}{\sqrt{x^2+y^2-z^2}}dz$.

8. $x^y y^z z^x\left[\left(\dfrac{y}{x}+\ln z\right)dx+\left(\dfrac{z}{y}+\ln x\right)dy+\left(\dfrac{x}{z}+\ln y\right)dz\right]$.

9. $dz=e^{-\arctan\frac{y}{x}}[(2x+y)dx+(2y-x)dy],\dfrac{\partial^2 z}{\partial x\partial y}=e^{-\arctan\frac{y}{x}}\dfrac{y^2-x^2-xy}{x^2+y^2}$.

10. $f_x(x,y)=\begin{cases} \dfrac{2xy^3}{(x^2+y^2)^2}, & x^2+y^2\neq 0, \\ 0, & x^2+y^2=0; \end{cases}$ $f_y(x,y)=\begin{cases} \dfrac{x^2(x^2-y^2)}{(x^2+y^2)^2}, & x^2+y^2\neq 0, \\ 0, & x^2+y^2=0. \end{cases}$

11. 不可微. 12. (1) 两个偏导数存在；(2) 不连续；(3) 可微.

13. $e^{ax}\sin x$. 14. 略. 15. $xe^{2y}f_{uu}+e^y f_{uy}+xe^y f_{xu}+f_{xy}+e^y f_u$.

16. $\dfrac{2(-1)^m(m+n-1)!(my+nx)}{(x-y)^{m+n+1}}$.

17. $\dfrac{\partial z}{\partial x}=-\dfrac{x+yz\sqrt{x^2+y^2+z^2}}{z+xy\sqrt{x^2+y^2+z^2}}, \dfrac{\partial z}{\partial y}=-\dfrac{y+zx\sqrt{x^2+y^2+z^2}}{z+xy\sqrt{x^2+y^2+z^2}}$.

18. $\dfrac{\partial z}{\partial x}=\dfrac{z\dfrac{\partial F}{\partial u}}{x\dfrac{\partial F}{\partial u}+y\dfrac{\partial F}{\partial v}}, \dfrac{\partial z}{\partial y}=\dfrac{z\dfrac{\partial F}{\partial v}}{x\dfrac{\partial F}{\partial u}+y\dfrac{\partial F}{\partial v}}, u=\dfrac{x}{z}, v=\dfrac{y}{z}$.

19. $dz=-\dfrac{1}{f_2'}[f_1'dx+(f_1'+f_2')dy], \dfrac{\partial^2 z}{\partial x^2}=\dfrac{f_{12}''f_1'-f_2'f_{11}''}{f_2'^2}+\dfrac{f_{12}''f_1'f_2'-f_{22}''f_1'^2}{f_2'^3}$.

20. $\dfrac{z(z^4-2xyz^2-x^2y^2)}{(z^2-xy)^3}$.

21. $\dfrac{dy}{dx}=-\dfrac{x(6z+1)}{2y(3z+1)}, \dfrac{dz}{dx}=\dfrac{x}{3z+1}$.

22. 在$(0,0)$处取得极小值 $f(0,0)=1$；在$(2,0)$处取得极大值 $f(2,0)=\ln 5+\dfrac{7}{15}$.

23. $x=\dfrac{ma}{m+n+p}, y=\dfrac{na}{m+n+p}, z=\dfrac{pa}{m+n+p}$.

24. 当 $p_1=80, p_2=120$ 时，厂家所获得的总利润最大，最大总利润为 $L_{max}=605$（单位）.

25. (1) $x_1=0.75$ 万元，$x_2=1.25$ 万元；(2) $x_1=0$ 万元，$x_2=1.5$ 万元.

习题 3-1

1. $I_1=4I_2$. 2. 略.

3. (1) $\displaystyle\iint_D (x+y)^2 d\sigma \geqslant \iint_D (x+y)^3 d\sigma$; (2) $\displaystyle\iint_D (x+y)^3 d\sigma \geqslant \iint_D (x+y)^2 d\sigma$;

(3) $\displaystyle\iint_D [\ln(x+y)]^3 d\sigma \geqslant \iint_D \ln(x+y) d\sigma$.

4. (1) $0\leqslant I\leqslant 2$; (2) $0\leqslant I\leqslant \pi^2$; (3) $2\leqslant I\leqslant 8$; (4) $36\pi\leqslant I\leqslant 100\pi$.

习题 3-2

1. (1) $\dfrac{8}{3}$; (2) $\dfrac{20}{3}$; (3) 1; (4) -2π.

2. (1) $\dfrac{6}{55}$; (2) $\dfrac{64}{15}$; (3) $e-e^{-1}$; (4) $\dfrac{3}{16}$.

3. (1) $\displaystyle\int_0^1 dx\int_x^1 f(x,y)dy$; (2) $\displaystyle\int_0^4 dx\int_{\frac{x}{2}}^{\sqrt{x}} f(x,y)dy$; (3) $\displaystyle\int_{-1}^1 dx\int_0^{\sqrt{1-x^2}} f(x,y)dy$;

(4) $\displaystyle\int_0^1 dy\int_{2-y}^{1+\sqrt{1-y^2}} f(x,y)dx$; (5) $\displaystyle\int_0^1 dy\int_{e^y}^e f(x,y)dx$;

(6) $\displaystyle\int_{-1}^0 dy\int_{-2\arcsin y}^{\pi} f(x,y)dx + \int_0^1 dy\int_{\arcsin y}^{\pi-\arcsin y} f(x,y)dx$.

4. ~ 6. 略. 7. $\dfrac{17}{6}$. 8. 6π.

习题 3-3

1. (1) $\int_0^{2\pi} d\theta \int_0^a f(\rho\cos\theta, \rho\sin\theta)\rho\,d\rho$;　　　　(2) $\int_0^{2\pi} d\theta \int_a^b f(\rho\cos\theta, \rho\sin\theta)\rho\,d\rho$;

(3) $\int_{-\frac{\pi}{2}}^{\frac{\pi}{2}} d\theta \int_0^{2\cos\theta} f(\rho\cos\theta, \rho\sin\theta)\rho\,d\rho$;　　　　(4) $\int_0^{\frac{\pi}{2}} d\theta \int_0^{(\cos\theta+\sin\theta)^{-1}} f(\rho\cos\theta, \rho\sin\theta)\rho\,d\rho$.

2. (1) $\int_0^{\frac{\pi}{4}} d\theta \int_0^{\sec\theta} f(\rho\cos\theta, \rho\sin\theta)\rho\,d\rho + \int_{\frac{\pi}{4}}^{\frac{\pi}{2}} d\theta \int_0^{\csc\theta} f(\rho\cos\theta, \rho\sin\theta)\rho\,d\rho$;

(2) $\int_{\frac{\pi}{4}}^{\frac{\pi}{3}} d\theta \int_{\sec\theta}^{2\sec\theta} f(\rho\cos\theta, \rho\sin\theta)\rho\,d\rho$;　　　　(3) $\int_0^{\frac{\pi}{2}} d\theta \int_{(\cos\theta+\sin\theta)^{-1}}^1 f(\rho\cos\theta, \rho\sin\theta)\rho\,d\rho$;

(4) $\int_0^{\frac{\pi}{4}} d\theta \int_{\sec\theta\tan\theta}^{\sec\theta} f(\rho\cos\theta, \rho\sin\theta)\rho\,d\rho$.

3. (1) $\frac{3}{4}\pi a^4$;　(2) $\frac{1}{6}a^3\left[\sqrt{2}+\ln(1+\sqrt{2})\right]$;　(3) $\sqrt{2}-1$;　(4) $\frac{1}{8}\pi a^4$.

4. (1) $\pi(e^4-1)$;　(2) $\frac{\pi}{4}(2\ln2-1)$;　(3) $\frac{3}{64}\pi^2$.

5. (1) $\frac{9}{4}$;　(2) $\frac{\pi}{8}(\pi-2)$;　(3) $14a^4$;　(4) $\frac{2}{3}\pi(b^3-a^3)$.　　6. 略.

习题 3-4

1. (1) $\sqrt{2}\pi$;　(2) $\frac{1}{6}(5\sqrt{5}-1)\pi$;　(3) $\frac{2}{3}(2\sqrt{2}-1)\pi$;　(4) $2R^2(\pi-2)$.

2. (1) $\left(\frac{4R}{3\pi}, \frac{4R}{3\pi}\right)$;　(2) $\left(0, \frac{28}{9\pi}\right)$;　(3) $\left(\frac{3}{5}p, \frac{3\sqrt{2}}{8}p\right)$;　(4) $\left(\frac{7}{6}, 0\right)$.

总习题 3

1. (1) $\frac{1}{2}(1-e^{-4})$;　(2) $(1-x)f(x)$;

(3) $\int_{-1}^0 dy \int_{-1}^y f(x,y)dx$, $\int_0^1 dx \int_0^{\sqrt{x}} f(x,y)dy + \int_1^2 dx \int_0^{2-x} f(x,y)dy$;

(4) $2\pi ab$;　(5) 4π;　(6) $\frac{\pi}{4}\left(\frac{1}{a^2}+\frac{1}{b^2}\right)R^4$.

2. (1) $\frac{3}{2}+\cos1+\sin1-\cos2-2\sin2$;　(2) $\pi^2-\frac{40}{9}$;

(3) $\frac{1}{3}R^3\left(\pi-\frac{4}{3}\right)$;　(4) $\frac{\pi}{4}R^4+9\pi R^2$.

3. (1) $\int_{-2}^0 dx \int_{2x+4}^{4-x^2} f(x,y)dy$;　(2) $\int_0^2 dx \int_{\frac{x}{2}}^{3-x} f(x,y)dy$;

(3) $\int_0^1 dy \int_0^{y^2} f(x,y)dx + \int_1^2 dy \int_0^{\sqrt{2y-y^2}} f(x,y)dx$.

4. 略.

5. $\int_0^{\frac{\pi}{4}} d\theta \int_0^{\sec\theta\tan\theta} f(\rho\cos\theta, \rho\sin\theta)\rho\,d\rho + \int_{\frac{\pi}{4}}^{\frac{3\pi}{4}} d\theta \int_0^{\csc\theta} f(\rho\cos\theta, \rho\sin\theta)\rho\,d\rho + \int_{\frac{3\pi}{4}}^{\pi} d\theta \int_0^{\sec\theta\tan\theta} f(\rho\cos\theta, \rho\sin\theta)\rho\,d\rho$.

6. $-\frac{2}{5}$.

习题 4-1

1. (1) $\dfrac{1}{2n-1}$；　(2) $(-1)^{n-1}\dfrac{n+1}{n}$；　(3) $(-1)^{n-1}\dfrac{x^{n+1}}{2n+1}$；　(4) $\dfrac{2^n}{n^2+1}x^n$.

2. (1) 收敛；　(2) 发散；　(3) 收敛；　(4) 发散.

3. (1) 收敛；　(2) 发散；　(3) 发散；　(4) 收敛；　(5) 发散；　(6) 发散；　(7) 发散；　(8) 发散.

4. $\dfrac{1}{4}$.　　5. $a_n=\dfrac{1}{2n-1}-\dfrac{1}{2n}$，$S=\ln 2$.

6. (1) $S_{2n+1}=S_{2n}+u_{2n+1}$；　(2) $\{S_n\}$ 收敛，则 $\{S_{2n}\}$，$\{S_{2n+1}\}$ 收敛；反之则不然；　(3) 略.

7. 略.　　8. 0.　　9. 8.

习题 4-2

1. (1) 发散；　　(2) 收敛；　　(3) 收敛；　　(4) 发散；

　(5) 收敛；　　(6) 发散；　　(7) 收敛；　　(8) $0<a\le 1$ 时发散，$a>1$ 时收敛.

2. (1) 收敛；　　(2) 收敛；　　(3) 发散；　　(4) 发散.

3. (1) 收敛；　　(2) 发散；　　(3) 收敛；　　(4) 收敛.

4. (1) 收敛；　(2) 收敛；　(3) 发散；　(4) 收敛；　(5) 发散；　(6) 收敛；　(7) 收敛；　(8) 发散.

5. $a\le b$ 时发散，$a>b$ 时收敛.

6. $0\le u_n^2\le u_n (n\ge N)$.

习题 4-3

1. (1) 条件收敛；　　(2) 绝对收敛；　　(3) 绝对收敛；

　(4) 绝对收敛；　　(5) 条件收敛；　　(6) 绝对收敛.

2. 当 $0<a<1$ 时，发散；当 $a=1$ 时，条件收敛；当 $a>1$ 时，绝对收敛.

3. 当 $0<p<1$ 时，发散；当 $p=1$ 时，条件收敛；当 $p>1$ 时，绝对收敛.

4. $\left|\dfrac{u_n}{n}\right|\le\dfrac{u_n^2+\dfrac{1}{n^2}}{2}$.　　5. 条件收敛.

习题 4-4

1. (1) $1,(-1,1),[-1,1]$；　(2) $1,(1,3),[1,3]$；　(3) $3,(-3,3),[-3,3]$；

　(4) $1,(-1,1),[-1,1]$；　(5) $0,\{-1\},\{-1\}$；　(6) $2,(-2,2),[-2,2]$；

　(7) $1,(4,6),[4,6]$；　　(8) $\sqrt{2},(-\sqrt{2},\sqrt{2}),(-\sqrt{2},\sqrt{2})$.

2. (1) $\ln(1+x),(-1,1]$；　(2) $S(x)=\begin{cases}x+(1-x)\ln(1-x),& x\in[-1,1),\\ 1,& x=1.\end{cases}$；

　(3) $\dfrac{x^2}{(1-x)^2},x\in(-1,1)$；　(4) $\dfrac{1}{2}\ln\dfrac{1+x}{1-x}\quad(-1<x<1)$.

3. $S(x)=1+\ln\sqrt{1-x^2},x\in(-1,1),x=0$ 是极大值点，极大值 $f_{\max}=f(0)=1$.

4. $S(x)=\ln\sqrt{\dfrac{1+x}{1-x}}\quad(-1<x<1),\displaystyle\sum_{n=0}^{\infty}\dfrac{1}{(2n+1)\cdot 3^n}=\dfrac{\sqrt{3}}{2}\ln\dfrac{\sqrt{3}+1}{\sqrt{3}-1}$.

5. $\dfrac{a}{(a-1)^2}$.

习题 4-5

1. (1) $a^x = \sum\limits_{n=0}^{\infty} \dfrac{(\ln a)^n}{n!} x^n, x \in (-\infty, +\infty)$； (2) $\cos^2 x = 1 + \sum\limits_{n=0}^{\infty} (-1)^n \dfrac{(2x)^{2n}}{2(2n)!}, x \in (-\infty, +\infty)$；

  (3) $e^{-x^2} = \sum\limits_{n=0}^{\infty} (-1)^n \dfrac{1}{n!} x^{2n}, x \in (-\infty, +\infty)$；

  (4) $\ln(10 + x) = \ln 10 + \dfrac{x}{10} - \dfrac{x^2}{2 \cdot 10^2} + \dfrac{x^3}{3 \cdot 10^3} - \cdots + (-1)^{n+1} \dfrac{x^n}{n \cdot 10^n} + \cdots, x \in (-10, 10]$；

  (5) $\dfrac{1}{x^2 - 2x - 3} = \dfrac{1}{4} \left(\sum\limits_{n=0}^{\infty} (-1)^n x - \sum\limits_{n=0}^{\infty} \dfrac{1}{3^n} x^n \right), x \in (-1, 1)$.

2. $f(x) = \sum\limits_{n=0}^{\infty} (-1)^n \dfrac{x^{2n-1}}{2n-1}, x \in [-1, 1]$.

3. $f(x) = \dfrac{1}{2x^2 - 3x + 1} = \dfrac{1}{5} \left[\dfrac{1}{2} \sum\limits_{n=0}^{\infty} \left(\dfrac{x-1}{2} \right)^n + \dfrac{1}{3} \sum\limits_{n=0}^{\infty} (-1)^n \left(\dfrac{x-1}{3} \right)^n \right], x \in (-1, 3)$.

4. $f(x) = \ln(3x - x^2) = \ln 2 + \sum\limits_{n=1}^{\infty} \left[(-1)^{n-1} - \dfrac{1}{2^n} \right] \dfrac{(x-1)^n}{n}, 0 < x \leqslant 2$.

5. $f(x) = \dfrac{1}{x^2 + 3x + 2} = \sum\limits_{n=0}^{\infty} \left(\dfrac{1}{2^{n+1}} - \dfrac{1}{3^{n+1}} \right)(x+4)^n, x \in (-6, -2)$.

习题 4-6

1. (1) 0.9994； (2) 2.00430. 2. (1) 0.4940； (2) 0.487.

总 习 题 4

(A)

1. (1) 必要，充分； (2) 充分； (3) 收敛，发散； (4) $[-3, -1), -\ln(-1-x)$；

  (5) 2, $(-3, -1]$； (6) $\varphi(x) = \sum\limits_{n=0}^{\infty} a_{2n} x^{2n}, x \in (-R, R)$.

2. (1) 发散； (2) 收敛； (3) $\alpha \leqslant 0$ 发散，$\alpha > 0$ 收敛； (4) 收敛； (5) 收敛； (6) 发散.

3. (1) 绝对收敛； (2) 绝对收敛； (3) 绝对收敛； (4) 条件收敛.

4. $\dfrac{a}{(1-a)^2}$. 5. ~6. 略. 7. 1. 8. $\dfrac{3}{4}\sqrt{e}$. 9. 0.

10. $\dfrac{1}{2} \arctan x - x + \dfrac{1}{4} \ln \dfrac{1+x}{1-x}, |x| < 1$.

11. $\sum\limits_{n=1}^{\infty} \left(\dfrac{1}{2^{n+1}} - \dfrac{1}{3^{n+1}} \right)(x+4)^n, x \in (-6, -2)$.

12. $-\sum\limits_{n=1}^{\infty} \dfrac{nx^{n-1}}{2^{n+1}}, |x| < 2$.

13. $1 - x + x^{16} - x^{17} + x^{32} - x^{33} + \cdots, |x| < 1$.

14. $\dfrac{\pi}{4} + \sum\limits_{n=0}^{\infty} \dfrac{(-1)^n}{2n+1} x^{2n+1}, -1 \leqslant x < 1$.

(B)

1. (1) $2, xS(x^3), 8, S(x) + xS'(x), 8, xS'(x)$； (2) $\dfrac{1}{2} < |x| < 1, \dfrac{x}{1-x} + \dfrac{1}{2x-1}$；

(3) $26!$; (4) $2e-1$.

2. (1) 收敛; (2) 收敛; (3) 发散; (4) 收敛; (5) 发散; (6) 收敛; (7) 收敛;

(8) 收敛; (9) 发散; (10) 收敛; (11) 收敛; (12) 收敛; (13) 收敛; (14) 发散.

3. (1) 绝对收敛; (2) 发散; (3) 绝对收敛; (4) 条件收敛.   4. ~ 5. 略.

6. $S(x) = \begin{cases} -2\ln2, & x=-1, \\ x[(1+x)\ln(1+x)+(1-x)\ln(1-x)], & x\in(-1,1), \\ 2\ln2, & x=1. \end{cases}$

7. $\frac{1}{4}\sum_{n=0}^{\infty}\left(\frac{1}{2^n}-(-1)^n\right)x^n, x\in(-1,1)$.   8. $\frac{1}{5}+\sum_{n=0}^{\infty}\frac{(-1)^n3^n}{5^{n+2}}x^{n+1}, x\in\left(-\frac{5}{3},\frac{5}{3}\right)$.

9. $\frac{x-1}{(2-x)^2}$, $|x-1|<1$.

习题 5-1

1. (1) 一阶; (2) 二阶; (3) 三阶; (4) 一阶; (5) 二阶; (6) 一阶.

2. (1) 是; (2) 是; (3) 不是; (4) 是.   3. ~ 4. 略.   5. $\frac{1}{2}x+2$.   6. $(4+2x)e^{-x}$.

7. $C_1=\pm1, C_2=2k\pi+\frac{\pi}{2}$.   8. $u(x)=\frac{x^2}{2}+x+C$.   9. $y'=x^2$.   10. $\cos x - x\sin x + C$.

习题 5-2

1. (1) $y+\sqrt{y^2-x^2}=Cx^2$;   (2) $\ln\frac{y}{x}=Cx+1$;

(3) $y^2=x^2(2\ln|x|+C)$;   (4) $\ln y^2 - y^2 = 2x - 2\arctan x + C$;

(5) $\tan x\tan y = C$;   (6) $\begin{cases} \ln\left|\tan\frac{y}{4}\right|=C-2\sin\frac{x}{2}, & \sin\frac{y}{2}\neq0, \\ y=2k\pi(k=0,\pm1,\pm2,\cdots), & \sin\frac{y}{2}=0; \end{cases}$

(7) $x+2ye^{\frac{x}{y}}=C$.

2. (1) $y^3=y^2-x^2$; (2) $e^y=\frac{(e^{2x}+1)}{2}$;   (3) $\frac{y^2}{2}+\frac{y^3}{3}=\frac{x^2}{2}+\frac{x^3}{3}$;

(4) $\frac{x+y}{x^2+y^2}=1$; (5) $y^2=2x^2(\ln x+2)$; (6) $(1+e^x)\sec y=2\sqrt{2}$.

3*. (1) $(4y-x-3)(y+2x+3)^2=C$; (2) $\ln[4y^2+(x-1)^2]+\arctan\frac{2y}{x-1}=C$;

(3) $(y-x+1)^2(y+x-1)^5=C$.

4. $x^2+y^2=1$.   5. $e^{-\rho^3}$.

6. (1) $\sqrt[3]{\frac{a}{b}}$; (2) $\left[\frac{a}{b}+\left(1-\frac{a}{b}\right)e^{-3bkt}\right]^{\frac{1}{3}}$; (3) $\sqrt[3]{\frac{a}{b}}$.

习题 5-3

1. (1) $y=e^{-x}(x+C)$;   (2) $y=\frac{1}{3}x^2+\frac{3}{2}x+2+\frac{C}{x}$;   (3) $y=(x+C)e^{-\sin x}$;

(4) $y=C\cos x-2\cos^2 x$; (5) $y=(x-2)^3+C(x-2)$; (6) $x=Cy^3+\frac{1}{2}y^2$;

(7) $y = \dfrac{\sin x + C}{x^2 - 1}$;　　　　　(8) $y^2 - 2xy = C$;　　　　　(9) $2x\ln y = \ln^2 y + C$;

(10) $x = Ce^{\sin y} - 2(\sin y + 1)$.

2. (1) $y = \dfrac{x}{\cos x}$;　　　　　(2) $y = \dfrac{\pi - 1 - \cos x}{x}$;　　　(3) $y\sin x + 5e^{\cos x} = 1$;

(4) $y = \dfrac{2}{3}(4 - e^{-3x})$;　　　(5) $2y = x^3 - x^3 e^{\frac{1}{x^2} - 1}$.

3. (1) $\dfrac{3}{2}x^2 + \ln\left|1 + \dfrac{3}{y}\right| = C$;　　(2) $\dfrac{1}{y} = -\sin x + Ce^x$;

(3) $\dfrac{1}{y^3} = Ce^x - 1 - 2x$;　　　　(4) $y = \dfrac{1}{\ln x + Cx + 1}$;

(5) $\dfrac{x^2}{y^2} = -\dfrac{2}{3}x^3\left(\dfrac{2}{3} + \ln x\right) + C$;　(6) $7y^{-\frac{1}{3}} = Cx^{\frac{2}{3}} - x^3$.

4. (1) $y = -x + \tan(x + C)$;　　　(2) $(x - y)^2 = -2x + C$;

(3) $y = \dfrac{1}{x}e^{Cx}$;　　　　　　　(4) $2x^2 y^2 \ln|y| - 2xy - 1 = Cx^2 y^2$.

5. $y = e^x(x + 1)$.　　6. $y = 2(e^x - x - 1)$.

习题 5-4

1. (1) $y = \dfrac{1}{6}x^3 - \sin x + C_1 x + C_2$;　(2) $y = (x - 3)e^x + C_1 x^2 + C_2 x + C_3$;

(3) $y = x\arctan x - \dfrac{1}{2}\ln(1 + x^2) + C_1 x + C_2$;　(4) $y = -\ln|\cos(x + C_1)| + C_2$;

(5) $y = C_1 e^x - \dfrac{1}{2}x^2 - x + C_2$;　(6) $y = C_1 \ln|x| + C_2$;　(7) $C_1 y^2 - 1 = (C_1 x + C_2)^2$;

(8) $x + C_2 = \pm\left[\dfrac{2}{3}(\sqrt{y} + C_1)^{\frac{3}{2}} - 2C_1 \sqrt{\sqrt{y} + C_1}\right]$;　(9) $y = \arcsin(C_2 e^x + C_1)$.

2. (1) $y = \sqrt{2x - x^2}$;　(2) $y = -\dfrac{1}{a}\ln(ax + 1)$;

(3) $y = \dfrac{1}{a^3}e^{ax} - \dfrac{e^a}{2a}x^2 + \dfrac{e^a}{a^2}(a - 1)x + \dfrac{e^a}{2a^3}(2a - a^2 - 2)$;

(4) $y = \ln\sec x$;　(5) $y = \left(\dfrac{1}{2}x + 1\right)^4$;　(6) $y = \ln\mathrm{ch}x$.

3. $y = \dfrac{x^3}{6} + \dfrac{x}{2} + 1$.

习题 5-5

1. $y = C_1 \cos\omega x + C_2 \sin\omega x$.　2. $y = (C_1 + C_2 x)e^{x^2}$.　3. $y = C_1 e^x + C_2 x^2 + 3$.　4. 略.

习题 5-6

1. (1) $y = C_1 e^x + C_2 e^{-2x}$;　(2) $y = C_1 + C_2 e^{4x}$;　(3) $y = e^{-3x}(C_1 \cos 2x + C_2 \sin 2x)$;

(4) $y = C_1 \cos x + C_2 \sin x$;　(5) $x = (C_1 + C_2 t)e^{\frac{5}{2}t}$;　(6) $y = e^{2x}(C_1 \cos x + C_2 \sin x)$.

2. (1) $y = 4e^x + 2e^{3x}$;　(2) $y = (2 + x)e^{-\frac{x}{2}}$;　(3) $y = e^{-x} - e^{4x}$;

(4) $y = 3e^{-2x}\sin 5x$;　(5) $y = 2\cos 5x + \sin 5x$;　(6) $y = e^{2x}\sin 3x$.

习题 5-7

1. (1) $y = C_1 e^{\frac{x}{2}} + C_2 e^{-x} + e^x$;　　(2) $y = C_1 \cos ax + C_2 \sin ax + \dfrac{e^x}{1+a^2}$;

　(3) $y = C_1 + C_2 e^{-\frac{5}{2}x} + \dfrac{1}{3}x^3 - \dfrac{3}{5}x^2 + \dfrac{7}{25}x$;　　(4) $y = C_1 e^{-x} + C_2 e^{-2x} + \left(\dfrac{3}{2}x^2 - 3x\right)e^{-x}$;

　(5) $y = e^x(C_1 \cos 2x + C_2 \sin 2x) - \dfrac{1}{4}x e^x \cos 2x$;　　(6) $y = (C_1 + C_2 x)e^{3x} + \dfrac{x^2}{2}\left(\dfrac{1}{3}x + 1\right)e^{3x}$;

　(7) $y = C_1 e^{-x} + C_2 e^{-4x} + \dfrac{11}{8} - \dfrac{1}{2}x$;　　(8) $y = C_1 \cos 2x + C_2 \sin 2x + \dfrac{1}{3}x \cos x + \dfrac{2}{9}\sin x$;

　(9) $y = C_1 \cos x + C_2 \sin x + \dfrac{e^x}{2} + \dfrac{x}{2}\sin x$;

　(10) $y = C_1 e^x + C_2 e^{-x} - \dfrac{1}{2} + \dfrac{1}{10}\cos 2x$, 提示: $\sin^2 x = \dfrac{1}{2}(1 - \cos 2x)$.

2. (1) $y = -\cos x - \dfrac{1}{3}\sin x + \dfrac{1}{3}\sin 2x$;　　(2) $y = -5e^x + \dfrac{7}{2}e^{2x} + \dfrac{5}{2}$;

　(3) $y = \dfrac{1}{2}(e^{9x} + e^x) - \dfrac{1}{7}e^{2x}$;　　(4) $y = e^x - e^{-x} + e^x(x^2 - x)$;

　(5) $y = \dfrac{11}{16} + \dfrac{5}{16}e^{4x} - \dfrac{5}{4}x$.

3. $\dfrac{(\cos x + \sin x + e^x)}{2}$.　　4. $y = C_1 e^x + C_2 e^{2x} + x e^x$.

习题 5-8

1. (1) $y = C_1 x + \dfrac{C_2}{x}$;　　(2) $y = x(C_1 + C_2 \ln|x|) + x \ln^2|x|$;

　(3) $y = C_1 x + C_2 x \ln|x| + C_3 x^{-2}$;　　(4) $y = C_1 x + C_2 x^2 + \dfrac{1}{2}(\ln^2 x + \ln x) + \dfrac{1}{4}$;

　(5) $y = C_1 x^2 + C_2 x^{-2} + \dfrac{1}{5}x^3$;

　(6) $y = x\left[C_1 \cos(\sqrt{3}\ln x) + C_2 \sin(\sqrt{3}\ln x)\right] + \dfrac{1}{2}x \sin(\ln x)$;

　(7) $y = C_1 x^2 + C_2 x^2 \ln x + x + \dfrac{1}{6}x^2 \ln^3 x$;

　(8) $y = C_1 x + x\left[C_2 \cos(\ln x) + C_3 \sin(\ln x)\right] + \dfrac{1}{2}x^2(\ln x - 2) + 3x \ln x$.

总 习 题 5

1. (1) $y' = y - x + 1$;　　(2) $y = (1 + e^{2x})\arctan e^x$;　　(3) $e^{2x}\ln 2$;　　(4) $\dfrac{\cos x}{\sin x - 1}$;

　(5) 2;　　(6) $\dfrac{1}{x}\left(-\dfrac{x^2}{2} + C\right)$.

2. (1) $x - \sqrt{xy} = C$;　　(2) $y = ax + \dfrac{C}{\ln x}$;　　(3) $y = \dfrac{1}{2}(x^2 + C_1 x + C_2)e^{-x}$;

　(4) $(x - 4)y^4 = Cx$;　　(5) $y = (x + C)\cos x$;　　(6) $y = C_1 \cos x + C_2 \sin x - 2x$;

　(7) $y = -\ln(1 + Ce^x)$;　　(8) $y = e^x(C_1 \cos x + C_2 \sin x + 1)$;

(9) $y = C_1 \mathrm{e}^{-2x} + \left(C_2 + \dfrac{1}{4}x\right)\mathrm{e}^{2x}$;　　(10) $y = \mathrm{e}^x(C_1\cos 2x + C_2\sin 2x)$.

3. (1) $y = \dfrac{1}{1+x}$;　　(2) $y = \dfrac{1}{2}\left(\ln x + \dfrac{1}{\ln x}\right)$;　　(3) $y = \dfrac{1}{4}\mathrm{e}^{2x}(2x+1) + \dfrac{3}{4}$;

(4) $y = x\mathrm{e}^{-x} + \dfrac{1}{2}\sin x$.

4. 1.　　5. $y = (1-2x)\mathrm{e}^x$.　　6. $f(u) = C_1\mathrm{e}^u + C_2\mathrm{e}^{-u}$.

7. $t^2 f'(t) + 2t f(t) - 3f^2(t) = 0$.　　$y - x = -x^3 y$ 或 $\left(y = \dfrac{y}{1+x^3}\right)$.

8. (1) $y(x) = \mathrm{e}^{-\alpha x}\displaystyle\int_0^x f(t)\mathrm{e}^{\alpha t}\,\mathrm{d}t$;　　(2) 略.

9. $f(t) = (4\pi t^2 + 1)\mathrm{e}^{4\pi t^2}$.